国家出版基金项目
NATIONAL PUBLICATION FOUNDATION

U0193407

移动终端安全架构及关键技术

徐震　李宏佳　汪丹　著

CYBERSPACE SECURITY
TECHNOLOGY
MOBILE DEVICE SECURITY

机械工业出版社
CHINA MACHINE PRESS

本书是作者在总结多年从事移动终端安全研究的成果，凝练项目研发工作中提出的新理论、新方法与新技术的基础上编写的。

全书分析了移动终端安全威胁与安全需求，详细讲述了作者突破传统的烟囱式、补丁式移动终端安全架构所提出的移动终端高可信、高安全（High Trust and SecuriTy，HiTruST）架构及其具备的硬件、虚拟化隔离、系统、密码、应用、管控 6 方面的核心安全能力。

本书可供网络空间安全、信息通信、计算机等领域的科研人员、技术人员、咨询人员学习参考，也可供高等院校网络空间安全专业高年级本科生或研究生作为教材使用。

图书在版编目（CIP）数据

移动终端安全架构及关键技术/徐震，李宏佳，汪丹著 . —北京：机械工业出版社，2023. 1

（网络空间安全技术丛书）

ISBN 978-7-111-72006-5

Ⅰ . ①移… Ⅱ . ①徐… ②李… ③汪… Ⅲ . ①移动网−安全技术 Ⅳ . ①TN929. 5

中国版本图书馆 CIP 数据核字（2022）第 212056 号

机械工业出版社（北京市百万庄大街 22 号 邮政编码 100037）
策划编辑：李培培 　　　　　　责任编辑：李培培 丁 伦 张淑谦
责任校对：贾海霞 张 征 责任印制：郜 敏
三河市宏达印刷有限公司印刷
2023 年 2 月第 1 版第 1 次印刷
184mm×260mm · 14. 75 印张 · 359 千字
标准书号：ISBN 978-7-111-72006-5
定价：109. 00 元

电话服务 　　　　　　　　网络服务
客服电话：010-88361066 　机 工 官 网：www. cmpbook. com
　　　　　010-88379833 　机 工 官 博：weibo. com/cmp1952
　　　　　010-68326294 　金 书 网：www. golden-book. com
封底无防伪标均为盗版 机工教育服务网：www. cmpedu. com

出版说明

随着信息技术的快速发展，网络空间逐渐成为人类生活中一个不可或缺的新场域，并深入到了社会生活的方方面面，由此带来的网络空间安全问题也越来越受到重视。网络空间安全不仅关系到个体信息和资产安全，更关系到国家安全和社会稳定。一旦网络系统出现安全问题，那么将会造成难以估量的损失。从辩证角度来看，安全和发展是一体之两翼、驱动之双轮，安全是发展的前提，发展是安全的保障，安全和发展要同步推进，没有网络空间安全就没有国家安全。

为了维护我国网络空间的主权和利益，加快网络空间安全生态建设，促进网络空间安全技术发展，机械工业出版社邀请中国科学院、中国工程院、中国网络空间研究院、浙江大学、上海交通大学、华为及腾讯等全国网络空间安全领域具有雄厚技术力量的科研院所、高等院校、企事业单位的相关专家，成立了阵容强大的专家委员会，共同策划了这套"网络空间安全技术丛书"（以下简称"丛书"）。

本套丛书力求做到规划清晰、定位准确、内容精良、技术驱动，全面覆盖网络空间安全体系涉及的关键技术，包括网络空间安全、网络安全、系统安全、应用安全、业务安全和密码学等，以技术应用讲解为主，理论知识讲解为辅，做到"理实"结合。

与此同时，我们将持续关注网络空间安全前沿技术和最新成果，不断更新和拓展丛书选题，力争使该丛书能够及时反映网络空间安全领域的新方向、新发展、新技术和新应用，以提升我国网络空间的防护能力，助力我国实现网络强国的总体目标。

由于网络空间安全技术日新月异，而且涉及的领域非常广泛，本套丛书在选题遴选及优化和书稿创作及编审过程中难免存在疏漏和不足，诚恳希望各位读者提出宝贵意见，以利于丛书的不断精进。

机械工业出版社

随着移动互联网以及第四代、第五代宽带移动通信的飞速发展，以智能手机为代表的移动终端不仅成为人们衣食住行中不可或缺的重要工具，而且还成为提升各行各业（包括以政务、警务为代表的高安全需求应用场景）数字化水平与工作效率的重要工具。但是，随着移动互联网安全态势的日益复杂，移动终端面临着越来越严峻的安全挑战，针对移动终端的病毒、木马、恶意软件"肆虐"，各种零日（0-Day）漏洞、高级持续威胁（Advanced Persistent Threat，APT）层出不穷，由移动终端引发的敏感信息泄露、财产损失事件屡见不鲜。因此，移动终端安全已成为业界乃至全社会关注的重要课题。

传统的移动终端通常采用烟囱式、补丁式安全架构设计，安全防护能力分别叠加于系统层、应用层上，各层安全能力缺少有效协同。例如，应用层面的安全检测、应用隔离防护等，以及系统层面的安全加固、漏洞扫描等，尽管可以提升移动终端应用与系统安全防护能力，但却难以抵御系统内核级威胁，一旦系统内核受损则无法保证核心功能安全运行。近年来，业界纷纷在移动终端安全架构设计阶段进行整体布局，基于硬件构建可信环境，并协同硬件、系统、应用安全能力构建全栈安全体系。目前，基于 ARM TrustZone 构建隔离安全世界已成为众多移动终端安全架构设计的基础，例如，三星公司设计的 Knox 移动终端安全架构，以及谷歌公司的 Pixel 安全架构的共同特点是将越来越多的安全功能向安全世界移植，并直接为普通世界的系统、应用提供安全服务。从表面上看，这些安全功能自身的安全得到了保障，但实质上，这不仅大幅增加了开发代价，而且致使安全世界代码量持续增加，进而导致安全世界攻击面增大、安全风险加剧。另外，基于非可控硬件、系统构建的移动终端，其自身可能存在大量未知后门与漏洞，极易遭受攻击，无法满足敏感行业的高安全需求。

针对上述挑战，本书在分析移动终端安全威胁、梳理安全需求的基础上，突破传统的烟囱式、补丁式移动终端安全架构，提出了移动终端高可信、高安全架构（命名为 HiTruST 架构）及其在硬件、虚拟化隔离、系统、密码、应用、管控等方面应具备的 6 项核心安全能力。为了便于读者更好地理解本书内容，作者采用了"由易到难、由浅入深"的讲述方式，各章节以基本概念到典型技术，再到核心技术的顺序介绍了移动终端

HiTruST 体系架构与关键技术。

本书共分8章，各章节内容介绍如下。

第1章：移动终端经过五十多年的快速发展，其核心技术几经迭代、结构组成复杂。为了便于读者理解，本章讲述了移动终端形态及相关技术的演进历史，分析并凝练了移动终端的安全风险与安全需求。

第2章：移动终端安全架构是实现移动终端安全的支撑性基础，本章在综合分析移动终端主流安全架构的基础上，提出了移动终端 HiTruST 架构。

第3章：硬件安全是移动终端安全的重要基础，本章重点介绍了移动终端硬件架构以及 HiTruST 架构所采用的硬件安全关键技术。

第4章：虚拟化技术已成为移动终端实现逻辑隔离、提升其安全性的关键技术之一，本章在概览移动虚拟化技术的基础上，提出了面向 HiTruST 架构的基于可信执行环境（Trusted Execution Environment，TEE）的移动虚拟化技术。

第5章：系统安全直接影响移动终端的整体运行安全。本章面向移动终端 HiTruST 架构，以全局可信思想统领，协同虚拟化层、内核层等安全机制，构建了可修复的移动终端系统全方位安全防护体系。

第6章：移动终端运行环境的开放性与不确定性及其自身资源、功耗、体积的先天局限性，导致移动终端密码技术既要解决运行环境适应性问题，又要能够为移动终端系统及应用提供安全性支撑。本章针对 HiTruST 架构设计了兼顾安全与效率的移动密码机制，并介绍了该方案在加密移动 VoIP 语音通话系统中的应用。

第7章：为了保障移动应用程序全生命周期的安全，本章全面介绍了针对移动应用开发、发布、上架使用等多阶段的移动应用安全技术。

第8章：终端管控是有效应对移动终端失泄密事件的重要技术，本章系统地介绍了移动终端管控系统与关键技术，并提出了基于移动终端 HiTruST 架构的管控策略可信实施技术。

作者还邀请以下业内专家对全书的内容提出了宝贵的意见与建议，在此表示由衷感谢：国家重点研发计划"高安全等级移动终端关键技术（编号：2017YFB0801900）"项目组成员中国科学院软件研究所武延军研究员、吴敬征研究员，紫光展锐（上海）科技有限公司张寒冰高级工程师，北京元心科技有限公司姜哲高级工程师，北京邮电大学徐国爱教授、郭燕慧副教授，以及中国人民解放军战略支援部队信息工程大学金梁教授、江涛研究员等对本书贡献了智慧与有益的见解；中国科学院信息工程研究所王竹研究员提出了宝贵的意见，霍冬冬高级工程师、张妍高级工程师、郑昉昱助理研究员等为本书整理并提供了部分技术资料。

由于作者水平有限，错漏之处在所难免，恳请广大读者批评指正。

目　录

第 2 章　移动终端安全架构

第 3 章　移动终端硬件安全

 # 第 1 章　移动终端安全概述

随着移动互联网以及第四代、第五代宽带移动通信技术的飞速发展，以智能手机为代表的移动终端已成为人们工作与生活不可或缺的重要工具。与此同时，针对移动终端的病毒、木马、黑客攻击等各种安全威胁层出不穷，由移动终端引发的敏感信息泄露事件屡见不鲜。2021 年"飞马（Pegasus）事件"曝光，包括法国总统马克龙、伊拉克总统萨利赫、南非总统拉马福萨、巴基斯坦前总理伊姆兰·汗、埃及总理马德布利、摩洛哥前首相奥斯曼尼、西班牙首相桑切斯等各国政要在内的 5 万余人的手机被飞马间谍软件入侵。移动终端安全问题被推上舆论的"风口浪尖"，成为移动互联网时代必须直面并解决的问题。

经过四十多年的快速发展，移动终端核心技术几经迭代、系统架构日益复杂，要真正实现移动终端安全必须在充分理解其演进历史、架构、技术、安全需求的基础上，有的放矢地从架构、硬件、操作系统、应用、数据等维度全方位提升其安全防护能力[1]。

本章作为本书起始，将首先介绍移动终端概念、范畴及其发展现状（详见 1.1 节）；然后详细分析移动终端安全威胁（详见 1.2 节）及安全需求与技术体系（详见 1.3 节）；最后概览本书组织逻辑（详见 1.4 节），以便读者更好地理解本书内容。

1.1　移动终端发展及应用

本节将在概览移动终端范畴与发展历史的基础上，详细介绍移动通信系统、移动终端芯片、移动操作系统以及移动应用的发展现状。

1.1.1　移动终端范畴与发展概览

自 20 世纪 70 年代美国摩托罗拉公司工程师马丁·库帕研制出第一部移动终端至今，移动终端已经历了五十多年的发展。其物理形态从最初像砖头一样的"大哥大"，演进到小巧、便携的功能手机，再到今天的移动智能终端。伴随着物理形态的变革，移动终端的应用场景也在持续拓展，特别是移动智能终端的出现，从本质上改变了移动终端作为移动

化语音通话工具的传统定位，成为新型媒体、电子商务和办公服务的关键入口和主要创新平台，以及互联网资源、移动网络资源与环境交互资源的最重要枢纽；移动智能终端引发的变革揭开了移动互联网产业发展的序幕，其影响力已远远超越收音机、电视与个人计算机，成为人类历史上又一个普及迅速、影响巨大、深入至人类社会方方面面的终端产品。

根据目前移动终端发展现状，本书所涉及的移动终端主要是以智能手机、平板计算机等为代表的移动智能终端，其通常拥有高速的移动互联网接入能力、强大的计算能力（甚至人工智能计算能力），以及触屏、语音、图像等多模态人机交互能力，并且搭载开放移动操作系统平台，支持移动应用灵活开发、安装及运行。

移动终端的飞速发展是在众多关键技术要素共同推动下实现的，如图 1-1 所示，其中关键技术要素包括移动通信、移动芯片、移动系统、移动应用等。这些关键技术要素并不是相互孤立的，而是相互制约、相互促进的关系。例如，先进移动通信技术的应用需要先进的移动芯片工艺支撑，而从语音通话、多媒体数据传输到智能交通、工业控制等行业应用需求持续推动移动通信技术的演进发展。下面将通过对这些关键技术要素发展现状的介绍，从不同角度勾勒移动终端的发展现状。

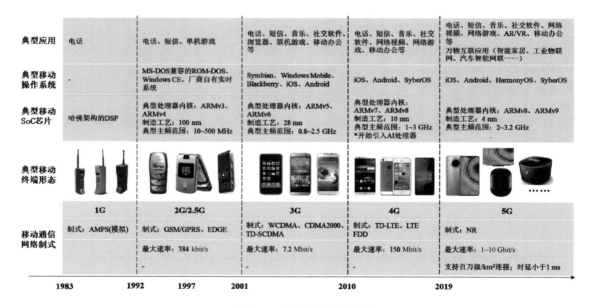

● 图 1-1 移动终端发展概览

1.1.2 移动通信系统发展现状

移动通信系统是移动终端数据与信息的传输通道，是实现移动终端在"任意时间、任意地点"通信的基础。迄今为止，移动通信系统已经从第一代（1G）发展到了第五代

（5G），并正向第六代（6G）迈进[2][3]，如图 1-2 所示。

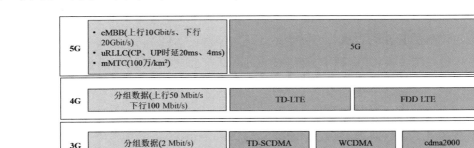

● 图 1-2　移动通信系统的发展历程

1G 系统实现了移动语音通信。在各种 1G 系统中，美国 1978 年年底研制成功的移动蜂窝电话系统——先进移动电话系统（Advanced Mobile Phone System，AMPS）在全球的应用最为广泛，它曾经在超过 72 个国家和地区运营；英国主导的 1G 系统——全入网通信系统（Total Access Communications System，TACS）——在全球近 30 个国家使用。我国 1G 系统所采用的正是 TACS 制式，自 1987 年 11 月开始商用，应用长达 14 年，用户数最多时达到 660 万。由于 1G 系统采用的是模拟技术，系统容量十分有限、干扰严重、安全性差、价格昂贵等"先天不足"的缺点使其并未真正大规模普及与应用。如今，1G 时代留给人们的记忆只剩下那像砖头一样的手持终端"大哥大"了。

2G 解决了语音通信的质量和普遍性问题，使得移动通信在全球大规模应用，同时也开启了短信这种非实时沟通模式，以及低速率数据传输模式。第一版 2G 标准全球移动通信系统（Global System for Mobile Communications，GSM）于 1990 年制定完成并正式发布，旨在满足更多用户的纯语音通话需求，并自 1992 年开始陆续在全球商用。随着人们对手机上网等数据业务需求的增长，GSM 系统在后期引入了通用分组无线服务（General Packet Radio Service，GPRS）技术和 GSM 增强数据速率演进（Enhanced Data rate for GSM Evolution，EDGE）技术，使用部分语音信道提供低速数据服务。

3G 进一步提升了移动通信的容量，同时促进了宽带通信的发展，特别是在 3G 的后期，随着智能终端的出现，高速移动数据通信成为用户的迫切需求。3G 系统最初的目标是在静止环境、中低速移动环境、高速移动环境分别支持 2 Mbit/s、384 kbit/s、144 kbit/s 的数据传输。3G 是首个以"全球标准"为目标的移动通信系统，主流标准包括 WCDMA、

cdma2000 与 TD-SCDMA，其中，TD-SCDMA 为我国提出并推动其成为国际电信联盟（ITU）认定的 3G 国际标准。2000 年初 3G 系统正式开始商用，我国三大电信运营商分别基于三种主流 3G 制式进行了商用。

相较过去几代系统，4G 完全基于分组交换，是真正面向数据业务的全新一代移动通信。4G 不仅解决了高速移动数据通信的问题，而且在通信的质量、容量和效率上取得了巨大的进步，上下行峰值速率分别达到 50 Mbit/s 与 100 Mbit/s。但 4G 标准的诞生却是一波三折，这主要是由于运营商为获得 3G 频率支付了高额的频率许可费，并付出了巨额的 3G 网络建设成本，因此，起初全球大多数运营商对于新一代移动通信技术研究与标准化的积极性并不高。但是，随着移动互联网发展大潮席卷而来，2004 年下半年，以 Intel 公司为首的 IEEE WiFi 阵营推出了全球微波互联接入（WiMAX）技术，并得到了新兴运营商的普遍支持，这给 3GPP 组织以及传统电信运营商带来了严峻的挑战，也加速了 LTE 技术的研究与标准制定。2009 年，3GPP 正式发布了 4G 全球统一标准 LTE Release 8，并在后续推出了演进标准 LTE-A 与 LTE-A Pro。2010 年，4G LTE 率先在瑞典开始商用，我国于 2013 年开始商用，一直沿用至今。4G 网络、智能终端、移动应用极大地方便了人们生活，改变了人们的生活方式。

2018 年 6 月与 2020 年 6 月 3GPP 正式发布了 5G 全球统一标准 Release 15 与 16 版本。5G 前所未有地拓展了移动通信的应用场景，涵盖了增强型移动宽带 eMBB（峰值上下行速率达到 10 Gbit/s 与 20 Gbit/s）、超可靠低时延通信 uRLLC（控制面与用户面时延达到 20 ms 与 4 ms）、大规模机器型通信 mMTC（每平方公里 100 万的连接密度）三种典型应用场景。三种应用场景释放了 5G 终端生态新价值，不同于 4G 时代智能手机一枝独秀的局面，5G 已催生出智能网联汽车、工业机器人、智慧医疗终端等新型移动终端。超大带宽使得虚拟现实、超高清视频得以流畅、低延时地展现在消费者面前，促进其载体终端在教育、医疗、文娱等多领域快速发展；超可靠低时延通信使得车联网、远程医疗、智能制造等对可靠性、实时性要求极高的应用成为可能；大规模机器型通信推动万物互联，使得工业互联网、智慧城市等拥有了能进行物与物沟通的海量智能硬件[4]。

1.1.3 移动终端芯片发展现状

移动终端芯片或集成电路是移动终端的核心关键器件。移动终端的核心芯片通常包括应用处理器（AP）、基带处理器（BP）、射频模块、电源管理模块以及接口控制模块等[5]。应用处理器支持逻辑处理与计算，随着移动终端智能化发展，为了更好地支持高效智能计算与 3D、4K 图像及视频处理，应用处理器在传统中央处理器（CPU）的基础上，引入了神经处理单元（NPU）及图形处理单元（GPU）等异构计算模块[6][7]。基带处理器实现通信信号处理功能，射频模块负责信号的收发，电源管理芯片负责元器件的电力供应管理，接口控制模块则负责各种外设接口逻辑控制。

从芯片形态上看，各类处理器与模块可以以独立的形态存在，也可高度集成于一个片上系统（SoC）。由于移动终端对轻、薄的极致追求，以可复用 IP 核为基础的 SoC 成为主流的芯片设计技术。但是，SoC 对芯片的集成度及制造工艺提出了更高的要求，例如，2020 年 10 月华为公司发布的移动终端 SoC 芯片麒麟 9000 采用了 5 nm 的制造工艺，集成了 8 个 CPU 核、3 个 NPU 核和 24 个 GPU 核。

CPU 主要分为 ARM 架构和 X86 架构。ARM 架构为 32 位精简指令集处理器架构（RISC），而 X86 架构则是由 Intel 公司设计的复杂指令集处理器架构（CISC）。目前，以低功耗见长的 ARM 处理器已占据移动芯片市场总销售量的 90% 以上。从精简指令集体系结构角度看，ARM 处理器包括 ARMv1 ~ ARMv9 等架构；如果从处理器内核角度看，ARM 处理器包含 ARM7、ARM9、ARM11 以及 Cortex 等架构[8]。两种划分方法的对应关系见表 1-1。不同处理器内核架构适用于不同应用领域，例如，Cortex-A 系列架构多应用于移动智能终端领域，Cortex-M 系列架构多应用于工业控制嵌入式领域，Cortex-R 系列架构则多用于对稳定性要求高的领域。

表 1-1　ARM 架构简介

架构	处理器内核	说　明
ARMv1	ARM1	1985 年，ARMv1 架构诞生，但只用于了 ARM1 内核原型，未真正商用，并且只有 26 位的寻址空间
ARMv2	ARM2、ARM3	1986 年，ARMv2 架构诞生，该版本架构对 ARMv1 进行了扩展，首颗量产 ARM 处理器 ARM2 即基于该架构，支持 32 位乘法指令和协处理器指令，寻址空间仍为 26 位
ARMv3	ARM6、ARM7	1990 年，ARMv3 架构诞生，第一个采用 ARMv3 架构的微处理器是 ARM610，其片上集成了高速缓存、MMCU 和写缓冲，寻址空间增大到了 32 位
ARMv4	StrongARM、ARM7TDMI、ARM9TDMI 等	1993 年，ARMv4 架构在 ARMv3 版上作了进一步扩充，引入了 T 变种指令集，即处理器可工作在 Thumb 状态，增加了 16 位 Thumb 指令集
ARMv5	ARM7EJ、ARM9E、ARM10E、Xscale 等	1998 年，ARMv5 架构诞生，在 ARMv4 版基础上增加了新的指令，并改进了 ARM/Thumb 状态之间的切换效率。增加的新指令主要包括：带有链接和交换的转移 BLX 指令；计数前导零 CLZ 指令；BRK 中断指令；数字信号处理指令；为协处理器增加更多可选择的指令。此外，还引入了 DSP 指令和支持 Java
ARMv6	ARM11、ARM Cortex-M 等	ARMv6 架构 2001 年正式发布，进一步降低了耗电量，引进了单指令多数据（SIMD）运算，提升了语音及图像性能。此外，还引入了混合 16 位/32 位的 Thumb-2 指令集和 TrustZone 技术

（续）

架构	处理器内核	说　　明
ARMv7	ARM Cortex-A、Cortex-M、Cortex-R、Cortex-SC 等	2004 年，ARMv7 架构诞生，采用了 Thumb-2 技术，它是在 ARM 的 Thumb 代码压缩技术的基础上发展出来的，并且保持了对已存 ARM 解决方案的完整的代码兼容性。 ● Cortex-A：针对高性能计算 ● Cortex-R：针对实时操作处理。主要是面向嵌入式实时处理器 ● Cortex-M：专为低功耗、低成本系统设计 ● Cortex-SC：主要用于高安全需求场景
ARMv8	ARM Cortex-A450、Cortex-A57、Cortex-A53 等	2011 年，ARMv8 架构诞生，这是首款支持 64 位指令集的处理器架构。由于 ARM 处理器的授权内核被广泛用于手机等诸多电子产品，故 ARMv8 架构作为下一代处理器的核心技术而受到普遍关注
ARMv9	ARM Cortex-X2、Neoverse V1、Neoverse N2 等	2021 年，ARMv9 架构诞生，与 ARMv8 相比，ARMv9 升级了 SVE2 [一种单指令多数据流（SIMD）] 指令集，可以支持多倍 128 位运算，最多 2048 位，全面增强了机器学习、数字信号处理等方面能力。另外，ARMv9 还推出机密计算机体系架构（CCA），引入了动态域技术，增强了系统安全性

由于 CPU 遵循的是冯·诺依曼架构，架构中大量空间用于放置存储单元（Cache）与控制单元，相比之下计算单元（ALU）只占据了很小的一部分，因此，CPU 在进行大规模并行计算方面受到限制，更擅长处理逻辑控制。与 CPU 相比，GPU 是由大量运算单元组成的大规模并行计算架构，专门用于处理多重并行计算任务[9]。近年来，人工智能技术广泛应用，移动应用对于高效移动智能计算的需求激增。因此，NPU 已成为中高端移动芯片的标配，其工作原理是在电路层模拟人类神经元和突触，并使用深度学习指令集直接处理大规模的神经元和突触，一条指令完成一组神经元的处理。相比于 CPU 和 GPU，NPU 通过突触权重（synaptic weight）实现存储和计算一体化，能够大幅提高智能计算效率。

1.1.4　移动终端操作系统发展现状

移动操作系统是移动终端软件平台体系的核心，其向下适配硬件系统发挥移动终端基础效能，向上支撑应用软件决定用户的最终体验。移动操作系统已经历了 20 多年的发展，图 1-3 给出了典型移动操作系统的诞生时间。移动操作系统早期主要是欧美企业主导，韩国通过与欧美企业合作也较早地开展了移动操作系统的研发。作为现代信息技术产业的核心技术之一，移动操作系统的重要性是毋庸置疑的。因此，近 10 年来我国在移动操作系统领域持续发力，已经拥有以鸿蒙为代表的自主移动操作系统。

1996 年，微软发布了 Windows CE 操作系统，微软开始进军移动操作系统领域。2001年 6 月，塞班公司发布了塞班（Symbian）S60 操作系统，该系统借助诺基亚庞大的客户群一度称霸中低端智能手机操作系统市场。2007 年 6 月，苹果公司的 iOS 操作系统登上历史

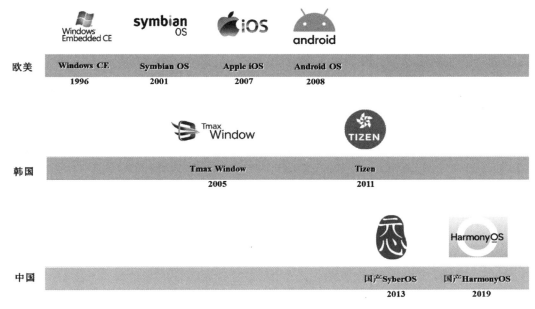

● 图 1-3　中国、欧美、韩国典型移动操作系统诞生时间

舞台，其将移动电话、可触摸宽屏、网页浏览、手机游戏、手机地图等多种功能融为一体，主要用于 iPhone、iPad、iPod touch、Apple TV 等苹果公司相关产品。2008 年 9 月，谷歌公司研发的安卓（Android）操作系统悄然出现，良好的用户体验与开放性的设计使其快速进入智能手机市场。2011 年，面向移动智能终端的安卓系统与 iOS 系统两强争霸的局面开始逐步形成[10]。

2005 年，韩国 TmaxCore 公司启动了兼容 Windows 操作系统的 Tmax Window 移动操作系统的研发。但是，随着 Windows 系统自身在移动终端市场的萎靡，Tmax Window 早早地退出了市场。2011 年 9 月，三星联合英特尔开发了 Tizen 移动操作系统，Tizen 主要被三星应用于智能电视和智能手表等产品。但是，由于安卓系统与 iOS 系统已占据大量市场，并且韩国本身 5000 余万人口的市场规模较小，因此，Tizen 至今也未能形成良好的移动操作系统生态。

我国自主移动操作系统经过十几年的发展，已取得了显著的成绩。2013 年，元心科技公司基于 Linux 内核开发了元心操作系统（SyberOS），并且至今已发布了多个版本，能够满足不同用户的多样化需求。2019 年 8 月 9 日，华为公司在华为开发者大会上正式发布了基于微内核开发的、面向 5G 物联网和全场景的鸿蒙操作系统（HarmonyOS）。2021 年 12 月，鸿蒙系统用户已超过 1.5 亿。凭借国内良好的移动互联网环境、巨大的市场规模，我国自主移动操作系统仍然处于快速发展阶段。

纵观移动操作系统发展历程，我们可以清晰地观察到移动操作系统"开放"与"开源"两个重要的发展趋势。

- "开放"已成为移动终端操作系统的主旋律,这是由于开放能够聚集产业链实现协同创新,打造完备的业务生态系统,例如,苹果公司正是通过应用商店开放运作获得了极大的成功。
- "开源"则已成为移动智能终端操作系统的主模式,这是由于开源能够极大地降低第三方进入门槛、提升产业链上下游支持效率,调动产业多方积极性,安卓系统正是开源模式的典范。

1.1.5 移动应用发展现状

移动应用是为智能手机、平板计算机等移动设备开发的软件程序。早期针对移动终端的应用软件主要由手机厂商自主开发,并且运行在本地、无需网络数据交互的程序,例如,IBM 在 1993 年发布的 Simon 终端配备了计算器、世界时钟、日历和通信簿等应用软件。2002 年,黑莓公司最早为智能终端 RIM 开发了需要网络数据交互的移动电子邮件应用软件。

随着移动互联网的快速发展与移动智能终端的普及,传统桌面互联网应用服务开始向移动互联网全面迁移,移动应用(以下简称"移动 App")逐渐成为用户最依赖的互联网入口。近年来,移动 App 的种类和数量持续增长,用户使用移动 App 的数量和时长逐年递增,移动 App 已成为承载手机用户上网时长的核心。根据文献 [11] 统计,2018 年我国的移动 App 下载量达到近 100 亿,其中近 20 款应用下载量过亿,我国已成为目前全球移动 App 下载量最大的国家。2019 年第三季度,我国网民人均安装移动 App 总量增加至 58 款,用户每天花在各类移动 App 的时间为 4.9 小时,占用户每日上网时长的 81.7%。截至 2022 年到 6 月,国内应用市场上可监测到的移动 App 总数达到 345 万,几乎覆盖了人们生活的各个方面。线上购物、外卖、移动支付等移动应用改变了人们的消费方式,网约车、共享单车等移动应用为出行提供了极大便利,微博、微信等移动应用扩大了人际交往的边界,在线教育也为传统的线下授课与获取知识模式提供了有益的补充。

由于移动办公能够让人们摆脱时间与空间的束缚,极大提升管理与工作效率,因此,目前全球已有超过 10 亿人进行移动办公,并且超过 50% 的企业已部署移动办公系统[12]。同时,移动互联网与移动终端也正向以政务、警务为代表的高安全需求领域渗透。我国公安部门于 2007 年推出了移动警务系统"警务通",并已经发展到四代。移动办公需要用户使用移动终端通过开放的移动公网接入单位内部网络并访问单位内部敏感数据,因此,安全已成为移动办公应用和推广的关键。

为了满足各种应用场景的需求,以及降低移动应用开发与维护成本,移动应用的开发模式也在不断发展。图 1-4 所示为目前主流的移动应用开发模式,包括本地应用(Native

App）、页面应用（Web App）和混合应用（Hybrid App）三种开发模式。

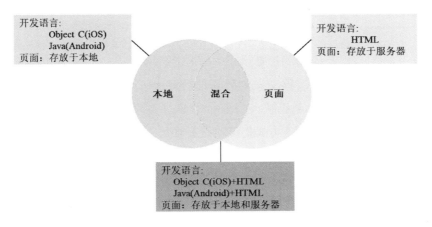

● 图 1-4　移动应用三种主要开发模式

- 本地应用开发模式是移动应用原生的开发模式，它主要采用客户端/服务器（C/S）结构方式，基于调用本地资源和系统应用程序编程接口（API）来完成软件的设计与开发。但是，由于不同移动操作系统的 API 并不统一，因此，为了适配不同移动操作系统，一个移动应用通常需要开发多个版本。
- 页面应用开发模式采用浏览器/服务器（B/S）的结构进行开发，主要是以 HTML5 作为开发基础，由于它采用了各种移动终端统一的微浏览器作为运行平台，所以各种移动操作系统只需开发一个版本即可，开发和维护的费用比较低。
- 混合应用开发模式是作为本地应用开发与页面应用开发的一个结合体，它也采用了 HTML5 作为开发基础，封装在本地的原生外壳中，也可以在移动终端中调用相应的本地 API 进行原生开发。

横向对比三种移动应用开发方式，页面应用开发模式的维护和升级方式简单，并且实现了跨平台的技术服务，将成为未来移动应用开发模式的主流。这是由于目前软件系统的改进和升级越来越频繁，而采用页面应用开发模式所开发的移动应用只需要关心服务器，在服务器上进行维护和升级，而移动客户端基本不需要做任何维护。另外，使用页面开发模式可以使移动应用程序与移动终端设备的型号及移动操作系统解耦，大大降低了开发成本。

1.2　移动终端安全威胁

上一节介绍了移动终端关键技术要素的发展现状。本节将从移动终端硬件、移动操作系统、移动应用以及移动数据四个方面分析移动终端面临的主要安全威胁。

1.2.1　移动终端安全威胁概述

随着移动互联网技术与应用的快速发展，移动终端病毒种类与数量也呈逐年上升的趋势，并且传播速度呈指数增长，移动安全问题日趋复杂。通过移动终端窃取个人信息，并以此为踏板诈骗个人财务，甚至威胁人身安全的事件频发。根据《2021 年中国手机安全状况报告》，2021 年 360 安全大脑共截获移动端新增恶意程序样本约 82.4 亿次，相比 2019 年（180.9 万个）增长了约 151.3%。在新增样本类型中，攻击者期望达成的攻击目的主要包括数据与隐私窃取、资费消耗与恶意扣费、远程控制，以及破坏移动终端可用性。

1）数据与隐私窃取：作为个人生活、工作不可或缺的工具，移动终端通常存储大量个人信息与工作信息。为了达到窃取用户信息的目的，攻击者可以利用恶意移动应用（如针对 iPhone 的 PhoneSpy 软件）窃取用户信息并传送给攻击者或其他利益方。由于移动终端信息窃取还通常伴随着电信诈骗、商业欺诈等违法行为，因此，信息与隐私窃取会对用户财产、人身安全造成严重威胁。

2）资费消耗与恶意扣费：已有研究表明，超过 40% 的恶意移动应用是以直接或间接获取金钱利益为目的的。例如，攻击者可以利用恶意软件（如木马 Trojan-SMS.AndroidOS. FakePlayer）控制移动设备向特殊号码发送短信定制某服务，从而非法获得经济利益。

3）远程控制：由于移动终端已成为智能家居、汽车的远程控制端，因此，通过移动终端的恶意攻击可能会导致对用户的人身伤害。例如，通过远程恶意控制智能门锁、加热装置、抽水马桶等智能家居设备对用户进行人身伤害等。另外，移动终端蓝牙、WiFi 等无线通信方式为用户提供便利的同时，也为攻击者实施远程控制提供了便利的途径。目前，业界已公开了多种基于蓝牙、WiFi 接口入侵并远程控制移动终端的案例。

4）破坏移动终端可用性：该类攻击的目的是破坏系统、干扰用户正常使用，甚至导致系统崩溃或移动终端关机。例如，利用移动终端电池供电的特点，恶意软件通过 CPU 进行大量运算来耗尽电量，从而造成移动终端关机。更为严重的是，恶意软件可以获取 Root 权限后随意修改、删除终端数据，给用户造成难以挽回的损失。

为了便于读者更好地理解移动终端安全的重要性与必要性，下面将移动终端划分为移动硬件、移动操作系统、移动应用软件、用户数据四个层级分析移动终端面临的主要安全威胁。其中，移动硬件主要包括芯片（如应用处理器、基带处理器）、用户身份识别模块（SIM）、存储模块、各种接口（如蜂窝网络接口、无线/有线外围接口）等部件，其可以实现通信功能和处理计算功能；系统层主要包括移动操作系统，负责管理和控制设备的硬件与软件资源，是设备运行的基础环境；应用层主要包括移动应用软件，是用户与应用的可视化交互平台，以及终端功能具体的表现形式；用户数据主要包括位置信息、账户信息、通信录、照片等所有由用户产生或为用户服务的数据。

图 1-5 给出了主要的移动硬件安全威胁、移动操作系统安全威胁,移动应用安全威胁以及移动数据安全威胁,下面进行详细分析。

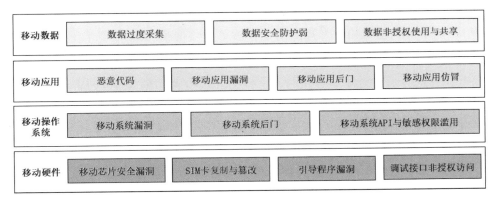

● 图 1-5　移动终端安全威胁分析

1.2.2　移动终端硬件安全威胁

移动终端硬件安全威胁主要包括移动芯片安全漏洞、调试接口非授权访问、SIM 卡复制与篡改以及引导程序(移动终端固件)漏洞等。

(1)移动芯片安全漏洞

移动芯片安全漏洞是指移动芯片设计或实现中存在的缺陷,该缺陷可能使攻击者能够在未授权的情况下访问或破坏移动终端系统。2020 年,安全公司 Check Point 在其研究报告称,在高通骁龙芯片组的数字信号处理器子系统上发现了超过 400 个漏洞;2021 年,Check Point 公司进一步发现了高通基带芯片的严重安全漏洞,基于此漏洞,攻击者可以远程将恶意代码在基带处理器上执行,进而破解用户的 SIM 卡,篡改国际移动设备识别码(IMEI),获取用户的通话记录,甚至监听用户的语音通话。目前,全球超过 30 亿移动智能手机中近 1/3 使用了高通基带芯片,因此,该漏洞可能影响超过 10 亿的智能手机用户。

(2)调试接口非授权访问

联合测试工作组(JTAG)接口是为支持硬件测试与调试功能的标准规范。但是,早期的 JTAG 标准调试接口支持不经授权的访问或使用移动终端系统资源。而目前部分"服役"移动终端的 JTAG 接口仍然存在这一漏洞,这使得攻击者可以利用 JTAG 工具对移动终端进行深层次的调试,从而实现信息窃取(如 IMEI、网络配置参数等),甚至篡改终端功能。

(3)SIM 卡复制与篡改

攻击者可以通过鉴权随机数的碰撞破解获取 SIM 卡中的国际移动用户识别码(IMSI)、

集成电路识别码与密钥信息 Ki，并写入一张空白卡，从而实现 SIM 卡复制。柏林安全研究实验室创始人卡斯滕·诺尔曾指出，部分使用 DES 加密的 SIM 卡仅需 2 分钟左右就能被一台个人计算机破解。另外，由于最初设计智能卡与移动终端的接口规范时，设计者认为在两者之间实施中间人攻击是不可行的，因此，智能卡与移动终端间的通信并未做加密保护。然而，一种称为 Turbo SIM 芯片的出现打破了这一假设，利用其可以在智能卡与移动终端间通信时实施中间人攻击。该芯片可通过移除智能卡塑料外壳的一部分连接到移动终端，进而截获移动终端与智能卡之间的通信数据。攻击者利用 Turbo SIM 已成功实现了对 iPhone 手机 SIM 锁的解锁。

（4）引导程序漏洞

当移动终端开机时，引导程序（Bootloader）负责初始化硬件设备、建立内存空间映射图，从而将系统的软、硬件环境引导到一个合适状态，为加载移动操作系统准备好环境。显然，如果引导程序存在缺陷或不安全的配置，攻击者就可以加载已嵌入恶意代码的移动操作系统。

1.2.3 移动终端操作系统安全威胁

移动操作系统的安全威胁主要来自于安全漏洞、系统后门，以及应用程序编程接口（API）与敏感权限滥用等。

（1）移动操作系统安全漏洞

操作系统自身复杂性所导致的安全漏洞是传统计算机系统重要的安全威胁之一，这个安全问题对于移动操作系统同样成立。攻击者可以利用移动操作系统安全漏洞绕过操作系统提供的安全防护能力，从而轻易地访问个人或工作敏感数据，甚至远程控制移动终端。由于早期移动操作系统相对封闭，因此，针对其安全的研究相对较少。但是，随着 2004 年针对塞班操作系统进行攻击并广泛传播的蠕虫（Cabir）病毒的出现，移动操作系统安全问题开始引起业界的广泛关注。

随着移动操作系统复杂度的提升，其暴露出的安全漏洞日益增多。即使是以高安全性著称的 iOS 系统同样面临系统安全漏洞的威胁，例如，2015 年 XcodeGhost 安全事件波及千万用户。安卓移动操作系统安全漏洞导致的安全事件同样严重，例如，2015 年，基于 Stagefright 漏洞的安全事件被曝光，波及了 90% 以上的安卓移动终端。

（2）移动操作系统后门

移动操作系统后门是指那些绕过系统已有的安全措施而获取程序或系统访问权限的程序方法。在软件开发阶段，程序员有时会在软件内创建后门程序，以便可以修改程序设计中的缺陷。如果这些后门程序被他人获知，或在软件发布之前没有删除后门程序，那么后门程序就可能被攻击者利用，成为安全隐患。还有一些后门程序可能是开发者故意设置的，为了以后利用后门程序实施信息采集、远程控制等行为。由于后门程序都是程序员自主设计的，有的隐蔽性非常强，通过技术手段直接发现后门程序的难度大。早在 2008 年，苹果公司已承认在 iOS 中设有 kill switch 后门，利用该后门可以远程删除移动应用；2015年，知名 iOS 黑客乔纳森·扎德尔斯基展示了如何通过 iOS 后门窃取 iPhone 和 iPad 中短信、通信录及照片等个人数据。

（3）移动操作系统应用程序编程接口（API）与敏感权限滥用

移动操作系统将终端的各种能力抽取形成 API 接口开放给第三方应用软件开发者，开发者利用这些开放的能力开发应用软件，并通过应用商店上架这些应用，供给用户进行下载使用。目前移动操作系统所开放的能力中包含一些与用户资费、隐私相关的 API，如拨打电话、发送短信、建立网络连接、读取联系人、拍照、定位、录音等，这些敏感 API 如果被开发者恶意滥用就会造成用户权益损害，带来恶意扣费、隐私窃取、远程控制等安全问题。据统计，目前约 80% 的恶意应用软件都通过调用智能终端敏感 API 来实施恶意行为。

1.2.4　移动应用安全威胁

移动应用的安全威胁主要来自于移动应用软件漏洞、恶意移动应用（恶意代码）、移动应用后门以及仿冒移动应用等。

（1）移动应用软件漏洞

移动应用软件漏洞是指移动应用的程序设计或开发实现存在的缺陷。自 2010 年以来，移动应用软件新增漏洞数量呈现整体上升的趋势，根据国家计算机病毒应急处理中心统计，2021 年新增应用软件漏洞已超过 21000 个。通过漏洞攻击者能够在未授权的情况下访问资源、破坏敏感数据，甚至威胁移动操作系统安全。

（2）恶意移动应用

恶意移动应用主要是指具有恶意行为的移动应用软件，形式主要包括木马（伪装成系统程序的恶意代码）、病毒（依附于其他程序的恶意代码）、蠕虫（利用系统漏洞通过网络进行自我传播的恶意代码）等。恶意代码传播的途径包括系统漏洞、短信/彩信、网站浏览、应用软件、计算机连接和免费 WiFi 等。根据国家互联网应急中心发布的《2021 年上半年我国互联网网络安全监测数据分析报告》，2021 年上半年新增移动互联网恶意程序数量约 86.6 万余个，同比增长 8.5%，排名前三的仍然是流氓行为类、资费消耗类和信息窃取类，占比分别为 47.9%、20% 和 19.2%。

（3）移动应用后门

移动应用后门是移动终端不得不面对的重要安全威胁之一。2015 年，网络安全公司

FireEye 指出：2846 个苹果移动 App 的一个广告库存有潜在的后门。该库的若干版本允许对移动终端中敏感数据和设备功能进行非法访问。通过从远程服务器加载 JavaScript 代码，这些后门可以被完全控制，然后在用户的 iOS 设备中执行抓取音频和截图、监控和上传设备位置、读取/删除/创建和修改 App 数据容器中的文件、读取/写入和重置 App 的关键链、把加密后的数据发送到远程服务器、打开 URL 机制来识别和启动设备上的其他应用，以及诱导用户单击"安装"按钮安装非官方应用等操作。又例如，一种针对安卓应用的后门木马 Android/Obad.A，具有该后门的移动应用能够通过伪装留下系统漏洞以备日后黑客攻击并获取用户数据。

（4）仿冒移动应用

仿冒移动应用主要有两种方式：1）攻击者通常利用逆向工程破解正版移动 App，并植入病毒、篡改代码，把正版应用变成恶意应用；2）攻击者利用与正版移动 App 相似的图标或名字等方式来混淆用户，导致用户无法判断自己下载的 App 是否是官方正版应用。用户一旦安装仿冒移动 App 可能会造成个人隐私信息（如姓名、身份证号、银行卡号、银行卡密码、手机号等）泄露、手机未经允许私自下载大量恶意软件、恶意扣费等危害。另外，虚假和仿冒移动应用已成为网络诈骗的新渠道，大量虚假的贷款类移动 App 没有真实贷款业务，被诈骗分子用来骗取用户的隐私信息和钱财。

1.2.5　移动数据安全威胁

随着移动智能终端的普及，人们已习惯使用其处理、存储大量个人与工作信息，但这也带来了巨大的移动数据安全威胁。移动数据的安全威胁主要来自于数据过度采集、数据安全防护弱，以及数据非授权使用与共享等方面。

（1）数据过度采集

权限是移动操作系统对移动 App 运营者收集使用用户个人信息的限制，运营者可通过申请权限的方式获取用户个人信息。为了保障用户数据的安全，安卓、iOS 系统的移动 App 在默认情况下不拥有任何系统权限。但是，目前移动 App 强制授权、过度索权，超范围收集个人信息的现象大量存在，并且违法违规使用个人信息的关注度始终居高不下，一旦这些个人信息被不法分子获取滥用，将严重危害用户权益。根据研究表明[13]：尽管超过九成的移动 App 都已具备隐私政策，但是，其中超过半数在用户首次登录时向用户默示隐私政策，导致隐私政策难以起到告知作用。另外，近三成的移动 App 申请与收集个人信息相关的权限数量大于 10 个，部分金融类移动 App 申请权限多达 16 个，所收集的个人信息远远超出全国信息安全标准化技术委员会发布的《网络安全实践指南——移动互联网应用基本业务功能必要信息范围》中规定的金融行业移动 App 的 7 项必要信息，涉嫌超范围获取权限。其中，"写入外置存储器"权限、"读取电话状态"权限被申请的百分比大于 85%，二者均属于安卓系统中的危险级别权限。拥有"写入外置存储器"权限的移动 App 可以修改和删除设备存储卡中的数据，可能导致用户设备被植入恶意程序；拥有"读取电话状态"权限的移动 App 可以获取设备唯一标识信息和手机通话状态，设备唯一标识信息可关联用户的生活习惯和消费行为，为实施精准诈骗等恶意行为提供数据支持。

（2）数据安全防护弱

移动终端上数据安全防护弱，甚至明文存储，存在数据被恶意盗取、篡改、破坏等安全风险。根据研究表明[13]：我国超过九成的移动 App 会在用户终端内存储运行日志、设备信息、用户信息等数据，其中 25% 的移动 App 存在明文存储用户个人信息的问题。从明文存储的个人信息类型来看，网络身份标识信息占比 35.1%，其中主要包括个人信息主体账号以及密码；个人基本资料占比 38.6%，主要包括用户手机号、邮箱、生日等信息；精确定位信息占比 15.8%，主要包括用户所在位置的经纬度信息。网络身份标识信息被不法分子获取后可直接窃取账号内的全部数据；个人基本资料和精确定位信息被非法获取后，将成为利用人工智能挖掘分析形成用户画像的基础数据，为恶意欺诈行为推波助澜。

（3）数据非授权使用与共享

私自共享用户数据存在数据恶意散播风险。私自共享是指移动 App 运营者未经用户同意与第三方共享用户个人信息的行为。根据研究表明[13]：四成移动 App 存在跳转第三方应用时，未提醒用户关注第三方收集使用个人信息规则问题。跳转的第三方应用以金融类和网上购物类为主，占比均为 31%。金融类第三方应用易受病毒感染，恶意仿冒、窃取隐私现象频发，容易导致用户个人敏感信息泄露，甚至造成经济损失；网上购物类第三方应用存在过度使用用户个人信息、追踪用户行为、恶意窃取交易信息等现象，由此引发的骚扰电话、推销广告等行为将严重干扰用户的正常工作生活，甚至影响用户人身和财产安全。

1.3 移动终端安全需求与技术体系

安全需求是指导移动终端安全防护技术设计、开发与评测的基础。本节将针对 1.2 节分析的移动终端安全威胁，并结合国家标准《信息安全技术 移动智能终端安全架构》（GB/T 32927-2016），从移动硬件安全、移动操作系统安全、移动应用与数据安全三个方面系统地梳理移动终端基本安全需求与技术体系，具体如图 1-6 所示。

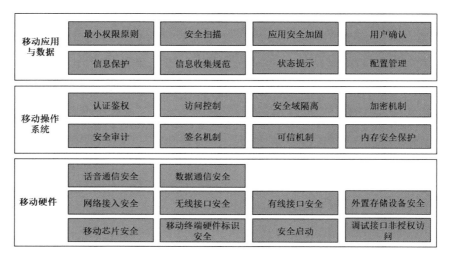

● 图 1-6 移动终端基本安全需求与技术体系

1.3.1 移动硬件基本安全需求

移动硬件安全为移动终端提供基础的安全保障，主要安全需求如下。

（1）移动终端硬件标识安全

移动终端硬件具备唯一可识别性，硬件标识区域通常不可被改写；若硬件标识区域可被改写则该改写是受控的，移动智能终端能够识别改写发生，并采取措施进行控制。

（2）芯片安全

移动终端芯片具备完整性和保密性保护机制，或支持通过增加安全芯片来保证完整性和保密性，安全芯片具备抵抗物理攻击、错误注入等能力。安全芯片的选取应遵循相应的国家密码管理政策。

（3）安全启动

引入安全启动机制，系统启动按照用户设定的方式，建立初始环境，监督安全启动过程。开机时采用开机认证，在系统启动过程中对加载的操作系统内核、硬件配置、关键应用等进行一致性校验，防止加载非授权的系统软件和应用软件，防御绕过操作系统的攻击等。

（4）网络接入安全

移动智能终端支持网络接入域中安全协议在终端侧实现，支持接入网络中的鉴权和认证、数据机密性和数据完整性服务等机制，支持移动智能终端侧和网络侧的认证。

（5）话音通信安全

移动智能终端提供对电路域应用软件的访问控制机制，授权应用才能在运行中启动电路连接；移动智能终端能够监测所有应用软件的电路连接尝试，当出现电路域连接尝试时，应给用户相应的提示，并且在电路域连接建立后，移动智能终端能够对电路域的连接进行监控。

（6）数据通信安全

移动智能终端提供对分组域应用软件的访问控制机制，只有授权应用软件才能够在程序运行过程中启动分组域连接；移动智能终端能够监测所有应用软件的分组域连接尝试，当出现分组域连接尝试时，能够发现该连接尝试并给用户相应的提示；在分组域连接建立后，移动智能终端能够对分组域传输的数据进行监控，监控的内容包括数据传输的上下行流量，数据连接的对端地址等。

（7）无线接口安全

移动智能终端具备开启或关闭蜂窝网络、WiFi、蓝牙、红外、NFC 无线接入方式的功能。当无线外围接口建立数据连接时，移动智能终端能够发现该连接并给用户相应的状态提示，仅当用户确认建立本次连接时，连接才可建立。用户可以监测数据传输状态，以防止非法连通、非法数据访问和数据传输等。移动智能终端可采用安全协议保障无线外围接口通信的安全。

（8）有线接口安全

对于支持有线外围接口的移动智能终端，当有线外围接口建立数据连接时，移动智能终端给用户相应的提示，仅当授权用户确认本次连接时，连接才可以建立。移动智能终端可采用安全协议保障有线外围接口通信的安全。

（9）外置存储设备安全

对于支持外置存储设备的移动智能终端，限制非授权应用软件对外置存储设备的访问。授权应用软件存储、移动、复制、转存重要数据至外置存储设备时，移动智能终端应提供加密机制。

1.3.2 移动操作系统基本安全需求

移动操作系统安全基于移动硬件安全，主要安全需求如下。

（1）认证鉴权

激活或使用移动智能终端需经过用户鉴别。在终端不活动时间达到规定值时，系统自动锁定会话，同时，系统也支持由用户发起的会话锁定。终端支持开机时和开机后锁定状态下的鉴别保护，例如，口令、图案、生物特征识别等多种形态的鉴别。其中口令为必选的保护形式，其他形式为可选。

（2）访问控制

移动智能终端提供访问控制机制，限制对移动智能终端应用、数据、进程及接口等的非授权访问。

（3）安全域隔离

移动智能终端对系统资源和各类数据进行安全域隔离，对存储空间进行划分，不同存储空间用于存储不同的数据或代码。不同进程所使用的空间和资源进行逻辑隔离，如采用沙盒或虚拟机等技术。

（4）加密机制

移动智能终端应提供加密机制，以保护用户敏感的文件与数据。密码在产生、存储、传输等过程中均应受到安全机制的保护。

（5）安全审计

移动智能终端支持对操作进行细粒度的安全审计。安全审计包括识别记录、存储和分析与安全相关活动有关的信息。可通过检查审计记录结果判断发生的安全相关活动以及相关负责的用户。

（6）签名机制

移动智能终端提供签名验证机制，能够识别数据和代码的签名状态并提示用户，成功进行签名验证后的应用可供用户安装和使用。未经过签名验证的应用软件仅当用户进行确认后才能执行下一步操作。应用开发者对移动应用进行代码签名，应用商店对上架的应用进行分发签名，以保证应用的可溯源性。

（7）可信机制

建立移动智能终端可信机制，可以引入安全可信模块，建立可信根和信任链，通过信任链的传递，将信任扩展到整个平台甚至网络。或者建立一个可信执行环境，将安全部件的运行与不安全部件的运行分离，安全存储用户的证书以及其他需要避免受到恶意软件和操作系统攻击的安全数据，使得在操作系统中执行的攻击或运行的应用无法访问受保护的软件和数据。

（8）内存安全保护

禁止在标记为数据存储的内存区域中执行代码，当尝试运行标记为数据区域中的代码时，会发生异常并禁止执行代码，以防止从受保护的内存位置执行恶意代码。系统核心组件和应用软件加载时，地址空间的布局需随机化，以防范对已知地址进行恶意攻击，防止缓冲区溢出等攻击代码的执行。

1.3.3　移动应用与数据基本安全需求

移动应用与数据安全保障业务层面的安全可靠，其主要安全需求如下。

（1）最小权限原则

在移动智能终端应用软件的开发过程中，需保证其所承载的应用软件自身的安全。在权限声明中遵循最小权限声明原则。

（2）安全扫描

移动智能终端提供应用软件安装前的病毒和漏洞扫描机制，可以通过调用已实现此功能的安全软件进行扫描。

（3）应用安全加固

采用应用软件加壳、代码混淆与软件二次签名/验签等技术，防止移动应用被仿冒、恶意篡改、恶意代码植入，并保护移动应用软件版权。

（4）状态提示

应用、蜂窝网络、WiFi、蓝牙、USB、GPS、NFC 等状态对用户可见。

（5）配置管理

移动智能终端提供安全配置工具，用户可选择适用的安全配置。

（6）用户确认

安装应用或执行敏感操作需由用户确认。敏感操作包括拨打电话，发送短信，开启/关闭无线连接口，开启定位功能，开启照相机，记录语音，对通信录、通话记录、照片等个人数据进行读、写、修改、删除等。

（7）信息保护

建立通信录、通话记录、短信、彩信、邮件、浏览记录、账户信息、照片、基站、位置、无线局域网等用户数据的安全保护机制，阻止未经许可获取用户的个人信息。移动智能终端具备用户信息的加密存储、备份、彻底删除等功能，未经授权的任何实体不能从移动智能终端的加密存储区域的数据中还原用户私密信息的真实内容。

（8）信息收集规范

建立个人信息的收集规则，规范收集方式，阻止未经用户许可的信息收集行为，用户可以监测信息被收集情况。通过规范被收集信息的用途，确保不被用于用户未授权的用途。

1.3.4 移动终端高等级安全需求

从 1.3.1～1.3.3 小节对移动终端基本安全需求分析中可以看出，传统移动终端通常采用"烟囱式""补丁式"的安全架构设计，安全防护能力分别叠加于硬件、操作系统、应用等层级，各层的安全能力缺少有效协同。例如，应用层面的安全检测、应用隔离防护等，以及系统层面的安全加固、漏洞扫描等，尽管可以提升移动应用与系统的安全防护能力，但难以抵御系统内核级威胁，一旦系统内核受损则无法保证核心功能安全运行。

随着移动互联网安全态势的日益复杂，普通用户以及行业用户（特别是敏感领域用户）对于安全的要求越来越高，传统移动终端安全架构已难以满足安全要求。因此，业界已纷纷从移动终端安全架构设计阶段进行整体布局，并试图基于硬件构建可信环境，协同硬件、系统、应用安全能力构建全栈安全体系。

目前，基于 ARM TrustZone 构建隔离安全世界已成为众多移动终端安全架构设计的基础，例如，三星公司设计的 Knox 移动终端安全架构，以及谷歌公司设计的 Pixel 安全架构。它们的共同特点是将越来越多的安全功能向安全世界移植，并直接为普通世界的系统、应用提供安全服务，从表面上看，这些安全功能自身的安全得到了保障，但实质上，这不仅大大增加了开发代价，而且安全世界过大的代码量也将导致更大的攻击面，加剧其安全风险。另外，非可控的硬件、系统自身通常存在的未知后门与漏洞也易遭受攻击，威胁移动终端整体安全。

为了解决上述问题，应在传统移动终端安全架构及安全防护技术基础上，设计高安全等级移动终端安全体系架构，满足图 1-7 给出的三项高等级安全需求，下面具体说明这三项高等级安全需求。

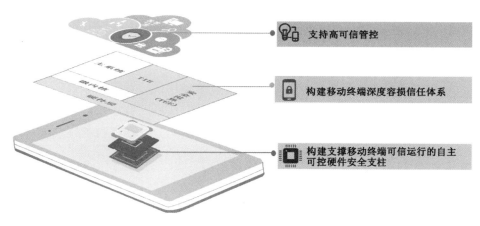

● 图 1-7　移动终端高等级安全需求

（1）构建支撑移动终端可信运行的自主可控硬件安全支柱
- 依托自主可控移动 SoC 芯片、密码芯片等主要部件构建底层硬件安全支柱，规避非国产芯片存在的安全漏洞、后门等风险，增强芯片安全防护能力，解决终端资源受限的适用性问题。
- 为移动终端密码算法的运行过程提供高安全保护与密钥保护，在确保密码模块安全性的同时兼顾提高移动密码运行效率；为高安全应用数据提供高安全加解密服务。

（2）构建移动终端深度容损信任体系

- 为移动终端应用提供可信计算环境的同时，简化可信计算基，精简安全控制核心代码量。
- 依托自主移动操作系统进行高安全加固，为移动终端核心功能提供高可靠安全保护，抵御操作系统内核级的潜在安全威胁，在终端操作系统受损的情况下，确保终端核心功能安全运行。
- 支持移动终端可信审计，实现终端系统安全事件的可信记录，能够对终端系统进行动态完整性度量。

（3）支持高可信管控

- 保证终端管控策略可信实施，能够抵御操作系统内核级的绕过、欺骗和劫持等管控对抗行为。
- 确保移动终端接入可控、业务可管，满足高安全敏感领域对终端业务应用的强管控需求。

针对上述移动终端高等级安全需求，本书将在第 2 章详细介绍作者团队提出的移动终端高可信、高安全体系架构，该架构命名为 HiTruST（High Trust and SecuriTy）架构。

1.4　本书组织逻辑

本书共 8 章，后续章节安排为：第 2 章提出了满足基本安全需求（详见 1.3.1~1.3.3节）与高等级安全需求（详见 1.3.4 节）的移动终端安全架构 HiTruST；第 3~8 章分别介绍了移动终端传统安全架构以及 HiTruST 架构中硬件、虚拟化隔离、系统、密码、应用、管控等各方面的安全技术。为了便于读者高效阅读本书，本书将所有章节分为基础技术部分与针对 HiTruST 架构的进阶技术部分，具体如图 1-8 所示。

进阶技术部分内容主要源自本书作者团队在移动终端安全领域项目工作中的研究积累，以及提出的新理论、新方法与新技术，特别是第一作者徐震博士作为负责人的国家重点研发计划项目"高安全等级移动终端关键技术（编号：2017YFB0801900）"。该项目执行过程中，通过国内产、学、研相关领域优势团队协同攻关，在移动终端硬件、虚拟化隔离、系统、密码、应用、管控等方面取得了多项技术突破，并完成了高安全移动终端原型机研制及千台终端规模的应用示范。

在本书的结尾，作者梳理了大量参考资料，方便想更加深入理解本书所讲述内容的读者查阅。"纸上得来终觉浅，绝知此事要躬行。"想要深入理解、运用，甚至改进、优化本书所讲述的方法与技术，还需要读者在科研或工作中不断进行实践认知。

	基础	进阶
第1章 移动终端安全概述	1.1 移动终端发展及应用 1.2 移动终端安全威胁	1.3 移动终端安全需求与技术体系
第2章 移动终端安全架构	2.1 主流移动终端安全架构	2.2 移动终端HiTruST体系架构 2.3 HiTruST架构安全性分析
第3章 移动终端硬件安全	3.1 移动终端硬件架构 3.3 移动终端硬件攻击防护 3.4 移动终端接口安全防护	3.2 移动通信SoC芯片多维安全机制
第4章 移动终端虚拟化安全隔离	4.1 虚拟化技术概述 4.2 基于虚拟机隔离的移动虚拟化 4.3 基于容器隔离的移动虚拟化	4.4 基于TEE的移动虚拟化
第5章 移动终端系统安全		5.1 移动终端可信体系构建 5.2 基于虚拟机监视器的安全增强 5.3 移动操作系统安全加固 5.4 移动操作系统漏洞挖掘与修复
第6章 移动终端密码技术应用	6.1 移动密码应用基础与典型实现技术	6.2 移动密码高安全机制 6.3 面向移动VoIP加密语音的高安全等级移动密码应用
第7章 移动应用安全	7.1 移动应用安全技术概述 7.2 移动应用安全检测	7.3 移动应用可信运行与审计 7.4 基于控制流混淆的移动应用安全加固
第8章 移动终端管控	8.1 移动终端管控的内涵与模型 8.2 集中式移动终端管控协议、技术与系统 8.3 基于通信阻断的分布式移动终端管控技术	8.4 基于移动应用与虚拟机自省的移动终端管控监测技术 8.5 基于HiTruST架构的移动终端可信管控监测技术

● 图 1-8　本书组织逻辑与知识框架

 # 第 2 章　移动终端安全架构

移动终端的安全主要取决于底层处理器芯片等硬件和上层软件系统的安全防护能力。从安全效果来看,基于硬件的安全防护优于基于软件的安全防护;对于软件安全防护而言,则是系统级安全防护优于应用安全防护;从实现角度来看,实现难度从高至低依次为硬件安全、系统安全、应用安全。为此,移动终端安全架构应针对具体的安全需求,综合权衡软硬件安全能力、实现性能等多种因素,在恰当的位置实施相应的安全技术,确保满足安全需求的同时,保证移动终端的易用性。本章将在对当前主流移动终端安全架构进行分析的基础上,进一步介绍本书作者面向高安全敏感领域提出的移动终端 HiTruST 体系架构,具体安排如下。

2.1 节将首先介绍主流移动终端所依赖的 ARM 安全架构,然后介绍主流移动终端运行系统具备的安全机制;2.2 节介绍移动终端 HiTruST 体系架构,重点阐述其中涉及的主要安全机制;2.3 节对 HiTruST 架构的安全性进行分析。

2.1　主流移动终端安全架构

目前,市场上的主流移动终端主要采用基于 ARM 架构的处理器,并搭载安卓或苹果 iOS 等移动操作系统,作为基础运行环境支撑上层用户应用服务。其中,ARM 架构的安全功能是从硬件层为移动终端提供安全基础,同时结合软件层的各项系统安全机制,可以有效保障移动终端的整体安全。

2.1.1　ARM 安全架构

ARM 架构从 1985 年提出 ARMv1 架构至 2021 年提出 ARMv9 架构,共经历了九代更替发展。在 ARM 架构的发展过程中,对其安全影响比较大的举措是从 ARMv6 架构开始引入的 TrustZone 技术,以及在 ARMv7 架构上引入的虚拟化技术。TrustZone 技术将 ARM 处理器的工作状态进行了区分,分为普通世界状态（Normal World Status,NWS）和安全世界

状态（Secure World Status, SWS），基于这两个状态提供对外围硬件资源的硬件级别保护和安全隔离，而两个状态之间的切换由 TrustZone 监视器负责。虚拟化扩展技术则是针对普通世界，在硬件层和操作系统层中间建立了虚拟机监视器（Virtual Machine Monitor, VMM 或者 Hypervisor），取代之前操作系统的地位，拥有更高特权，可以访问所有物理设备（不包括限定只能在安全世界访问的物理设备），支持多个虚拟机操作系统运行，并负责协调各操作系统对硬件资源的访问以及虚拟机之间的隔离防护。基于 ARM 安全架构构建的移动终端总共涉及四个安全特权级，从高至低依次为 EL3、EL2、EL1、EL0，如图 2-1 所示。TrustZone 监视器权限最高，位于最高特权级 EL3；虚拟机监视器权限仅次于 TrustZone 监视器，位于特权级 EL2，但其执行操作仅限于普通世界；普通世界和安全世界都涉及操作系统和应用程序的运行，在各自世界的运行环境中，操作系统位于较高特权级 EL1，而应用则位于最低特权级 EL0。

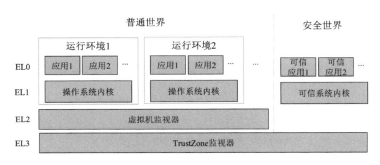

● 图 2-1　ARM 安全特权级

1. ARM TrustZone

TrustZone 将安全性能建立在处理器上，是针对体系结构的一种安全扩展，本身并不实现任何具体的安全功能，运行其上的系统软件可以利用硬件层提供的安全扩展，同时为上层应用提供安全支持。基于 TrustZone 技术，操作系统提供商、硬件制造商可以在不增加过多功耗的前提下，扩展和开发自己的安全解决方案。

TrustZone 架构如图 2-2 所示，普通世界为用户操作环境，可以运行各种应用；安全世界为硬件隔离的可信执行环境（Trusted Execution Environment, TEE），运行专有的可信系统，并在其基础上运行可信应用（如指纹识别、密码处理、安全认证等）。普通世界的应用无法访问安全世界的内存、缓存以及其他外围安全硬件设备，但是可以访问安全世界提供的安全服务。TrustZone

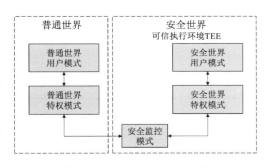

● 图 2-2　ARM TrustZone 架构

架构引入了更高特权级的安全监控模式（Secure Monitor Mode，SMM），用于管理支持两个世界之间的切换。普通世界通过安全监控调用（Secure Monitor Call，SMC）指令可以进入 SMM 模式，进而切换进入安全世界。

运行在 TrustZone 架构上的系统软件包含普通世界、安全世界两种状态，普通世界包含用户模式与特权模式，而安全世界包含用户模式、特权模式以及安全监控模式。通过安全配置寄存器（Secure Configuration Register，SCR）的 NS 位可以指示当前处理器位于哪个世界，NS＝0 为安全世界，NS＝1 为非安全世界（即普通世界）。安全监控模式负责两个世界切换，保存当前世界状态，恢复下一个运行世界的状态，若 CPU 处于安全监控模式，则不管 NS 值为多少，都在安全世界运行代码。NS 的值只能由安全监控模式来修改。

安全监控模式软件的作用是一个强大的守护者，管理安全和非安全处理器状态之间的切换。普通世界进入监控模式受到严格控制，只有通过以下异常才有可能：中断、外部中止或通过 SMC 指令的显式调用。安全世界进入监控模式较灵活些，除了普通世界可用的异常机制外，还可以通过直接写入相应的寄存器来实现，但从安全角度考虑一般不建议使用这种方式。

安全监控模式软件在进行状态切换时，主要对两个世界都需要的资源进行上下文切换，其保存的任何安全状态都应保存在安全内存区域内，以使普通世界无法篡改。每次切换需要保存和恢复的确切内容取决于硬件设计和用于世界间通信的软件模型，包括所有通用 ARM 寄存器，任何协处理器寄存器（涉及协处理器时），如 NEON 或 VFP，以及 CP15 中任何与世界相关的处理器配置状态等。当处理器硬件配置为捕获异常（IRQ、FIQ 和外部中断）以进行世界切换时，中断上下文的状态是任意的。而多数情况下，都是基于 SMC 指令进行世界间的切换，可以使用 SMC 启动的上下文切换和世界共享内存在两个世界之间进行高效通信。

针对普通世界和安全世界的内存管理，硬件提供了两个虚拟内存管理单元（Memory Management Unit，MMU），同时存在两个地址转换表，两个世界可以独立控制虚拟地址到物理地址的映射。地址转换表包含 NS 字段，安全世界能访问安全世界与普通世界的内存，用该字段进行区分；普通世界只能访问普通世界内存，忽略该字段。如图 2-3 所示，普通世界与安全世界共享 1 个页表缓存（Translation Lookaside Buffer，TLB），TLB 增加了与 NS 功能相同的 NSTIS 标记，其缓存两个地址转换表的遍历结果，可加速两个世界之间的切换。同时，针对两世界共享的缓存，扩展了一个额外的 NS 标记位记录访问内存的事务安全状态，避免在世界之间切换时刷新缓存。

普通世界应用提供了 TrustZone API（TZAPI），可以调用安全世界的服务。如图 2-4 所示，普通世界应用通过 API 调用安全世界可信应用的服务功能，内核层调用相应 SMC 指令进入 SMM，切换至安全世界执行可信应用。其中 API 为 ARM 开发的标准化软件 API，

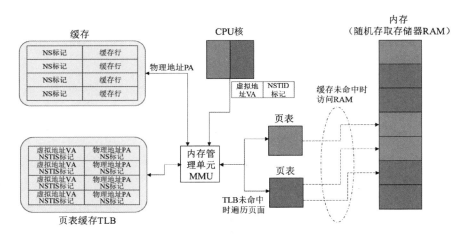

● 图 2-3　ARM TrustZone 内存管理

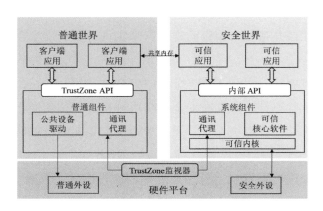

● 图 2-4　ARM TrustZone 可信应用调用

即 TZAPI，主要为通信 API，使得普通世界客户端应用能够向安全世界可信应用提供的安全服务发送命令请求，并使客户端能够与其连接的服务有效的交换数据。该通信接口旨在支持共享内存的原则，以实现高性能的批量数据传输。

为保证 TrustZone 架构系统本身的安全，需确保系统在启动过程中是安全的。系统上电复位后，先从安全世界开始执行，启动流程如图 2-5 所示，安全世界会对普通世界的启动管理器进行验证，确保普通世界执行的代码经过授权而没有被篡改过；然后普通世界的启动管理器会加载普通世界的操作系统完成整个系统的启动，期间仍然需要安全世界对操作系统的代码进行验证，确保没有被篡改。

在上电复位开始的整个启动过程中，下一级启动部件的安全都是基于上一级部件对其进行的完整性验证来保证，其根本还是依赖芯片内置的一次性编程内存和安全硬件，通过逐级迭代验证完整性构成了整个系统的信任链，而信任链中的任意一个环节被破坏，都会导致整个系统不安全。

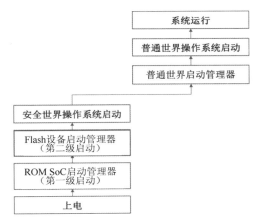

● 图 2-5　ARM TrustZone 系统安全启动

2. ARM 虚拟化扩展

标准的 ARM 架构自身不符合可虚拟化模型，其根本原因在于 ARM 敏感指令（与特权资源交互的指令都是敏感指令）非常多，且很多敏感指令都是在非特权模式下执行但不会产生陷入操作，如改变处理器状态的 CPS 指令，其在用户态执行时不会产生陷入，甚至没有任何效果，可以认为是简单的跳过。另外，即使所有的敏感指令都产生陷入，在 ARM 架构上使用陷入模拟技术也非常困难，因为庞大的 ARM 敏感指令数量会导致开销过大，如内存访问使用影子页表涉及频繁陷入，计时器等中断涉及中断控制器频繁仿真，对系统性能影响非常大。

为了克服上述虚拟化弊端，ARM 推出了硬件虚拟化扩展，但其前提是 ARM 架构已支持了 TrustZone 安全扩展和高位物理地址扩展。ARM 虚拟化扩展仅针对 TrustZone 的普通世界，引入了一个新的处理器模式——虚拟化 Hyp 模式，该模式的作用相当于陷入模拟机制以支持虚拟化实现，运行在虚拟化模式的虚拟机监视器的安全特权级为 EL2（见图 2-1），具有普通世界的最高特权，其虚拟机操作系统和应用程序仍然运行在原有的内核模式和用户模式中，在虚拟机运行过程中执行敏感指令或者发生硬件中断时可以从内核模式陷入虚拟化模式，由虚拟机监视器接管完成相应硬件相关操作。

ARM 架构进入虚拟化模式的方式有两种：一种是主动进入，即在内核模式下操作系统可以通过执行 hvc 汇编指令进入虚拟化模式；另一种是被动进入，即通过配置相关寄存器，ARM 芯片可以对其进行监测以捕获来自用户模式或者管理模式的异常，从而进入虚拟化模式。ARM 虚拟化扩展针对不同的模式提供单独的寄存器，如用户模式下的栈指针寄存器为 SP_usr，而虚拟化模式下的栈指针寄存器为 SP_hyp，可有效避免模式切换时寄存器值的存取，提高系统性能。

ARM 敏感指令较多，并非所有敏感指令或特权操作都会陷入虚拟化模式由虚拟机监视器进行处理，可以通过虚拟化配置寄存器（Hyp Configuration Register，HCR）进行合理配置，决定哪些异常会被拦截进入虚拟机监视器，哪些异常由虚拟机操作系统自身处理。在虚拟机监视器拦截异常后，虚拟化状态寄存器（Hyp Syndrome Register，HSR）会记录被捕获到虚拟机监视器中的异常信息。

针对虚拟机系统的内存虚拟化管理，无需使用影子页表，ARM 虚拟化扩展推出了系统内存管理单元（System Memory Management Unit，SMMU）的概念，SMMU 作为一种硬件设备，旨在为系统中的直接存储器访问（Direct Memory Access，DMA）提供地址转译服务和保护功能。基于 SMMU，ARM 虚拟化扩展支持两个独立的地址转译阶段，其中第 1 阶段实施虚拟地址到中间物理地址（即客户物理地址）的转译，供虚拟机操作系统使用；第 2 阶段将中间物理地址转译为机器物理地址，供虚拟机监视器使用。虚拟机监视器可以通过配置第 2 阶段页表项中的属性控制位来实现虚拟机操作系统对内存的访问控制。

针对中断指令，如果通过仿真中断控制器的方式来陷入虚拟化模式进行处理，则会因为频繁的仿真陷入操作增加系统复杂性，为避免这种情况，ARM 虚拟化扩展引入了虚拟中断，并基于虚拟 CPU 接口来支持虚拟中断。该接口能被映射到虚拟机操作系统，并作为通用中断控制器的 CPU 接口。因此，虚拟机操作系统可在不陷入虚拟机监视器的情况下使用该接口确认和清除中断。虚拟机监视器仍然要模拟中断分配器，并且捕获所有对中断分配器的客户访问。但这不会引起性能问题，因为分配器通常只在启动时（或者模块加载时）被访问，以便为特定的中断注册驱动并且引导它们到特定的虚拟 CPU 中。如图 2-6 所示，所有虚拟机的物理中断都经由中断分配器发送给虚拟机监视器，虚拟机监视器设置虚拟中断并建立与物理中断之间的关联，然后经由虚拟 CPU 接口发送给虚拟机操作系统执行，并在其执行完之后清除中断分配器上相应的物理中断。

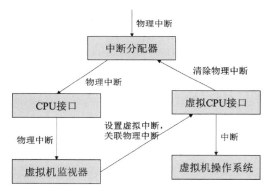

● 图 2-6　ARM 虚拟化扩展中断处理

2.1.2　安卓系统安全机制

安卓系统是基于 Linux 内核（不包含 GNU 组件）的自由及开放源代码的操作系统，由美国谷歌公司和开放手机联盟领导及开发，主要应用于 ARM 平台移动设备。2021 年，安卓系统仍占领我国智能移动终端约 84% 的市场份额，我国主流移动终端制造商（如华为、小米、vivo、OPPO 等）都有基于安卓系统进行深度定制的操作系统。

安卓系统架构如图 2-7 所示，从低到高共包含五部分：Linux 内核层、本地库层、安卓运行时、应用程序框架层、应用层。Linux 内核层是安卓的基础，如系统运行时依靠 Linux 内核来执行底层功能，内核层隐藏底层具体的硬件细节，为系统上层提供统一的服务，包括硬件驱动、进程管理、内存管理、网络数据管理等；本地库层包含了一系列 C/C++ 库，如系统 C 库、媒体库、界面库、数据库、图形库、浏览器库等，可以通过应用框架层提供给开发者使用；安卓运行时包含一个 Dalvik 虚拟机和一个核心库，提供了大部分核心库函数用于 Java 编程，而所有应用程序都基于 Dalvik 虚拟机运行，通过执行 DEX 文件（专为安卓设计的可执行文件，经优化占用内存少，可以很好地适用于内存和处理器速度有限的嵌入式系统）可同时运行多个虚拟机；应用框架层提供了各种组件（如视图、资源管理器、活动管理器、内容提供器、通知栏等）用于应用程序开发；应用层为 Java 应用程序，涉及系统应用和第三方应用，如浏览器、短消息、电话通信录、邮件、日历等。

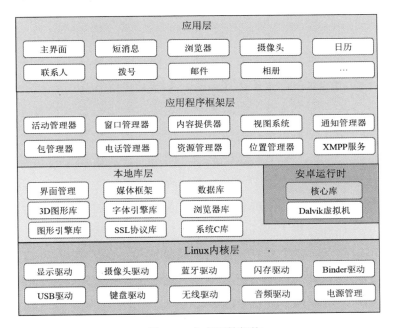

● 图 2-7 安卓系统架构

安卓系统的安全模型很大程度上都是基于 Linux 内核，基本沿用了 Linux 的安全机制，从进程、内存管理、进程间通信、权限等方面进一步增强，使应用程序受保护于"沙箱"机制，并要求应用程序配置访问权限、采用数字签名，同时采用更为安全、高效的进程间通信机制 Binder，提供匿名共享内存（Anonymous Shared Memory，Ashmem）机制有效管理不再使用的内存。安卓系统在初次安装时，启动的固件会先检查系统的完整性，通常移动终端厂商会验证是否为自己公司所签发的系统，同时安卓系统不对最终用户开放 Root 权限，一般用户无法修改系统内核，甚至系统级应用。

安卓对 Linux 内核的用户与权限机制进行了扩展。Linux 是一个多用户与多进程的操作系统，用户由用户名和用户标识 UID 来表示，允许多个用户同时存在并运行不同的进程，且每个用户可拥有多个同时运行的进程，而所有进程各自运行于独立的内存空间。在此基础上，安卓将用户隔离机制移植到应用程序隔离，为应用提供进程沙箱隔离机制。安卓应用程序在安装时被赋予独特的用户标识 UID，即一个 UID 标识一个应用程序，且该 UID 在应用程序存续期间一直保持不变。每个应用程序在各自独立的 Dalvik 虚拟机中运行，拥有独立的地址空间和资源，运行于 Dalvik 虚拟机中的进程必须依托 Linux 内核层进程而存在，为此可利用 Linux 文件访问控制机制控制 Dalvik 进程对设备资源的访问权限，从而实现 Dalvik 虚拟机进程沙箱隔离，即 UID 不同的应用程序完全隔离。同时，安卓提供了共享 UID 机制，使得具备信任关系的应用程序可运行于同一进程空间，便于共享资源。

安卓还提供了应用权限机制来对应用可以执行的某些具体操作进行权限细分和访问控制，同时提供了 per-URI 权限机制，用来对某些特定的数据块进行点到点方式的访问。应用程序需要显式声明权限，并在安装时提示用户，只有经过用户确认才允许完成应用程序的安装，而且在应用程序运行时也需对各种访问权限进行检查，允许或禁止某些权限。此外，安卓还提供了应用签名机制来保证应用程序来源的可靠和运行环境的安全。开发的应用程序安装包一定要经过数字签名，没有签名则无法安装运行。该签名机制能够对开发人员的身份进行鉴别，防止安装包被调包或者其中部分的内容被篡改或被植入木马，同时也是安卓系统和安装包之间的一种互相认证机制，同一个开发者开发的安装包有相同的私钥签名，因此这些安装包在运行过程中可以实现代码和数据共享。

针对安卓进程间通信，除了 Linux 原有的管道、消息队列、共享内存、套接字等进程通信机制外，安卓还额外提供了 Binder 进程通信机制以支持隔离进程之间的数据安全交互。Binder 机制基于共享内存实现进程之间的高效通信，采用客户端-服务端的模式，提供类似 COM 与 CORBA 的轻量级远程进程调用，通过接口描述语言定义接口与交换数据的类型，确保进程间通信的数据不会溢出越界、污染进程空间。

在内存管理方面，安卓基于标准 Linux 的内存溢出杀手（Out Of Memory Killer, OOM Killer）机制，设计实现了独特的低内存杀手（Low Memory Killer, LMK）机制，将进程按重要性分级、分组，当内存不足时，自动清理最低级别进程所占用的内存空间；同时，引入不同于传统 Linux 共享内存机制的安卓匿名共享内存机制 Ashmem，能够回收不再使用的共享内存区域。

2.1.3　苹果 iOS 系统安全机制

苹果 iOS 系统是由美国苹果（Apple）公司开发的封闭型移动操作系统，主要应用于

iPhone、iPad、iPod touch、Apple TV 等苹果公司相关产品。iOS 系统来源于 mac OS，是一种类 UNIX 操作系统，作为软件应用程序与设备硬件的桥梁，应用程序首先与操作系统的接口通信，然后由操作系统与底层硬件交互，从而完成相应任务。

苹果 iOS 系统架构如图 2-8 所示，主要包括核心操作系统层、核心服务层、媒体层、触摸层。核心操作系统层提供整个系统的基础功能，除了基本的系统内核外，还包括若干服务框架，如核心蓝牙框架负责利用蓝牙和外设交互，加速框架负责处理数字信号、线性代数、图像处理等接口，安全服务框架负责提供管理证书、公私钥信任策略、密钥链、数字签名等；核心服务层提供应用所需要的基础系统服务，如提供用户联系方式访问的通信簿框架，向应用提供定位信息的核心定位框架，支持运动数据访问的核心运动框架，支持用户健康相关信息访问的健康套件框架等，而所有这些服务的关键是核心基础框架，该框架定义了所有应用使用的数据类型；媒体层提供应用中使用的媒体软件，如核心图形、核心图像、核心动画、标准音频、媒体播放器、影音套件等图形图像和音视频相关框架；触摸层主要负责用户在使用 iOS 操作系统时的触摸交互操作，包括事件工具、游戏工具、地图工具、注册工具等框架。

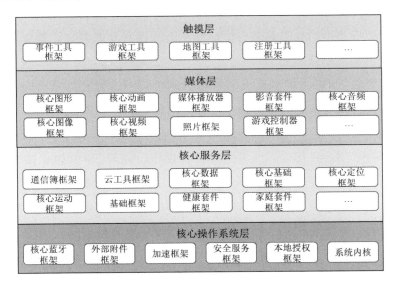

● 图 2-8　苹果 iOS 系统架构

iOS 系统的安全模型如图 2-9 所示，其主要特点在于硬件中增加了加密模块，固件中增加了加密引擎，操作系统采用了加密文件系统等。iOS 系统基于可信计算模型，确保在设备上运行的每个软件都是可信的，从设备启动到操作系统运行的每个环节都需要验证，确保软硬件的正常、安全运行，其中"安全飞地"固化的 Boot Rom 含有苹果根证书，用于验证后续启动部件。在整个启动过程中，任何一个环节出现验证失败，都会使 iOS 设备进入恢复模式。在操作系统补丁发布或 iOS 升级时，设备同样会验证补丁或新版 iOS 是否由苹果公司签发，只有验证合法才会进行修补或升级。

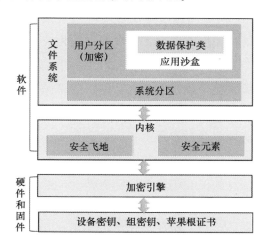

• 图 2-9　苹果 iOS 系统安全模型

iOS 系统对终端使用用户不开放管理权限，因此，用户不能直接修改系统核心或更改系统应用。iOS 采用系统控制权限的方式限制应用对敏感数据或敏感输入设备的访问，终端使用者不必关心程序中的权限问题，但也因此给软件开发者带来了烦恼，他们可能因为权限问题而无法正常使用应用。

与安卓系统类似，iOS 系统也提供了沙箱机制对应用进程进行隔离保护。每个应用在独立的沙箱中运行，拥有独立的根目录，确保自己的数据不被其他应用访问或修改，同时也不能访问其他应用的数据。如果需要访问共享的资源，必须通过 iOS 提供的 API。绝大多数应用都以非特权用户身份运行，不允许自我提权。同时，iOS 也提供了代码签名机制保证应用安全。应用的签名可以是由苹果公司签署的，也可以是由苹果公司颁发了数字证书的开发者签署的。在应用启动时，iOS 会检查应用的数字签名，确保应用来自可信的来源，并且是完整的、未被篡改的，不允许运行未经数字签名检查的应用程序。

与安卓对存储数据不做安全保护不同，iOS 系统采用硬件和软件加密机制来保护数据存储和访问安全。每一个 iOS 设备都有内置的 AES 256 加密引擎，通过 DMA 通道连接闪存存储和主系统内存，使数据加/解密得以高效实现。每台设备在制造过程中都确定有唯一标识符 UID 和一个设备组标识符 GID，其组合成 AES 256 位密钥固化在设备的 CPU 中，无法从外部读取，只能通过 AES 引擎使用这个密钥。所有存储的数据都使用由该密钥派生的文件密钥来进行加密，实现将加密数据绑定到特定设备的功能。而所有文件密钥的存放位置又由统一的文件系统密钥来加密保护，该文件系统密钥位于可擦除存储区域，直接删除文件系统密钥即可实现对设备数据的快速抹除，而文件系统密钥也只在 iOS 系统第一次安装时创建或者设备被抹除时重建。

此外，iOS 系统还采用了内存地址空间随机化（Address Space Layout Randomization，ASLR）技术以防止利用内存损坏错误对系统进行攻击，即二进制文件、库文件、动态库文件和堆栈的内存地址位置都是随机的，其每次加载到内存时基地址都是变化的，可以避免返回导向编程（Return-oriented Programming，RoP）等攻击从指定地址获取相关代码片段，从而确保系统运行时内存是安全的。

2.1.4 鸿蒙系统安全机制

鸿蒙系统是由华为公司历时 9 年基于微内核开发的全场景分布式操作系统，属于开源性操作系统，可用于手机、计算机、平板计算机、电视、汽车和智慧穿戴等多种设备。2019 年鸿蒙系统正式发布，目前已在华为手机推广使用。

鸿蒙系统架构如图 2-10 所示，主要包括内核层、系统服务层、应用框架层、应用层。内核层的内核子系统采用多核设计，支持针对不同资源受限设备选用合适的系统内核，如针对手机及平板计算机等设备可选择 Linux 内核并包含安卓开源码，针对手表及物联网设备可选择轻量级子系统 LiteOS 等，通过屏蔽多系统内核中存在的差异为上层提供有效的基础内核能力，包括内存管理、文件系统、网络管理等；驱动子系统是鸿蒙生态的开放基础，提供统一外设访问能力和驱动开发、管理框架。系统服务层通过框架层向应用程序提供服务，是系统主要能力的集合，包括支持分布式应用在鸿蒙系统多设备上运行、调度、迁移等操作的系统基本能力子系统，以及基础软件服务子系统、增强软件服务子系统、硬

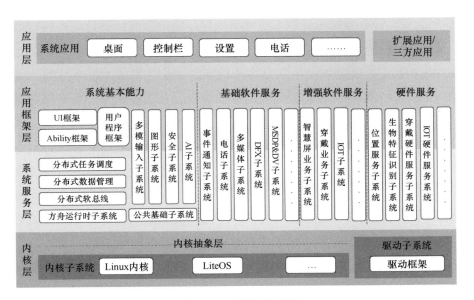

● 图 2-10　鸿蒙系统架构

件服务子系统。应用框架层为鸿蒙系统应用程序提供多语言用户程序框架和 Ability 框架，以及各种软硬件服务对外开放的多语言框架API。应用层包含系统应用及第三方非系统应用，软件格式为 HAP，兼容安卓 APK 软件格式。

鸿蒙系统采用全新的微内核设计，旨在简化内核功能，在内核外的用户模式下实现尽可能多的系统服务，并增加相互的安全保护。微内核代码量小，仅提供线程调度和 IPC 等最基本的服务，使用形式验证方法在可信执行环境中从头开始重塑了其安全性和可信赖性。鸿蒙系统的安全目标是实现"正确的人通过正确的设备来正确地使用数据"，其中通过"分布式多端协同身份认证"来保证"正确的人"，通过"在分布式终端上构筑可信运行环境"来保证"正确的设备"，通过"分布式数据在跨终端流动的过程中，对数据进行分类分级管理"来保证"正确地使用数据"。

"正确的人"指通过身份认证的数据访问者和业务操作者，是确保用户数据不被非法访问、用户隐私不泄露的前提条件。鸿蒙系统基于零信任模型实现对用户的认证和对数据的访问控制，当用户需要跨设备访问数据资源或者发起高安全等级的业务操作时，对用户进行身份认证，确保其身份的可靠性。在认证过程中，采用多因素融合认证的方式，将不同设备上标识同一用户的认证凭据关联起来用于标识一个用户，以提高认证的准确度。同时将硬件和认证能力解耦，即信息采集和认证可以在不同的设备上完成，以实现不同设备的资源池化以及能力的互助与共享。

"正确的设备"指保证用户使用的设备安全可靠，保证用户数据在虚拟终端上得到有效保护，避免用户隐私泄露。鸿蒙系统实现安全启动以确保源头每个虚拟设备运行的系统固件和应用程序是完整的、未经篡改的。基于硬件的可信执行环境用以保护用户的个人敏感数据存储和处理，确保数据不泄露。在可信执行环境中预置的设备证书可以为设备身份提供证明，确保设备是合法制造生产的。

"正确地使用数据"是指确保数据全生命周期的安全。鸿蒙系统在数据生成时就对数据进行分类分级，并且根据分类设置相应的保护等级，在数据的整个生命周期都需要根据对应的安全策略提供不同强度的安全防护。存储数据时，将基于数据的安全等级存储到不同安全防护能力的分区，并提供密钥全生命周期的跨设备无缝流动和跨设备密钥访问控制能力，支撑分布式身份认证协同、分布式数据共享等业务。敏感数据的使用仅在可信执行环境中进行，以确保用户数据的安全和隐私不泄露。数据在不同终端设备之间传输时，需要基于设备的身份凭据对设备进行身份认证，并建立安全的加密传输通道。而由于数据的存储都建立在密钥的基础上，为此销毁数据时直接销毁密钥即可。

在应用安全方面，与安卓、苹果 iOS 系统类似，鸿蒙系统也提供了基于签名机制的应用来源管控和完整性保护的安全能力。

2.2 移动终端 HiTruST 体系架构

移动终端安全问题层出不穷，严重束缚了其应用场景，尤其是敏感领域。对于高安全敏感领域而言，使用移动终端办公的关键在于任何情况下都能保障敏感业务、数据的安全，而且还需要考虑能够抵御移动终端系统内核级的安全威胁，在内核受损时仍能保障关键核心功能不受影响地安全运行。移动终端 HiTruST 体系架构正是面向高安全敏感领域提出的，依托 ARM 安全架构，借鉴安卓、苹果 iOS、鸿蒙等主流操作系统的安全机制，构筑移动终端从硬件层到应用层的全方位安全防护体系。

移动终端 HiTruST 体系架构如图 2-11 所示，依托自主 SoC（System on Chip）芯片、自主移动密码芯片，协同硬件攻击防护和端口安全防护技术，构建底层硬件安全支柱。基于简化可信计算基的思想，以虚拟化层虚拟机监视器的虚拟机构建能力为支撑，依赖安全世界可信执行环境（TEE）构建极简可信隔离环境（Trusted Isolation Environment，TIE），为终端应用提供可信运行环境。以移动终端系统全生命周期信任体系构建为统领，结合虚拟机监视器在自身完整性、系统内核完整性方面的安全防护，系统内核在权限机制、访问控制机制、加密文件系统等方面的安全加固，以及备系统协同的主系统内核受损修复技术，为终端系统及核心功能的安全运行提供保障。基于移动密码芯片的密码安全能力支持，结合相关密码服务安全支撑技术，为移动终端提供加密通话、加密短信等核心安全密码应

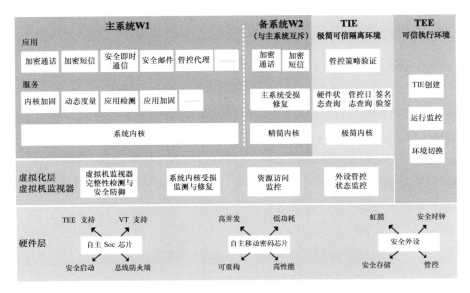

● 图 2-11　移动终端 HiTruST 体系架构

用。整合应用安全检测、应用运行时可信防护、应用安全加固等技术手段，从应用开发、运行等多环节着手提升应用安全。依托虚拟机监视器对系统资源访问的监控能力，同时结合可信隔离环境的安全运行能力及其与虚拟机监视器的安全交互能力，为外设等资源的管控策略可信实施提供技术保障，以支持对移动终端的可信管控。移动终端 HiTruST 体系架构的安全能力囊括硬件安全、虚拟化安全隔离、系统安全、密码安全、应用安全、可信管控六方面，可以有效满足高安全敏感领域对移动终端的安全需求。

2.2.1 硬件安全能力

在移动终端 HiTruST 体系架构中，硬件主要涉及自主移动通信 SoC 芯片、自主移动密码芯片以及相关外设等。此处主要概述自主移动通信 SoC 芯片安全机制以及通用的硬件攻击防护和接口安全防护方法，自主移动通信 SoC 芯片安全机制是从硬件角度保障移动终端整体启动、运行的安全基础，而针对自主移动密码芯片内部密码的安全防护，将在 2.2.4 节密码安全能力中进行介绍。

1. 自主移动通信 SoC 芯片安全机制

自主移动通信 SoC 芯片架构的安全主要考虑三个方面：1）安全策略可配置，通过定制通信处理器和系统控制器，实现芯片关键的安全策略可以自主配置；2）总线级安全防火墙，支持总线访问信号过滤；3）低功耗安全，支持系统睡眠唤醒安全处理。

自主移动通信 SoC 芯片支持硬件层面的防火墙，主要提供静态随机存取存储器（Static Random Access Memory，SRAM）、双倍速率同步动态随机存储器（Double Data Rate Synchronous Dynamic Random Access Memory，DDR SDRAM，简称为 DDR）、外设、寄存器的安全保护。基于 SRAM 防火墙，可保护芯片内部的第一级映像加载和电源管理场景的安全；基于 DDR 防火墙，可精确控制 SoC 芯片内部各个 Master 对 DDR 的访问属性；基于外设防火墙，可精确控制外设总线，如串行外设接口（Serial Peripheral Interface，SPI），内部整合电路（Inter-Integrated Circuit，I2C）的数据不被非安全世界获取，为指纹、虹膜等应用提供安全基础；基于寄存器防火墙，可精确控制某些控制器的寄存器不被非安全世界访问和篡改。

自主移动通信 SoC 芯片提供了硬件信任根、防回退硬件熔丝、硬件防刷机等机制，可为移动终端提供硬件身份、系统版本等安全防护。

（1）硬件信任根机制

提供硬件唯一密钥、设备根密钥两种硬件密钥，可作为硬件信任根，为安全操作系统、安全设备管理、安全认证等提供核心硬件级识别标识。

（2）防回退硬件熔丝机制

编码原始设备生产商（Original Equipment Manufacturer，OEM）批准的可执行文件的

最低可接受版本，制造这些熔丝时在设备制造商的工厂进行设置，可以有效阻止设备启动合法的旧版本，遵循特定规则升级了版本的终端无法再退回旧版本软件。

（3）硬件防刷机机制

为了避免因为随意卡刷和线刷带来的风险，采用白名单的方式保留 fastboot 的查询等基本读功能，其他刷机功能被锁住。

2. 硬件攻击防护

针对移动终端硬件的侧信道攻击主要在于利用硬件设备（如密码模块、传感器、陀螺仪等）在执行相关运算时产生的环境信息或侧信息来实现数据的分析与恢复，为此防御侧信道攻击应尽可能地减小、扰乱或消除硬件设备在工作时暴露出来的有规律的敏感信息，采取如下的技术防御手段。

（1）噪声注入

在可观测的侧信道中注入噪声，如基于掩码的噪声、基于隐藏的噪声等，以降低其攻击时获取信息的信噪比，从而增加攻击者恢复密钥的难度。

（2）密钥更新

频繁更新密钥防止攻击者积累侧信道信息，更新密钥时通过使用预定义的密钥序列以及同步时间来确保通信双方的密钥一致性。

（3）安全扫描链

将镜像密钥寄存器用于硬件电路的敏感部分，可阻止在测试操作模式下对敏感寄存器值的未授权访问，或者将扫描链分成多个更小的子链，使普通用户对其访问是随机的。

对于在硬件设计、生产和制造过程中通过引入恶意电路以窃取、破坏、改变电路及电路信息的硬件木马攻击，由于移动终端 HiTruST 体系架构使用的自主移动通信 SoC 芯片和自主密码芯片，可采取芯片生产前预防以及芯片生产后检测相结合的技术手段。

在芯片设计阶段，通过引入特定的自检逻辑电路、增加有助逻辑测试的可测点等方式提高木马检测效率；添加特定单元，以最大化地激活硬件木马；对芯片进行迷惑性设计，使攻击者不易找到真实电路，增加木马植入的难度。

在芯片生产检测阶段，通过采用反向分析、逻辑测试、侧信道分析、运行时监控等方法对生产的芯片进行检测，对比芯片流片前后的差异，从而判断是否存在硬件木马。

3. 接口安全防护

移动终端 SoC 芯片通常都集成 JTAG 接口用于固件下载、芯片调试等功能。针对利用 JTAG 接口的攻击，一方面采用基于电路特性隐匿的防护方法，即修改芯片硬件电路，使攻击者难以从物理层面接入；另一方面采用基于认证的防护方法，即连接外置电路芯片，实现对接入的 JTAG 器件进行认证。移动终端的 WiFi 无线通信接口同样是攻击者的重点关注对象，针对 WiFi 无线接口攻击，除了采用最新版本协议外，还可结合强加密、地址过滤等方式进一步增强 WiFi 无线接口的安全性。

2.2.2　虚拟化安全隔离能力

在移动终端 HiTruST 体系架构中，系统层与硬件层中间引入了虚拟化层虚拟机监视器。通过精简虚拟机监视器与可信执行环境（TEE）的功能，构造简化可信计算基，并以此构建可信隔离环境（TIE）。TIE 安全能力与 TEE 类似，但是 TIE 运行在普通世界，可灵活支撑不同敏感应用对隔离环境的需求，主要依托 TEE 的内存隔离、运行监控、上下文环境切换管理等安全能力，协同虚拟机监视器的虚拟机创建等管理能力，完成 TIE 的构建。主系统无法访问 TIE 的内存空间，保证 TIE 运行安全。

1. TIE 创建

根据实际需求，提前在虚拟机监视器配置 TIE 数量。TIE 虚拟机在虚拟机监视器启动时先于主系统虚拟机创建。TIE 虚拟机创建时其内存区域已经完成了初始化划分，基于虚拟机监视器的资源访问监控能力，通过设置主系统虚拟机对 TIE 内存区域的访问拦截，可以保证主系统虚拟机无法访问 TIE 内存区域，以避免 TIE 运行环境的信息篡改、泄露。当主系统虚拟机试图访问 TIE 内存时，虚拟机监视器设置的访问拦截机制生效，触发执行相应处理，如输出错误并重启整个系统。与此同时，在 TIE 虚拟机创建时，同步对其 I/O 访问权限进行划分，主系统虚拟机和 TIE 虚拟机仅能访问分配给自己的 I/O 设备。

TIE 虚拟机的启动镜像与虚拟机监视器镜像绑定在一起。虚拟机监视器启动时，直接将 TIE 镜像复制到 TIE 虚拟机的专属内存中。基于可信启动保护机制，虚拟机监视器镜像在启动过程中不会遭受篡改，进而保证 TIE 镜像的完整性以及 TIE 虚拟机启动时的安全性。

虚拟机监视器通过基于配置硬件寄存器拦截特定的硬件指令或内存/外设访问，对移动终端资源访问进行监控，可以及时发现系统异常行为并响应。在虚拟机监视器之上运行的主系统/可信隔离环境（TIE）都是依托虚拟机存在的，指令和访问拦截就是针对虚拟机进行控制的。

指令拦截相关设置记录在虚拟机的结构体中。虚拟机监视器在恢复虚拟核执行时根据标记位配置硬件虚拟化寄存器，恢复后由硬件自动完成指令拦截。上层功能模块可以通过虚拟机监视器接口开关拦截功能，并对不同的拦截项配置处理函数。虚拟核执行特定指令时硬件会自动切换到 EL2，执行虚拟机监视器统一的处理函数。根据发生中断的虚拟核及中断原因寄存器，虚拟机监视器会选中相应的拦截处理函数列表并依次调用，直到某个处理函数指示本次拦截已被完全处理。

访问拦截相关设置直接填写在虚拟机的虚拟化页表中。当该虚拟机的任何虚拟核试图访问拦截区域时，硬件会自动切换到 EL2，执行虚拟机监视器统一的处理函数。虚拟机监视器会执行当前虚拟机的访问拦截处理函数列表。

2. TIE 运行监控

在 TIE 虚拟机运行期间，对其运行状态进行监控，依照既定策略对其异常进行响应，可有效保证 TIE 虚拟机运行状态的安全。主系统虚拟机在调用 TIE 虚拟机应用时，涉及整个运行环境的切换，需经由虚拟机监视器陷入 TEE，进而再切换进入 TIE 虚拟机。TEE 在识别虚拟机监视器陷入安全世界 TEE 时传递的信息后，先保证 TIE 虚拟机与主系统虚拟机之间的安全隔离性，然后判断其对 TIE 虚拟机的操作类型，若请求合法，则查询既定策略中 TIE 虚拟机的访问权限，若符合策略要求，即允许调用发生，则进行环境切换处理，否则按异常处理。

3. TIE 上下文切换

TIE 虚拟机与主系统虚拟机在运行过程中可能需要频繁交互，致使两个虚拟机的运行环境需要频繁切换。从主系统切换至 TIE 与 TEE 使用相同的指令，主要基于指定寄存器存放的参数来决定是切换至 TIE 或 TEE。主系统虚拟机发出 SMC 指令请求切换到 TIE 虚拟机时，虚拟机监视器先进行拦截避免直接进入 ARM 可信固件（ARM Trusted Firmware，ATF）或 TEE，然后将主系统调用 TIE 的参数值复制到 TIE 虚拟机的虚拟核中，并设置好 TIE 虚拟机的入口地址。接着由虚拟机监视器进入 TEE 环境，TEE 对其进行跳转特权等级合法性检查，若为合法切换，则保护现场地址，将合法切换发生时的指令、地址、数据信息压入保护堆栈。然后 TEE 通知虚拟机监视器运行 TIE 虚拟机，在 TIE 虚拟机中完成主系统期望的功能。最后 TIE 虚拟机发出同样的 SMC 指令请求切换到主系统，在 TEE 恢复切换前主系统的现场地址后，虚拟机监视器运行主系统虚拟机。

2.2.3 系统安全能力

移动终端 HiTruST 体系架构支持主备系统互斥运行以及可信隔离环境并行运行，通过构建移动终端全生命周期信任体系、增强虚拟机监视器安全、加固主系统内核安全、协同备系统修复主系统受损内核等技术手段，可有效抵御主系统内核攻击，保障移动终端核心功能正常运行。

1. 构建全生命周期信任体系

在移动终端启动、运行过程中，基于系统静态度量、动态度量等安全技术，构建移动终端启动、运行时信任体系。在移动终端主系统内核受损时，基于虚拟机监视器内核受损监测与恢复等安全机制，重构移动终端受损时信任体系，保证移动终端全生命周期信任体系构建的完备性。

（1）构建启动时信任体系

以硬件为信任根，根据移动终端启动时各部件的启动顺序（见图 2-12），硬件 ROM 首先初始化安全世界的可信执行环境（TEE），对 TEE 内核的完整性进行度量验证，验证通过后加载启动 TEE 内核。接着从 TEE 切换至普通世界的虚拟机监视器，对虚拟机监视器的完整性进行度量验证，验证通过后加载启动虚拟机监视器。然后从虚拟机监视器进入可信隔离环境（TIE），基于 TEE 对 TIE 内核的完整性进行度量验证，验证通过后启动运行 TIE。最后从虚拟机监视器进入主系统，对主系统内核的完整性进行度量验证，验证通过后启动运行主系统，完成移动终端的系统可信启动过程。对于系统组件、服务以及应用程序等的加载启动，通过在其加载时对其进行完整性静态度量，保证只有符合预期的系统组件、服务以及应用程序才能启动，从而建立移动终端初始的可信环境，确保其初态可信。

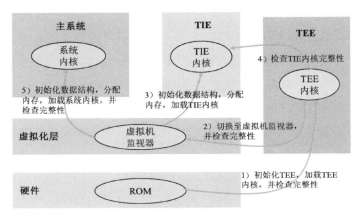

● 图 2-12　HiTruST 架构可信启动流程

（2）构建运行时信任体系

移动终端主系统内核在启动时，同步初始化内核动态度量可信根服务，该服务的作用在于构建动态度量内核服务和动态度量进程服务，分别对内核和应用进程的完整性进行动态监测，确保移动终端运行时的可信状态。动态度量内核服务主要对 .stext 段、系统调用表、异常向量表等内核实体对象以及驱动模块进行完整性度量，可以是基于内核调度线程或者定时软中端的方式来构建，前者可以配置高、普通和低三种优先级来抢占其他进程调度 CPU，后者作为补充防止抢占不到 CPU 时度量服务失败。动态度量进程服务主要是通过在可能出现权限提升的系统调用接口位置插入进程完整性检查点，对进程进行完整性度量验证，防止进程进行非法权限提升操作。

（3）重构受损时信任体系

基于对内核内存区域的保护监控，在监测到主系统内核完整性受损时，虚拟机监视器设置硬件标记并重启系统，即主系统关闭时解体移动终端系统启动时、运行时构建的信任体系，同时 Uboot 检查到相应标记时启动备系统。依照移动终端启动信任链的构建方式，保证启动进入的备系统状态为可信状态。依托备系统与操作系统漏洞检测与修复平台的连接关系，备系统直接对主系统受损内核进行可信恢复。一旦主系统内核恢复完成，备系统自主清除硬件标记并重启，即备系统关闭时再次解体移动终端当前信任体系，同时 Uboot 重新启动主系统。随着主系统的启动，移动终端启动信任链自动延伸至主系统，从而完成移动终端整体信任体系的重构过程。

2. 增强虚拟机监视器安全

增强虚拟机监视器自身的安全对于保障移动终端主系统、可信隔离环境 TIE 安全运行具有重要意义，主要体现在对虚拟机监视器的完整性保护，其采取的技术手段一方面是加强对其完整性的检测，另一方面是提升主动防御能力。

（1）虚拟机监视器完整性检测

对虚拟机监视器进行完整性检测主要采用基于快照和事件相结合的检测机制，其中基于快照的完整性检测机制是通过分析其截获的虚拟机监视器在内存中的快照来查找恶意攻击的痕迹或者漏洞，其检测存在一定的检查间隔。基于事件的完整性检测机制包括通过检查捕获的动态内存存储器页面状态和页面数据来检测动态内存存储器中的内核和关键数据结构是否遭受了未授权更改，或者通过监听主机系统总线上的流量来监视主机系统的操作，或者通过在虚拟机监视器中加入钩子函数来触发检测。

（2）虚拟机监视器主动安全防御

对虚拟机监视器进行主动安全防御主要是针对其控制流、指令仿真的防御，其中针对控制流是采取不可旁路的内存锁定技术和受限制的指针索引技术来构建防御机制，前者保证虚拟机监视器代码、静态控制数据安全，后者保证虚拟机监视器动态控制数据安全。针对指令仿真是通过限制和缩小虚拟机监视器指令仿真的有效攻击面来增强防御，对虚拟机监视器涉及的端口 I/O、内存映射、影子页表等上下文，分别指定其合法指令列表，并在仿真指令时进行检查，保证只有有效时才执行该仿真指令。

3. 加固主系统安全

移动操作系统的复杂性使其面临很多安全攻击风险，移动终端 HiTruST 体系架构中的主系统通过管理员分权机制、细粒度访问控制、透明加密文件系统等安全加固手段，可有效减小其安全风险攻击面。

（1）管理员分权机制

Root 攻击的危害在于一旦攻击者通过某种方式获取了 Root 账号的权限，该攻击者可以完成一切 Root 账号可以进行的操作。Root 分权机制将各种应用的执行权限分配给多个普通账号，如 system、radio、media 等都专门负责特定方面的功能，攻击者即使攻破一个账号也只能执行一部分功能。按照权限最小化的设计原则，主系统直接删除 Root 账号，并将 Root 账号的权限拆解为多个普通服务所需要的集合。

（2）细粒度访问控制

针对传统系统访问控制访问权限粒度过粗等问题，主系统基于 SElinux，针对系统中所有进程主体的访问权限，提供了 2 万余条自主安全策略，具备灵活可配置的访问控制机制，最大限度保证主系统的安全。

（3）透明加密文件系统

对于数据加密存储而言，内核层加密比应用层加密具有明显优势，综合内核层加密文件系统各种实现方式的优缺点，采用基于堆栈式加密文件系统 eCryptfs（位于虚拟文件系统之下，实际文件系统之上）对存储数据进行透明加密处理，可有效保证其安全性及执行效率。

4. 协同备系统修复主系统受损内核

主系统与备系统互斥运行，通常是主系统运行为用户提供服务，结合虚拟机监视器对主系统内核完整性的监测能力，一旦主系统内核受损，将启动备系统在继续为用户提供服务的同时还完成主系统修复工作。

（1）主系统内核完整性监测

虚拟机监视器对主系统内核完整性的监控一方面依赖于其对内核内存区域的保护监控，通过对主系统内核代码区域进行写保护阻止任何软件（包括主系统内核自身）对该区域进行修改；另一方面依赖于对主系统内核核心数据的周期性检测，其内核核心数据包括只读数据段、内核代码段、系统调用表、中断描述符表、异常向量表、内核模块代码等静态数据，以及进程链表、模块链表、隐藏网络连接等动态数据。

（2）主系统受损内核修复

虚拟机监视器可以通过硬件标记（可由虚拟机监视器或主备系统设置/清除）来控制主备系统的启动，即若硬件标记存在则虚拟机监视器启动备系统，若硬件标记不存在则虚拟机监视器启动主系统。在移动终端开机启动时，虚拟机监视器默认不设置硬件标记，即启动主系统，而在虚拟机监视器监测到主系统内核受损时将设置硬件标记并触发重启进入备系统，备系统在完成主系统修复之后将再次清除硬件标记，重启直接进入主系统。

备系统启动后，只需保持加密通话、加密短信等核心功能可用，同时与操作系统漏洞检测与修复平台建立安全通信通道，告知主系统内核的相关信息，由操作系统漏洞检测与修复平台对该版本内核进行漏洞检测，生成相应的修复补丁并发送给备系统，备系统在将修复补丁写入主系统 flash 分区后，重启进入主系统即可自动完成受损内核的修复工作。

2.2.4　密码安全能力

自主移动密码芯片是支持移动终端密码功能的硬件基础，结合配套的密码安全服务，可以为高安全移动密码应用（如加密通话、加密短信等）提供安全保障。

1. 移动密码芯片安全防护

移动密码芯片安全的关键是保证密码运行过程和密钥的安全，从算法实现、电路接口、版图设计、环境检测、软件安全机制等方面提供对芯片的安全防护，有助于芯片抵御物理攻击，实现对密钥和敏感信息的保护。

（1）密码算法级安全防护

针对密码算法计算步骤中存在的脆弱点，设计专用安全算法以增加侧信道攻击难度，包括在密码引擎接口上使用循环冗余校验（Cyclic Redundancy Check，CRC）机制，保证加载密码引擎的算法程序以及算法参数的完整性；采用指令操作码位置随机变换的方式，增强密码指令安全；对算法配置数据、工作密钥、结构密钥、消息密钥等密码资源，采取单向注入的实现方式。

（2）电路级安全防护

密码引擎在实现多指令和运算部件的流水并行执行的同时，引入冗余伪操作运算，增加时间、振幅维度上的噪声，减小信噪比；引入掩码技术，减小密钥与能量消耗之间的相关性，提高侧信道分析的难度。

（3）版图级安全防护

设计芯片版图时在特定位置放置自然光探测器，一旦在自然光环境下打开芯片封装盖板，探测器将会产生一个电平信号供系统处理。

（4）环境检测

在芯片中集成电压、频率、温度检测电路，一旦芯片工作电压、频率、温度超出芯片配置的正常工作范围或者检测到自然光，便会产生系统复位信号或检测异常中断信号。

（5）软件安全机制

针对芯片运行的程序代码，从存储安全、运行安全、异常处理三方面综合考虑保证其安全，如代码以密文方式存储在安全闪存专用区域，在将代码导入芯片执行时进行自检测试，在发生参数输入异常、芯片工作电压或频率异常时有相应的处理机制。

2. 密码配套安全服务

基于移动密码芯片为移动终端应用提供密码支持，需要配套相关密码安全服务，包括高安全密钥管理体系以及相关高效安全密码协议。

（1）高安全密钥管理体系

密钥管理采用两层结构、逐层保护的密钥体系，遵循"专钥专用"原则，严格控制密钥的使用权限，确保密钥整个生命周期的安全。其中，最顶层是本地主密钥，存储在密码设备内部；第二层是用户密钥，由密码设备产生，并使用主密钥进行加密保护。两层密钥均不会以明文方式出现在密码设备外。对于密钥的在线分发管理，采用非对称公钥密钥机制（配置签名非对称密钥对、加密非对称密钥对）实现用户和设备认证及密钥协商，采用对称密码体制对在线管理的密钥等数据进行端到端的加密保护。通过密钥的逐层保护，降低密钥泄露风险，且密钥不会以明文形式出现在系统外部。

（2）高效安全密码协议

针对移动终端受限资源，如体积、算力、功耗等，密钥协商、身份认证、密钥管理以及算法接口等密码协议需着重考虑轻量化设计、应用并发访问支持、密钥协商安全交互等问题，以保证协议的高效与安全。轻量化设计主要是从业务流程优化、协议帧简化、数据重传及检错纠错机制优化等方面着手；应用并发访问支持是通过在应用与密码设备之间引入中间件建立加密通信管道以实现多应用对密码设备的同时访问；密钥协商安全交互是通过将两端之间的密钥协商消息生成传输包并进行相关控制来实现两端高效、可靠的密钥协商。

2.2.5 应用安全能力

移动终端 HiTruST 体系架构支持对应用的安全保护，通过应用安全检测、应用运行时可信防护、应用安全加固等技术手段，可有效提升应用的安全能力。

1. 应用安全检测

应用安全检测主要是通过静态代码分析与动态行为检测相结合的技术手段来检测分析应用是否存在恶意行为。静态代码分析检测速度较快，可对海量移动应用进行大规模风险筛查，但由于仅能在代码层面进行分析，其相对动态行为检测来说准确率较低。

（1）静态代码分析

静态代码安全分析的主要技术手段是分析或检查源程序或者反汇编后的程序的语法、结构、过程、接口等，以此判定程序代码的安全性。在静态代码安全分析过程中，对输入的移动应用安装包文件进行逆向，获取反编译后的中间文件是至关重要的第一步，目前业界针对移动应用逆向的主流工具包括用于 C/C++编译后二进制文件逆向的 IDA Pro，用于对 Jar 包进行逆向的 Java 逆向工具 JD，用于对 APK 文件逆向的 Androguard、Jadx 等。移动应用可执行文件进行过逆向及反编译后，能够生成可读性较好的中间代码或源代码，中间代码解析技术进一步基于逆向结果，生成移动应用的抽象语法树，用于反应移动应用程序语法的逻辑结构。根据生成的抽象语法树，从主函数入口初始化函数开始，根据函数调用、对象的实例化等关系，递归追踪该应用中包含的类和接口、类中的函数参数和内部类信息，生成函数调用图及数据流图，并结合数据流图对函数接口及函数指针进行分析。在此基础上，对每一次的追踪信息进行合理的安全分析，主要检查程序中是否使用了过时或者不安全的 API 等风险问题。

（2）动态行为检测

动态行为检测通过在真实环境或虚拟机、沙箱等模拟环境中动态执行应用程序，获取进程/线程行为、文件行为、通信行为、网络行为等，并进行恶意行为检测。通过代码自动激活技术，在真实移动终端环境或虚拟机、沙箱构成的模拟终端环境中对恶意代码进行触发和执行，监控 CPU 信息获取、内存读写等行为。基于 CPU 信息获取行为和内存读写行为进行系统调用判定和内核分析，进行进程信息检测、模块信息检测和系统调用解析，并对触发的进程/线程行为、文件操作行为、通信行为、网络行为、硬件资源访问行为等进行审计，生成行为报告，以反映应用的行为状态。

2. 应用运行时可信防护

针对应用运行时与用户交互过程中存在的敏感数据泄露隐患，通过可信交互防护、可信路径防护、安全事件调用可信审计等技术手段，可保证 UI 交互界面、相关组件调用路径、安全事件访问的安全。

（1）可信交互防护

对于敏感应用而言，UI 界面的敏感信息存在被操作系统截屏窃取的风险，UI 界面的显示内容也存在被操作系统篡改的风险。基于安全隔离防护的思想，通过为敏感应用中交互环节的相应过程构建安全隔离执行环境，可以有效规避这种风险。建立面向安全交互的安全隔离区域，即建立一个 TIE 环境，确保该区域无法被主系统内任何代码访问，并在 TIE 内构建高可信的用户交互组件，使其能够进行 UI 界面的绘制并响应应用用户的点击交互行为。由于该区域无法被主系统访问，可防范来自主系统的窃听与篡改风险，从而有效确保用户交互信息时"所见即所得"。而 TIE 的安全隔离能力来源于虚拟机监视器的支持，可进一步保证主系统不会意外或故意访问 TIE 的内存及寄存器，从而避免用户交互信息篡改、泄漏等情况发生。

（2）可信路径防护

可信交互防护涉及主系统中相关关键组件的调用，为其调用路径提供可信路径防护是保证可信交互的根本。在敏感应用发布及使用之前，对敏感应用及系统框架层源代码进行静态分析，分别生成函数调用图和函数控制流图，以此构成可信路径特征集。同时在敏感应用发布及使用之前，对敏感应用和系统框架层的源代码进行插桩预处理，在敏感应用运行过程中，根据插桩信息记录敏感应用内部及系统框架层函数的动态执行信息。根据获取的动态路径中保存的桩函数信息，提取运行时的函数调用子图及函数控制流子图，然后进行动态路径匹配，判断实际函数执行路径是否是可信路径特征集的子集，主要包括函数调用图子图的匹配和函数控制流子图的匹配，如果匹配不成功，说明实际执行过程发生了异常调用。

（3）安全事件调用可信审计

针对应用程序执行过程中产生的访问敏感资源的安全事件，如访问通信录、访问短信、访问照片和录音、拨打电话等，通过可信审计技术对访问权限进行验证，对调用过程进行鉴定，可有效保护安全事件调用的安全。首先，收集安全事件的 API 调用过程，包括安全事件在执行时自顶向下通过应用层、系统框架层、硬件抽象层调用的相应层次的 API 接口。然后，对安全事件执行过程中所需要申请的访问权限进行权限验证，确保只有通过各服务或资源的访问权限验证，安全事件才可以访问相应的服务或资源。最后，判定安全事件的 API 调用是否发生了变化，当安全事件被篡改或出现异常时，会导致安全事件的 API 调用过程发生改变。

3. 应用安全加固

在应用程序开发完成正式发布前，对其进行安全加固，可有效防止应用程序遭受逆向、篡改等恶意攻击。应用安全加固的技术手段主要有软件加壳、代码混淆、软件水印、软件防篡改等，其中使用较为广泛的是代码混淆。

对于应用的数据和结构混淆，可使用现成的开源应用混淆工具 ProGuard 和 DexGuard。对于代码控制流混淆，首先分析程序控制流结构，选取程序中完整的结构块，并判断不透明谓词以及冗余代码的插入位置，在结构块中的嵌套结构前插入一个一定为真的不透明谓词，不透明谓词为假的边中插入与嵌套结构块结构相同但数据按条件随机生成的代码，作为不执行的冗余结构块，而冗余结构块最后的有向边指向代码中的下一个结构块。然后，将原结构块与插入的不透明谓词以及冗余代码封装成一个结构块，进行压扁控制流处理。最后，通过构建访问控制策略来强化插入的不透明谓词，破坏程序原有的控制流图，使得攻击者难以区分实际的执行路径，加强分析程序的难度。

2.2.6 可信管控能力

基于虚拟机监视器对资源访问的监控，可信隔离环境对管控策略的安全验证及其与虚拟机监视器的安全交互，移动终端 HiTruST 架构可以支持对管控策略的可信实施，从而实现对移动终端的可信管控。如图 2-13 所示，管控平台发出的管控策略，经由可信隔离环境（TIE）中的管控验证代理验证其正确性之后才交由管控代理执行，而且在策略执行完成之后由管控验证代理通过安全读取接口获取虚拟机监视器监测到的管控相关行为和状态数据，一并交由管控代理返回给管控平台进行策略实施一致性验证。

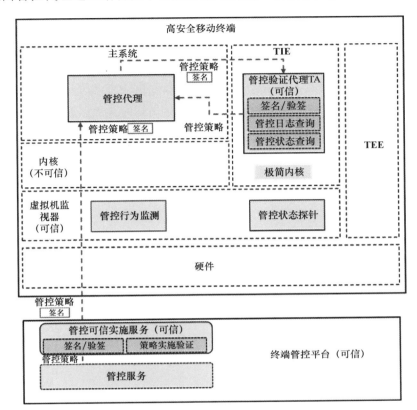

● 图 2-13　基于 HiTruST 架构的可信管控

1. 基于虚拟机监视器的管控状态与管控行为监测

　　基于虚拟机监视器的高安全性与不可绕过性，将管控状态监测功能与管控行为监测功能内置于虚拟机监视器。采用快速特征匹配算法实现对所有管控相关行为的识别与记录，同时，适配各种管控对象接口，实现对管控对象（如终端外设的状态信息）的高效、安全获取；直接（不经过主系统内核）向可信执行环境（TIE）中的管控验证代理可信应用（Trusted Application，TA）开放能力接口，保证其能够获取真实、可信的管控行为日志及管控对象状态信息。

2. 基于可信隔离环境的管控策略安全验证与管控监测数据反馈

　　基于可信隔离环境（TIE）的高安全保障能力，将终端侧管控策略验证代理功能内置于 TIE 中，与可信管控平台中的管控可信实施服务协同工作。在管控策略验证代理功能中，采用了基于国密算法的轻量级数字签名/验签技术，高效地实现了对所下发管控策略和所上报管控反馈数据（包含管控日志和管控对象状态等数据）的完整性保护；采用了并行信息融合滤波技术，对通过虚拟机监视器周期性获取管控行为日志与被管控对象状态信

47

息中的增量信息进行快速辨识、提取与上报。

3. 基于管控平台的管控策略可信实施验证

管控平台将管控可信实施监管功能视为"出入口门卫",对管控策略进行完整性保护,并对终端管控反馈数据进行完整性验证,从而确保管控平台与可信隔离环境之间往返数据的安全性。基于管控反馈数据,采用智能计算、关联分析等方法完成对管控策略实施一致性验证。当发现管控策略实施异常事件时,则触发移动终端主系统内核修复功能,及时对异常事件进行处置,真正实现管控可信实施的完整闭环。

2.3 HiTruST 架构安全性分析

与当前移动终端架构相比,移动终端 HiTruST 体系架构的安全优势主要体现在:采用自主移动通信 SoC 芯片、自主移动密码芯片、自主操作系统、代码可控、可以有效规避后门等风险;简化了系统可信计算基,有效减少了系统的攻击面;能够有效抵御系统内核级攻击威胁,并保障在内核受损的情况下核心功能仍然可以安全运行。

2.3.1 安全特性分析

移动终端 HiTruST 体系架构以 ARM 安全架构为基础,融合了多方面的安全防护技术,力求满足敏感领域的移动终端高等级安全需求,其具备的安全特性如下。

1. 构建了软硬结合的全方位安全防护体系

移动终端 HiTruST 体系架构涵盖了硬件层、虚拟化层、系统层、应用层,通过充分整合各层的安全机制,打造移动终端全方位安全防护体系。在硬件层,自主移动通信 SoC 芯片提供硬件信任根、防回退硬件熔丝、硬件防刷机等机制,为移动终端提供硬件身份、系统版本等安全防护;自主移动密码芯片从算法实现、电路接口、版图设计、环境检测、软件机制等方面提供对芯片的安全防护,保证密码运行过程和密钥的安全。在虚拟化层,虚拟机监视器采取基于快照和事件相结合的完整性检测机制,对自身的完整性进行保护;提供对系统内核的完整性监测功能,支持受损内核修复相关处理。提供对系统资源访问的监控功能,支持管控行为/状态监测。在系统层,基于启动时的静态度量、运行时的动态度量等技术,支持全生命周期信任体系构建;综合管理员分权机制、细粒度访问控制、透明加密文件系统等安全加固手段,增强操作系统内核安全。结合操作系统漏洞挖掘与修复技术,支持对受损内核的可信修复。在应用层,提供基于自主移动密码芯片密码安全服务的高安全密码应用,如加密通话、加密短信等;同时提供对其他应用的安全检测、运行时可信防护、安全加固等技术服务，可有效提升应用安全。

2. 构建了基于硬件安全保证的轻量级可信隔离环境

移动终端 HiTruST 体系架构提供了可信隔离环境以支持敏感应用安全运行，而可信隔离环境的运行以最小化资源为原则，精简其内核功能，仅满足敏感应用运行的最低要求即可，以保证其轻便性。可信隔离环境的构建依赖于虚拟机监视器的虚拟机创建能力以及可信执行环境（TEE）的安全能力，可信隔离环境创建时的内存管理、运行时的状态监控以及进入/退出时的上下文切换功能，都是由可信执行环境内的相应功能模块来提供的。为此，可信隔离环境的安全主要由可信执行环境来保证。

3. 提供了内核受损免疫的安全运行保障机制

移动终端 HiTruST 体系架构支持主备系统互斥运行，主系统是用户日常使用的主要系统，一旦主系统内核受损则切换至备系统继续提供服务，同时备系统负责连接操作系统漏洞检测与修复平台完成主系统修复操作，并在修复完成后切换回主系统。虚拟机监视器提供主系统内核受损监测及对主备系统的启动管理，通过硬件标记区分启动哪个系统，而硬件标记的设置可由虚拟机监视器或者主备系统来实施。备系统通过系统可信链构建、关键代码段只读、仅支持少量特定应用运行、仅限与操作系统漏洞检测与修复平台之间的网络数据流等方式来保证其运行安全。

4. 支持基于管控策略可信实施的移动终端可信管控

移动终端 HiTruST 体系架构利用可信隔离环境对管控策略的正确性进行验证，确保移动终端执行的管控策略没有遭受篡改，确实是由管控平台下发的；同时利用虚拟机监视器对移动终端执行的管控行为及相关管控状态进行监控，通过可信隔离环境安全获取其监控数据，并将监控数据返回至管控平台，由管控平台对策略实施的一致性进行验证，确保移动终端实施的管控操作是可信的，与管控策略要求的一致。

2.3.2 攻击防护分析

移动终端 HiTruST 体系架构在设计之初就综合考虑了其可能遭受的安全攻击，尽可能简化可信计算基，采用自主可控代码，增强安全防护机制，减少攻击面；同时针对攻击特征对芯片及代码进行相应改进，以提高攻击难度。

1. 硬件层攻击防护

针对硬件侧信道攻击，主要通过在侧信道中注入噪声、频繁更新密钥等方式来减小、扰乱或消除芯片在工作时暴露出来的有规律的相关环境信息，从而避免攻击者以此推测分析恢复敏感数据。针对硬件木马攻击，主要通过在设计芯片时引入自检逻辑电路、添加特定单元等提高木马检测率、最大化激活硬件木马，或者对芯片电路进行迷惑性设计，增加木马植入的难度。同时结合反向分析、逻辑测试、侧信道分析、运行时监控等方法，加强对芯片的检测，及时发现硬件木马。针对 JTAG 接口攻击，主要通过修改芯片硬件电路的方式使攻击者难以从物理层面接入，或者连接外置电路对接入的 JTAG 器件进行认证。针对 WiFi 无线接口攻击，除了采用最新版本协议外，还可结合强加密、地址过滤等方式进一步增强 WiFi 无线接口的安全性。

2. 安全世界可信执行环境攻击防护

针对可信执行环境可能遭受的攻击，主要通过减少可信执行环境代码、降低其复杂度来减少可信执行环境的攻击面。而减少可信执行环境代码采取的方式是构建与之类似的安全环境（即可信隔离环境），可信隔离环境的安全由可信执行环境来保证，也就是说可信执行环境只运行可信隔离环境创建等相关的功能代码，原本放置在可信执行环境的可信应用/服务都可以直接移至可信隔离环境来安全运行。

3. 虚拟化层攻击防护

针对虚拟化层虚拟机监视器的攻击，主要采用不可旁路的内存锁定技术和受限制的指针索引技术来构建控制流防御机制，前者保证虚拟机监视器代码、静态控制数据安全，后者保证虚拟机监视器动态控制数据安全。同时通过限制和缩小虚拟机监视器指令仿真的有效攻击面来防御指令仿真攻击，即指定端口 I/O、内存映射、影子页表等上下文的合法指令列表，在仿真指令时检查判定是否有效。此外，将核心代码（如可信隔离环境内存管理、上下文切换等）从虚拟机监视器移至可信执行环境，避免虚拟机监视器遭受攻击时对移动终端安全造成严重影响。

4. 操作系统层攻击防护

针对操作系统层攻击，一方面通过管理员分权机制来分解 Root 账户权限，大大降低 Root 攻击的影响力，同时通过细粒度访问控制机制细化权限对资源的访问，避免攻击者滥用权限；另一方面结合可信隔离环境的安全性支持关键应用服务运行，避免内核级攻击致使应用服务（如管控服务）失效等问题。

5. 应用层攻击防护

针对应用层攻击，一方面基于密码芯片的密码服务支持，以及内核加密文件系统，保障应用数据的安全；另一方面采用静态代码分析与动态行为检测相结合的应用安全检测方法，及时发现应用存在的漏洞、恶意代码等，避免被攻击者利用，同时利用代码混淆等方式对应用进行安全加固，防止攻击者二次打包移动应用，插入病毒、木马等恶意代码实施对移动终端的攻击。

第3章　移动终端硬件安全

作为移动操作系统与应用的物理承载，移动终端硬件安全是移动终端安全的基础，不仅需要保障硬件自身的安全，而且需要为移动操作系统、应用软件提供有效的安全支撑。本章将在简介移动终端硬件架构及组件的基础上，详细介绍 HiTruST 架构的主要硬件安全机制以及硬件攻击防护关键技术，具体安排如下。

首先，3.1 节将介绍移动终端硬件架构以及应用处理器、移动通信子系统与板级设备等核心组件；然后，3.2 节将详细讲述自主移动通信片上系统（System on Chip，SoC）所采用的多维安全机制；最后，3.3 节与 3.4 节分别阐述了移动硬件攻击防护技术，以及固件与外围接口安全防护技术。

3.1　移动终端硬件架构

移动终端硬件通常是包含应用处理器、移动通信子系统、外设以及电源管理子系统等组件的复杂集成系统[14]。

图 3-1 给出了典型移动终端硬件架构，其各组成部分介绍如下。

- 应用处理器（AP）：应用处理器是在低功耗中央处理器（CPU）的基础上扩展多媒体功能和专用接口的超大规模集成电路，是移动终端的主要控制核心，提供移动智能终端核心的计算、控制功能。当前移动终端应用处理器以 ARM 处理器为主。
- 移动通信子系统：包括基带处理器（BP）、射频收发器、射频前端以及天线。基带处理器是移动通信信号与协议处理的核心部件，目前主流基带处理器通常支持2G～5G 移动通信标准；射频收发器负责收发无线电磁波；射频前端实现射频信号的传输、转换和处理功能；天线则把传输线上传播的导行波，变换成在自由空间中传播的电磁波，或者进行相反的变换。
- 外设：包括存储设备、无线通信模块［如 WiFi 模块、蓝牙模块、近场通信（NFC）模块］、触摸屏、摄像头以及重力、温度等各种传感器。

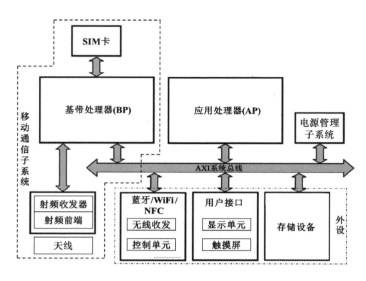

● 图 3-1　典型移动终端硬件架构

● 电源管理子系统：提供多组直流（DC）-直流（DC）、交流（AC）-交流（AC）、直流（DC）-交流（AC）转换，以满足移动终端所有器件所需电能需求；通过充放电保护以及电量检测等技术保证电池的可靠运行以及终端器件能量的稳定供应，防止出现电力过载，并且在器件出现异常状况时保护器件。

3.1.1　应用处理器

处理器分类及应用领域如图 3-2 所示。随着移动互联网的发展，智能手机、智能可穿戴等移动智能终端开始兴起，中央处理器（CPU）逐渐向移动终端发展，从注重算力但能耗高的复杂指令集计算机（CISC）向低功耗的精简指令集计算机（RISC）转变，相应诞生了应用处理器（AP）。

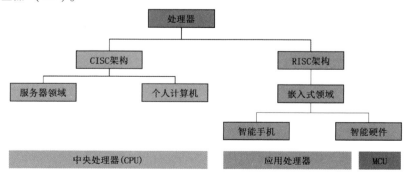

● 图 3-2　处理器分类及应用领域

应用处理器是在低功耗中央处理器的基础上扩展音视频功能和专用接口的超大规模集成电路，为移动操作系统、移动应用等运行提供算力支撑。ARM 作为全球最大的应用处理器知识产权（IP）厂商，占据了应用处理器市场90%以上的份额。

图 3-3 给出了苹果 A10 Fusion 应用处理器的逻辑架构，具体信息如下。

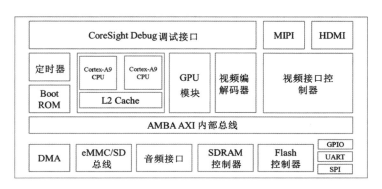

● 图 3-3　苹果 A10 Fusion 应用处理器逻辑架构

- 2 个 Cortex-A9 应用处理器（AP）以及 1 个用于提升核心处理速度的 2 级缓存。
- 1 个定时器模块用于为片上系统提供时钟定时功能。
- 引导只读存储器（Boot ROM）用于保存固件以及系统的引导代码。
- 调试接口（CoreSight Debug）用于满足开发者对于 SoC 芯片的固件下载、调试、追踪等需求。
- 片上控制器包括直接存储器访问（DMA）控制器、安全数字卡（SD）接口、音频控制器、液晶控制器以及若干其他功能信号线。例如，通用输入输出接口（GPIO）、通用异步收发器（UART）、串行外部接口（SPI）等。
- 应用处理器通过系统内部高级可扩展接口（AXI）总线对各种外设进行统一管理。

另外，应用处理器还需要负责对基带处理器（BP）的初始化启动。基带处理器的引导程序通常存放于引导只读存储器（Boot ROM）中，与固件程序捆绑。当移动终端启动或重启时，应用处理器在完成本地主操作系统启动的同时，还需要将基带处理器相关启动引导代码加载到其自身的同步动态随机存储器（SDRAM）上，从而完成正常初始化。不仅如此，应用处理器通常还会支持对基带处理器的调试功能，并作为对外接口输出基带处理器的调试记录。

3.1.2　移动通信子系统

如图 3-4 所示，移动通信子系统主要由基带处理器、射频收发器及射频前端组成。

射频收发器主要包括收信单元和发信单元。其中，收信单元完成对接收信号的下变频，最终输出基带信号，通常采用零中频和数字低中频的方式实现射频到基带的变换；发信单元完成对基带信号的上变频，主要采用二次变频的方式实现基带信号到射频信号的变换。当射频/中频（RF/IF）集成电路接收信号时，收信单元接收来自天线的射频信号，经合成处理后，将射频信号降频为基带，接着是基带信号处理；而射频/中频集成电路发射信号时，则将20KHz以下的基带信号进行升频处理，转换为射频频带内的信号再发射出去。

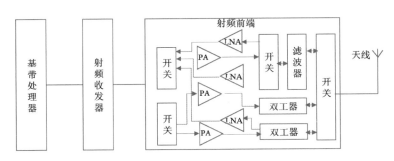

● 图 3-4 移动通信子系统逻辑架构

射频前端位于无线通信系统中基带芯片的前端，可实现射频信号的传输、转换和处理功能。射频前端由射频开关（Switch）、射频低噪声放大器（LNA）、射频功率放大器（PA）、双工器（Duplexers）、射频滤波器（Filter）五大器件组成。射频开关的作用是将多路射频信号中的任一路或几路通过控制逻辑连通，以实现不同信号路径的切换，包括接收与发射的切换、不同频段间的切换等，以达到共用天线、节省终端产品成本的目的。射频滤波器又名"射频干扰滤波器"，主要功能是通过电容、电感、电阻等元器件的组合移除信号中不需要的频率分量，同时保留需要的频率分量，从而保障信号能在特定的频带上传输，消除频带间相互干扰。功率放大器是将发射端的小功率信号转换成大功率信号的装置，用于驱动特定负载的天线等，其性能直接决定了手机等移动终端的通信距离、信号质量和待机时间。

基带处理器（BP）主要负责信号处理与通信协议处理。例如，将音频合成为即将发射的基带信号，或把接收到的基带信号解码为音频信号；对输入输出的文字、图片等信息的解码和编码。基带处理器中包含了独立的应用处理器、数字信号处理器、调制解调器等部件，以减少对系统应用处理器资源的占用。目前典型的基带处理器有高通 x60、华为巴龙 5000、联发科 M70、三星 5100 以及紫光春藤 510 等，它们均能够支持 GSM、CDMA 1x、CDMA2000、WCDMA、HSPA、LTE、5G NR 等多种标准的通信协议及信号处理。图 3-5 给出了一种典型的"微处理器（MCU）+ 数字信号处理器（DSP）"的双处理器架构基带处理器芯片的逻辑架构示意图。

微处理器在选型上主要以 ARM 处理器内核为主，并且通常会运行一个实时嵌入式操作系统，完成多任务调度、任务间通信、外设驱动，以及微处理器与数字信号处理器子系统或其他模块的通信；负责定时控制、数字系统控制、射频控制、节能控制和人机接口控制等；同时，微处理器还需要完成移动终端物理层、数据链路层、网络层、应用层通信协议处理。

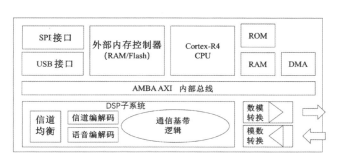

● 图 3-5　基带处理器逻辑架构

数字信号处理器（DSP）是基带处理器的另一个重要部分，其为一种具有特殊结构的微处理器，采用哈佛结构，具有专门的硬件乘法器，广泛采用流水线操作，提供特殊的数字信号处理指令，可以用来快速地实现各种数字信号处理算法。此外，数字信号处理器还包含许多硬件加速器和基带专用处理模块，通过接收微处理器的指令来完成物理层基带信号处理任务，包括信道均衡、信道编解码及语音编解码。

3.1.3　外设

外设是移动终端实现其丰富功能的硬件基础。本节将重点介绍常用的存储设备与无线通信设备。

1. 存储设备

为了满足多种存储需求，移动终端通常包含多种类型的存储部件，如随机存储器（RAM）、只读存储器（ROM）、闪存（Flash）等，不同的应用场景需要采用不同的存储器。下面介绍 ROM、RAM、Flash 等的特点及分类。

（1）随机存储器

随机存储器（RAM）在任何时候都可以被 CPU 读写，通常作为移动终端操作系统或应用程序运行时的数据临时存储介质。RAM 可分为静态随机存储器（SRAM）与动态随机存储器（DRAM）两大类。

- 静态随机存储器（SRAM）：SRAM 写入的数据将会被保存且不会消失，直到同样的位置被再次写入或者关闭 SRAM 的供电，是目前读写最快的存储设备。但是其价格昂贵，只能用于对速度要求苛刻的应用场景，如当前 L2 Cache 通常使用这种 RAM。

- 动态随机存储器（DRAM）：DRAM 虽然写入速度比 SRAM 慢，但成本更低。因此，在移动终端中应用较为普遍。DRAM 又主要分为同步动态随机存储器（SDRAM）与数据率随机存储器（DDR RAM）。SDRAM 的接口相对复杂，需要相应的控制器支持，但其容量大、价格便宜、访问速度快；DDR RAM 一个时钟内可以进行两次数据读写，数据读写速率更快。

（2）只读存储器

只读存储器存储的数据在断电后不会丢失。移动终端系统中只读存储器常用来存放可执行文件映像。只读存储器存储介质包括 ROM、可编程 ROM（PROM）、可擦除可编程 ROM（EPROM）、电可擦除可编程（E^{2}PROM）等。

- ROM：ROM 中内容只能读不能改，在工厂里通过特殊的方法将数据烧录进去。
- PROM：可编程 ROM，可通过专用的编程器将数据写入，但是只可写一次，一旦写入再无法修改。
- EPROM：可擦除可编程 ROM，芯片写入要用专用的编程器，可重复擦除和写入，擦除通过紫外线照射实现。
- E^{2}PROM：电可擦除可编程 ROM，但其写入、擦除不需借助其他设备，利用厂商提供的专用刷新程序即可改写 E^{2}PROM 中的内容。

（3）闪存

闪存（Flash）结合了只读存储器和随机存储器的长处，不仅具备电子可擦出可编程（E^{2}PROM）的性能，而且断电也不会丢失数据。现在的智能手机里常用这种存储器存储 Bootloader、操作系统或者程序代码。目前 Flash 主要有 NOR Flash 和 Nand Flash 两种。

（4）多媒体卡与安全数码卡

多媒体卡（MMC）是一种快闪存储器卡标准，由西门子与 SanDisk 两家公司基于东芝的 NAND 快闪记忆技术共同开发，并于 1997 年正式推向市场；安全数码卡（SD）则是在 MMC 卡基础上发展而来的。

2. 无线通信设备

（1）蓝牙模块

蓝牙是一种低成本的短距离无线传输技术，基于 IEEE 802.15.1 协议，工作在无需许可的 2.4GHz 频段。为了避免干扰可能使用 2.4GHz 的其他协议，蓝牙协议将该频段划分成 79 个频道，每秒的频道转换可达 1600 次。

（2）WiFi 模块

WiFi 是一种无线局域网协议，其工作频段为 2.4 GHz~2.4835 GHz 与 5.150 GHz~5.350 GHz 和 5.725 GHz~5.850 GHz。第一代 WiFi 标准出现于 1997 年，目前已发展到第六代 WiFi 标准，详细情况见表 3-1。

表 3-1　WiFi 标准

WiFi 版本	WiFi 标准	最高速率	工作频段
WiFi 6	IEEE 802.11ax	11Gbit/s	2.4GHz~2.4835GHz 5.150GHz~5.350GHz 5.725GHz~5.850GHz
WiFi 5	IEEE 802.11ac	1Gbit/s	2.4GHz~2.4835GHz 5.150GHz~5.350GHz 5.725GHz~5.850GHz
WiFi 4	IEEE 802.11n	600Mbit/s	2.4GHz~2.4835GHz 5.150GHz~5.350GHz 5.725GHz~5.850GHz
WiFi 3	IEEE 802.11g	54Mbit/s	2.4GHz~2.4835GHz
WiFi 2	IEEE 802.11b	11Mbit/s	2.4GHz~2.4835GHz
WiFi 1	IEEE 802.11a	54Mbit/s	5.150GHz~5.350GHz 5.725GHz~5.850GHz

3.2　移动通信 SoC 芯片多维安全机制

由于移动终端体积、功耗受限，其内部可谓是"寸土寸金"，因此，应用处理器、基带处理器以及数字信号处理单元（GPU）、神经网络处理单元（NPU）等通常被集成到一个芯片上，合称为"片上系统（System on Chip，SoC）"，例如，华为麒麟 990、高通骁龙 888 等。

本节将介绍面向移动通信片上系统（SoC）的多维度安全防护机制及关键技术。如图 3-6 所示，在移动通信 SoC 芯片上引入了硬件级防火墙、硬件信任根、一次可编程存储器，以及可信执行环境的硬件支撑等安全组件。

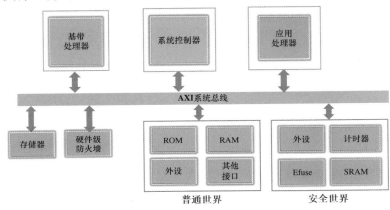

● 图 3-6　支持多维度安全防护机制的高安全移动 SoC 芯片

3.2.1　硬件级防火墙

通过在移动通信SoC芯片AXI总线读、写通道内置防火墙策略执行点，可以实现硬件级防火墙，进而为静态随机存储器（SRAM）、双速率随机存储器（DDR RAM）、外设、寄存器等组件提供有效的安全防护。硬件级防火墙组成结构如图3-7所示。防火墙控制器是硬件级防火墙的"大脑"，首先，防火墙策略可以通过预置方式或虚拟机监视器（如hypervisor）配置的方式写入防火墙控制器；然后，控制器将防火墙策略再分别写入相应的AXI总线读写通道，由内置的防火墙策略执行点按照策略对读写交互地址、数据和响应进行过滤与处置。

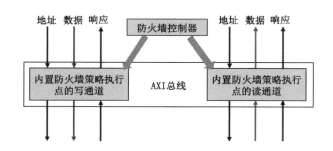

● 图3-7　硬件级防火墙组成结构示意图

基于硬件级防火墙可以实现下述防护能力。

- 基于SRAM防火墙，可保护芯片内部的固件加载以及电源管理的安全。
- 基于DDR RAM防火墙，可精确控制应用处理器芯片内部各个主设备（Master）接口所连接设备对DDR的访问属性。
- 基于外设防火墙，可精确控制外设总线，如串行外设接口（SPI）、内部整合电路（I2C）的数据不被非安全世界的程序获取，为指纹、虹膜等应用提供安全基础。
- 基于寄存器防火墙，可精确控制某些控制器的寄存器不被来自非安全世界的程序访问和篡改。
- 实现针对调制解调器以及其他协处理器固件的安全加载，即配置防火墙实现对固件的启动控制，以此防止待校验的固件被替换或固件在校验通过后再被篡改。
- 实现固件代码的实时访问控制，防止固件在运行时被篡改。

下面以DDR RAM防火墙为例介绍硬件级防火墙的实现原理。为了在总线上区分不同的主设备（即各种设备控制器），每一个主设备都有一个固定的身份标识（称为Master ID）。DDR RAM防火墙可以通过该Master ID来判断主设备是否可以访问安全/非安全的DDR RAM空间。应用处理器通常可以将整个DDR RAM区域平均分为8个段空间。每个段空间可以被配置为安全空间或非安全空间，具体配置由专门的寄存器负责。图 3-8 给出了 DDR RAM 段空间的寄存器配置格式，在某一个段空间中，开发者可选择一个物理区域进行配置，将其设为安全状态下读/写，或者非安全状态下读/写。每种状态预留有 4 个字节是为了提供不同模式下更为复杂的读、写操作。例如，仅允许处于安全状态下且运行在特权级的主设备可以对某一段内存进行读，或者在安全状态下不论系统处于特权级还是用户级状态，主设备都具备对于该段内存的读权限。此外，Master ID 的格式取决于硬件防火墙配置。例如，支持 128 个 Master ID 的防火墙技术将要求每次主设备输入到防火墙的 Master ID 有 8 位（bit），其中，第 1 位表征该主设备是在安全状态下访问还是在非安全状态下访问，后 7 位表征该主设备的标识。

开始 地址	结束 地址	安全读 [4 字节]	非安全读 [4 字节]	安全写 [4 字节]	非安全写 [4 字节]

● 图 3-8　针对 DDR RAM 段空间的寄存器配置格式

3.2.2　硬件信任根

基于硬件单元实现对硬件唯一密钥和设备根密钥的保护，建立硬件信任根（RoT），可以有效支持从只读存储器（ROM）开始逐级实现对引导加载程序（Bootloader）、可信执行环境（TEE）和内核等的安全启动验证。显然，硬件信任根是信任链建立的基础，也是实现 HiTruST 架构的重要基础之一。

为了应对不同应用场景的安全需求，应用处理器芯片内部集成了两种硬件密钥：负责标识该应用处理器芯片身份的硬件唯一密钥（HUK）与负责后续设备管理的设备根密钥（DRK）。为了保护硬件信任根的安全，应用处理器无法直接访问存放两种密钥的区域。这两种密钥均设置为 256 位，可以为安全操作系统、安全设备管理、安全认证等提供核心硬件级识别标识。

另外，为了有效保证遵循特定规则进行了版本升级的移动终端无法再退回旧版本软件，应用处理器芯片设计了"防回退"的硬件熔丝机制，从而限制移动终端固件可执行的最低可接受版本。从实现的角度，这些熔丝在制造时由设备制造商的工厂设置，存放好当前可接受固件版本的验证信息，从而有效阻止移动终端启动合法的旧版本。

硬件信任根还可以为移动 SoC 芯片提供全方位的安全防护，具体包括如下方面。

- 在 SoC 芯片上电和运行阶段进行安全监控，确保 SoC 组件间的安全交互。例如，在终端应用处理器执行时监测指令代码及时发现恶意指令插入等攻击。
- 检验 SoC 运行代码和处理数据的有效性。

- 采用设备唯一密钥（DUK），数据只能由拥有该 DUK 的设备成功读取，实现对数据存储与访问的保护。

- 通常使用临时对称会话密钥进行通信加密，这些密钥（也包括来自协议的主临时密钥）是在硬件信任根内部生成的，受到保护且不受任何片上攻击的影响。

- 将密钥保存在硬件信任根之内，只允许间接访问这些密钥，并根据应用层依照权限和策略进行管理。密钥的任何导入都必须经过验证，并且密钥的任何导出必须进行封装，以确保对秘密资料进行持续保护。密钥管理可采用硬件安全模块（HSM）并遵循公钥加密标准（PKCS#11）。

3.2.3　一次可编程存储器

为了保护芯片标识、认证数据、密钥等敏感数据的安全，在移动 SoC 芯片中引入了一次可编程存储器（OTP），避免敏感数据在移动终端使用过程中被篡改。

一次可编程存储器通常基于熔丝技术实现。在集成电路领域，熔丝（Fuse）是指在集成电路中形成的一些可以熔断的连接线。最初，熔丝用于连接集成电路中的冗余电路，一旦检测发现集成电路具有缺陷，就利用熔丝修复或者取代有缺陷的电路。目前，一次可编程存储器主要有可编程只读存储器（Programmable Read-Only Memory，PROM）与电编程熔丝（eFuse）两种实现方式。其中，可编程只读存储器与传统只读存储器不同，其数据不是在制造过程中写入的，而是在制造完成之后通过 PROM 编程器工具写入的。典型的 PROM 出厂后所有比特的值都是 1，所谓的编程就是熔断对应比特，将其值改写成 0，但这样的改写只能做一次。

电编程熔丝是芯片中一块特殊的存储空间，它内部由熔丝相互连接。不同于 PROM，电编程熔丝结合了独特的软件算法和新的熔丝技术，利用电迁移（Electromigration）效应实现熔丝熔断。电编程熔丝通常使用铝、铜等金属或硅制成，其包括阳极和阴极，以及位于阳极和阴极之间与两者相连接的细条状的熔丝。当阳极和阴极之间通过较大的瞬间电流时，熔丝被熔断。熔丝实际宽度和厚度不同，具体熔断熔丝所需的电流也不尽相同，通常为几百毫安。熔丝未被熔断的状态下，熔丝处为低阻态；当熔丝被熔断后，熔丝处为高阻态。熔丝熔断是单向的、不可恢复的。因此，eFuse 的值只能被烧写一次，由 0 变到 1。基于此特性，eFuse 可用于存储重要的芯片信息。传统 eFuse 的熔丝由多晶硅栅极层制成，随着工艺几何尺寸的缩小和新材料的使用，现在 eFuse 的熔丝改由金属制成。随着时间的流逝，编程期间产生的熔丝碎屑会反向生长，这限制了 eFuse 的可读次数。此外，受限于制造工艺，eFuse 存储空间一般不超过 4KB。

图 3-9 给出了 256 位顺序存储电编程熔丝的整体结构图，其包括 eFuse 单元、读/写控

制电路和读写电路三部分。其中，eFuse 单元是
电编程熔丝的核心部分，存储二进制数据；读/
写控制电路主要产生读/写控制信号，控制整个
电路在三个工作模式之间的转化。当 eFuse 处于
写模式时，读写电路将 WRITE 转化为写选择信
号 SEL<0：255>；当 eFuse 处于读模式时，读写
电路将 eFuse cell 的位线信号 BL<0：255>转化

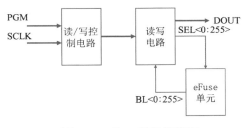

● 图 3-9　eFuse 整体结构图

为串行数据从 DOUT 端口输出。另外，PGM 信号是串行写入需存储的二进制数。SCLK 为
输入的时钟信号，用来选择 eFuse 工作在写模式或者读模式，在写模式下，其上升沿时控
制 PGM 信号写入数据；在读模式下，其下降沿时控制读数据按顺序依次串行输出。

3.2.4　可信执行环境的硬件支撑

　　CPU 通过内存映射手段给每个进程营造一个单独的地址空间来隔离多个进程的代码和
数据，通过内核空间和用户空间不同的特权级来隔离操作系统和用户进程的代码和数据。
但由于内存中的代码和数据都是明文的，容易被其他应用非法访问，因此，需要一种技术
手段解决该问题。

　　可信执行环境可以将 SoC 的硬件和软件资源划分为安全世界和普通世界。需要高安全
需求的操作在安全世界执行（如指纹识别、密码处理、数据加解密、安全认证等），而其
余操作在普通世界执行。安全世界和普通世界的代码运行在相互隔离的不同内存区域。

　　ARM 从 v7 架构开始引入 TrustZone，下面详细介绍 ARM 实现 TrustZone 的硬件设计支
撑及基本工作原理。

1. AMBA3 AXI 系统总线

AMBA3 AXI（Advanced eXtensible Interface）系统总线作为 TrustZone 的基础架构设施，
提供了安全世界和普通世界的隔离机制，确保非安全核只能访问普通世界的系统资源，而
安全核能访问所有资源。

　　针对 TrustZone，在 AMBA3 AXI 系统总线上针对每一个信道的读写操作增加了一个名
为 Non-Secure 或者 NS 位的控制信号位。NS 控制信号针对写和读操作分别称为写操作控制
信号（AWPROT）与读操作控制信号（ARPROT）。总线上的所有主设备在发起新的操作
时会设置这些信号，总线或从设备上的解析模块会对主设备发出的信号进行辨识，以确保
主设备发起的操作在安全上没有违规。例如，硬件设计上，所有普通世界的主设备在操作
时必须将信号的 NS 位置高，而 NS 位置高又使得其无法访问总线上安全世界的从设备。简
单来说，就是对普通世界主设备发出的地址信号进行解码时在安全世界中找不到对应的从

设备，从而导致操作失败。

2. 外设隔离

针对 TrustZone，ARM 采用了 AMBA3 高级外设总线（APB），以保护中断控制器、计时器、I/O 设备等外设的安全。高级外设总线（APB）是一个低门数、低带宽的外设总线，其通过 AXI-to-APB 桥连接到系统总线上，并且 AXI-to-APB 负责管理 APB 外设的安全。APB 可以过滤不合理的安全请求，保证不合理的请求不会被转发到相应的外设。

另外，TrustZone 保护控制器（TrustZone Protection Controller，TZPC）向 APB 总线上的设备提供类似 AXI 上的 NS 控制信号。由于 TZPC 可以在运行时动态设置，因此，外设的安全特性是动态变化的。例如，键盘平时可以作为非安全的输入设备，在输入密码时可以配置为安全设备，只允许安全世界访问。

3. 内存隔离

处理器访问内存时，除了将内存地址发送到 AXI 总线上外，还需要将 AWPROT 或 ARPROT 控制信号发送到总线上，以表明本次内存访问是安全操作还是非安全操作。如果当前系统处于安全状态，控制信号电平的高低取决于页表项的 NSTID 值。如果当前系统处于非安全状态，控制信号始终为高电平，即非安全操作。在 TrustZone 架构中，采用 TrustZone 地址空间控制器（TrustZone Address Space Controller，TZASC）与 TrustZone 存储适配器（TrustZone Memory Adapter，TZMA）保障物理内存的安全，具体如下。

- TZASC 是 AXI 的一个主设备，用来将它的从设备的地址空间划分为一系列内存空间。通过运行在安全环境的安全软件，可以将这些区间配置为安全的或者非安全的。TZASC 可以拒绝非安全的事务访问安全内存区间。可以划分的内存区间数以及 TZASC AXI 接口的总线宽度取决于具体的 SoC 设计。使用 TZASC 的主要目的是用来将一个 AXI 从设备分区为几个安全设备，如片外 DRAM。由于多连接一块 DRAM 芯片需要额外的引脚和印刷电路板面积，并且内存本身也是要一定费用的，所以通过对内存进行分区，使它能够包含安全和非安全分区，比两个执行环境各采用一块单独的内存更经济。ARM 动态内存控制器（DMC）本身并不支持创建安全和非安全分区。为了创建安全分区，可以将 DMC 接到 TZASC 上。TZASC 只用来支持存储映射设备，不能用于块设备，如 Nand 闪存。
- TZMA 可以对片上静态内存 RAM 或者片上 ROM 划分安全分区。将单独的一个大内存划分为安全区和非安全区比为每一个执行环境提供一个单独的内存要经济。TZMA 支持为最大 2MB 的静态内存划分分区，低地址部分为安全的分区，高地址部分为非安全分区。安全分区和非安全分区的分界点是 4KB 的整数倍，分区的具体大小通过 TZMA 的输入信号 ROSIZE 控制，这个信号来自于 TrustZone 保护控制器（TZPC）的输出信号 TZPCROSIZE。通过对 TZPC 编程可以动态地配置安全区大小。TZMA 不能用来对动态内存进行分区，也不能用在要求几个分区的情况，这些情况可以使用 TZASC。

不同的芯片厂家可以以 AMBA3 AXI 总线为基础，根据具体的安全需求设计各种安全组件，具体实现 TrustZone。图 3-10 给出了一种基于国产移动通信 SoC 芯片所构建的普通世界与安全世界。为了实现与安全世界的交互，需要部署新应用可调用的接口库，以便应用程序触发进入安全世界的逻辑。此外，还需要在普通世界划分一部分内存区域用以与安全世界进行数据共享，称为"共享内存"。普通世界的内核层为 Linux 内核，具备原始的 Linux 内核的全部功能，包括调度、通知、文件、中断等子系统。另外，Linux 内核中额外部署了可信 Linux 驱动，以实现来源于可信应用接口请求的转发工作。当前普通世界和安全世界的切换是由安全监视调用（Secure Monitor Call，SMC）指令实现的。在普通世界调用 SMC 后，系统会根据中断向量表触发 CPU 的同步异常，相关的处理会使得 CPU 直接进入安全世界中，并执行安全任务的请求。

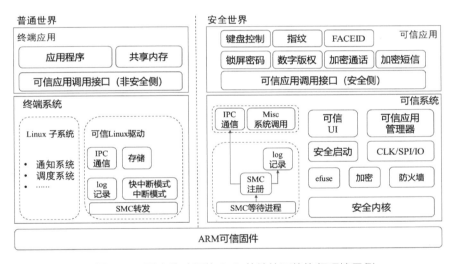

● 图 3-10　国产移动通信 SoC 芯片的可信执行环境示例

考虑到代码的安全性，运行在安全世界下的程序量通常不会很大。即便如此，为了便于管理安全任务，并降低移动操作系统的攻击面，在安全世界通常会部署精简的可信系统（TOS），以管理各个安全任务。可信系统的底层通常针对安全世界特别优化，在保证功能的前提下进行适当裁剪。可信系统的内核层将集成多种安全服务驱动，包括加解密、防火墙、安全启动、可信用户接口等。此外，可信系统还具备 SMC 等待进程，它负责接收来自普通环境的 SMC 转发请求，并在完成 SMC 的注册后，将相关请求消息通知到可信应用调用接口，以实现安全服务的调用。可信系统在应用层可提供多种的安全服务，包括加密通话、加密短信、键盘控制、指纹识别、屏幕解锁等，以满足移动终端的安全使用需求。为了实现上面的功能，需要硬件层的 CPU 芯片支持可信执行环境，并具备一些必要的硬件安全能力，如加解密、防火墙、可编程熔丝、随机数生成等。

3.3　移动终端硬件攻击防护

由于移动终端的便携性、移动性以及使用环境的开放性，移动终端硬件可能面临来自外部的各种各样的物理攻击，其中，侧信道攻击与硬件木马是针对移动终端硬件的典型攻击方式[15]。本节将在分析这些攻击特点的基础上，介绍抵御这些安全威胁所采用的防护技术。

3.3.1　移动终端广义侧信道攻击及防护

侧信道攻击，也称为边信道攻击。针对移动终端的传统侧信道攻击的主要对象为移动终端的密码设备，攻击的实施通常是通过获取密码设备运行过程中的时间消耗、能量消耗或电磁辐射等侧信道信息破解密码运算的关键信息，或者通过激光、电源毛刺、时钟毛刺、电磁脉冲等手段干扰密码运算，进而从其错误输出中推导密钥信息。然而，随着信号采集与分析技术的快速发展，针对移动终端的侧信道攻击不再只关注密码设备，利用移动终端（如智能手机、智能手表等）的无线信号辐射，以及传感器、屏幕等任意终端硬件的电磁辐射信息，经过分析后窃听用户通话，获取敏感信息或用户周围环境信息的广义侧信道攻击层出不穷。

下面首先介绍针对移动终端的传统与广义侧信道攻击，然后描述抵御侧信道攻击的典型防护方法。

1. 移动终端侧信道攻击分析

移动终端运行时所暴露的侧信道信息与对应的秘密信息之间的通用关系模型可以表示为：

$$L=F\left[H(x,y)\right]+n \tag{3-1}$$

针对移动终端密码设备的传统侧信道攻击，式（3-1）中变量的含义：y 是密钥的部分信息（如密钥的某一字节或某一比特）；x 是密码算法的输入；$H(x,y)$ 是密码算法中依赖于 x 和 y 的某个中间变换（如 S 盒）的假设侧信道信息（如假设功耗信息）；F 是 $H(x,y)$ 到真实侧信道信息 L（如真实功耗）的映射；n 是与侧信道信息统计独立的随机噪声。传统侧信道攻击的目标是通过已知的 x 和可测量的 L 恢复密码设备中固定且未知的 y。

针对移动终端的广义侧信道攻击，式（3-1）中变量的含义：x 是移动终端某硬件组件设置的参数；y 是移动终端接收到的敏感信息（如验证码、语音等）；$H(x,y)$、F、n 与 L

的含义与传统侧信道攻击相同。广义侧信道攻击的目标是通过已知的 x 和可测量的 L 恢复移动终端中固定且未知的 y。

攻击者为了有效还原信息 y，通常需要使用专门设计的侧信道分析方法。例如，简单能量分析、相关能量分析、模板分析、碰撞分析、差分聚类分析、互信息分析、差分故障分析、故障灵敏度分析等。随着人工智能技术的发展，攻击者越来越多将先进的机器学习方法与深度学习算法引入侧信道分析中。上述侧信道分析方法可分为非建模类分析和建模类分析两类。下面以传统的能量侧信道攻击为例介绍两类分析方法的原理。由于能量侧信道攻击的设备成本低、侧信息采集方便、信噪比较高，因此，在实际中相对容易实现。能量侧信道攻击的实施可以通过在密码设备的接地引脚处串联一个小电阻，然后，用示波器等仪器实时捕获功耗信号并进行分析，获得密码设备输出不同字节时的功耗谱线，从而得到密码设备的输出。

（1）非建模类分析原理

攻击者首先根据待分析的密码系统及密码算法，选择密码算法的合适中间值及对应的假设功耗模型，即选择合适的函数 $H(x,y)$。例如，对于软件实现的 AES 算法，通常可以选择第 1 轮 S 盒输出的汉明重量作为中间值的假设功耗。由于在密码系统执行时，密钥是分段使用的（如逐比特使用或逐字节使用），因此，密钥的某个小规模分段 y 可被枚举。由式（3-1）可知，$H(x,y)$ 与 L 之间存在映射关系。攻击者可枚举不同的 y，从而计算出对应的假设功耗 $H(x,y)$，最终与真实的 L 进行统计比对，相关度最大的 y 即为可能的正确值。

（2）建模类分析原理

攻击者通常是在建模系统上利用已知的 x 和 y 以及测量出的 L 拟合出真实侧信道信息与假设功耗的映射关系，并利用该映射关系分析目标系统，从而恢复未知的 y。建模类方法的核心除了选择合适的 $H(x,y)$ 外，还需要预先假定侧信道信息与秘密信息间的映射关系模型。另外，由于在真实环境中采集到的侧信道信息通常包含大量噪声，因此，攻击者还需要对采集的信息进行有效的预处理及特征提取。

2. 移动终端侧信道攻击实例

目前业界已公开了许多针对移动终端密码设备的侧信道攻击案例。例如，文献［16］基于 2G 和 3G 网络中两种认证协议深度分析［即基于蜂窝认证与语音加密（CAVE）的认证协议及基于认证与密钥协商（AKA）的认证协议，并且分别使用 CAVE 算法和安全散列算法 1（SHA-1）作为它们的基本密码算法模块］，基于获取的移动终端在认证过程中的功耗曲线成功恢复出未做侧信道防护的手机用户身份卡（Subscriber Identity Module，SIM）中的认证密钥。2013 年，荷兰 Brightsight 公司采用差分能量攻击先后破解了 4 款 2G 手机 SIM 卡中的 COMP128-1 算法[17]。文献［18］公开了针对 3G/4G 手机 SIM 卡中 MILENAGE

算法的差分能量攻击，该攻击针对 8 张不同的 USIM 卡分别采集 200~1000 条能量波形即可将其破解。2021 年，我国学者对 5G USIM 卡运行时功耗进行了采集和处理，同时实施了相关性功耗分析，得到关键的秘密参数，基于这些参数完成了对原 USIM 卡的复制，并且成功鉴权连入 5G 网络。

近年来，针对移动智能终端的广义侧信道攻击手段千变万化，事件层出不穷。由于加速度计等传感器不受操作系统的权限控制机制限制，任何移动 App 均可申请使用，因此，利用传感器获取侧信道信息，从而实施进一步攻击是常见的广义侧信道攻击手段之一。例如，借助智能手机的加速度传感器遥感恢复附近键盘敲击文本的侧信道攻击[19]；借助智能手表的陀螺仪获得戴手表的手前后左右移动的距离，可以恢复出键盘输入的口令[20]；名为 AccelEve 的侧信道攻击通过捕获声音震动产生的加速度传感器信号，并基于深度学习分析方法可以以较高准确率还原语音数据。电磁侧信道攻击也是针对移动终端典型的侧信道攻击。例如，借助 WiFi 信号中的信道状态信息对用户的手势进行建模，从而恢复用户在智能手机上输入的电子支付口令[21]。另外，被入侵的移动智能终端也可以成为攻击者对用户周围任意设备实施侧信道攻击的工具。例如，借助智能终端中的加速度传感器、磁强计、传声器等设备，采集并复现安置在附近的 3D 打印机、数控铣床等设备的动作信息[22]。显然，这些侧信道攻击给移动终端以及其周围环境安全带来了巨大的威胁。

综上所述，尽管针对移动终端的广义侧信道攻击的技术门槛较高，并且攻击的实施对环境敏感，易受环境因素影响，但是，由于这种攻击不需要对移动终端硬件进行修改，甚至不需要接触移动终端就可以获取大量的硬件信息，因而是移动终端硬件安全重点关注的内容之一。

3. 移动终端侧信道攻击安全防护

针对移动终端的侧信道攻击本质上是利用移动终端硬件在运行过程中产生的环境信息或侧信息实现数据的分析与恢复。因此，防御该类攻击的重点在于尽可能地减小、扰乱或消除移动终端硬件在工作时暴露出来的有规律的信息。但由于侧信道攻击实施手段与方法的多样性，因此，有效应对侧信道攻击通常需要综合运用多种技术手段，下面介绍几种典型的应对方法。

（1）噪声注入

噪声注入的原理是在可观测的测信道中注入噪声［即增加式（3-1）中的噪声 n］降低攻击者所采集数据的信噪比，从而增加攻击者恢复欲获取信息的难度。为了保护密码设备的侧信道信息可以采用基于掩码的噪声注入方法，在计算过程中增加额外噪声以隐藏或降低密钥与侧信息间的相关性。例如，生成随机数并将其与中间值进行某种运算（如异或运算），将该运算结果作为输入执行后续的加密算法，对每次的密钥计算过程进行一定的扰乱，从而降低密钥与侧信息间的相关性。尽管攻击者可以采用有效的滤波器消除或者降低所添加噪声，但每增加 N 倍噪声，攻击者需要额外获取 N^2 个侧信道采样才能实现侧信道攻击[23]。因此，这种防护手段有效增加了侧信道攻击的实施难度。

（2）周期密钥更新

周期密钥更新可有效降低攻击者对于侧信道信息的有效积累，从而抵御攻击者对于移动终端密码设备的侧信道攻击。这种方法需要使用预定义的密钥序列（如伪随机数生成器的输出）加上同步时间来确保通信双方的密钥序列是一致的。密钥需要在侧信道泄露信息量超出阈值之前更新，但如何准确估计侧信道信息泄露量是业界公认的难题，目前业界通常使用侧信道最大信息泄露量判断是否进行密钥更新。

（3）终端感知能力与数据的高可信管控

造成移动终端广义侧信道攻击的主要原因，除了硬件运行过程中所泄露出的有规律信息外，还包括缺乏对移动终端感知能力及数据的高可信管控机制，导致攻击者可以通过对移动终端传感器及其感知数据的非法访问，轻易地获取移动终端自身及周围环境的侧信道信息。针对这一问题，应面向不同的应用制定传感器及其采集数据的安全管控策略并保证管控策略的可信实施，即在管控策略实施过程中能够抵御管控绕过、欺骗等对抗行为。本书第 8 章将详细讨论移动终端管控与高可信管控策略实施技术。

3.3.2 移动终端硬件木马及防护

硬件木马是指在设计、生产和制造过程中通过植入、篡改等方式加入原始硬件电路的恶意电路，意在窃取、破坏、改变电路运行逻辑。下面首先分析硬件木马的基本特征，然后介绍典型的移动终端硬件木马防护技术。

1. 硬件木马分析

典型的硬件木马包含触发电路和负载电路两部分，如图 3-11 所示。触发电路在特定输入信号的条件下会被触发，从而激活实现了恶意功能的负载电路部分，实施恶意攻击。

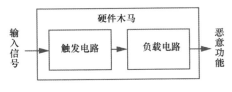

● 图 3-11　硬件木马结构示意图

一般来说，硬件木马具有以下四个基本特点。

- 恶意性：硬件木马一般都是有目的性地恶意攻击，意在窃取重要数据，混淆、破坏原始电路功能，泄露秘密信息等。

- 触发性：在一般情况下，硬件木马处于非激活状态；在满足某些特殊条件或一定信号的激励下，才会触发相应功能。

- 隐藏性：相对于一般电路，硬件木马电路尺寸小、功耗小、激活概率低，且在非激活状态不会影响原始电路运作，不易发现，具有很高的隐藏性。

- 多样性：根据实现方式、激活方式、目标性的不同，硬件木马可以分为不同类别，几乎存在于芯片设计生产的每一个阶段，种类繁多，排查难度大。

硬件木马可以按照植入阶段、植入层次、激活方式、功能影响、存在形式和存在位置等因素进行分类。其中，按照植入阶段的不同，硬件木马可以在设计、制造、测试等各个阶段植入；按照植入层次的不同，硬件木马可以在系统级、寄存器级、门级、晶体管级甚至物理级植入；按照激活方式的不同，硬件木马可以分为常开型、内部触发型和外部触发型等；按照功能影响不同，硬件木马可分为改变功能型、降低性能型、泄露信息型和拒绝服务型等；按照存在形式的不同，可分为组合型、时序型、模拟型等；按照存在位置的不同，硬件木马可以位于处理器、存储器、输入输出端口、电源模块、时钟网络、DSP 以及现场可编程逻辑门阵列（FPGA）中。

2. 硬件木马防护

为了降低硬件木马带来的安全隐患，应在移动通信芯片生产前采用硬件木马预防技术，并在芯片生产后采用硬件木马的检测技术，具体技术方案如图 3-12 所示。

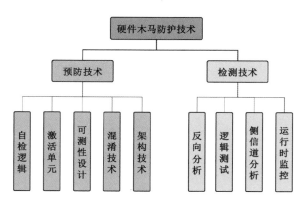

● 图 3-12　硬件木马防护技术

（1）硬件木马预防技术

硬件木马预防技术是指在芯片设计阶段，通过修改原有设计或加入额外的检测电路等方法，增强芯片对电路修改或植入的检测能力，提高被植入硬件木马的激活概率，增加芯片对硬件木马的防护能力，具体技术方案介绍如下。

1）基于自检逻辑的硬件木马预防。该方法通常利用攻击者实施硬件木马攻击的特点，在设计阶段引入特定的自检逻辑电路实现对硬件木马植入阶段的检测，典型方法介绍如下。

- 利用攻击者通常选用电路中的低可达状态节点和低可观测输出端点进行攻击的特点，在低可达状态节点添加控制逻辑（由特定密钥启动），触发节点状态并生成相关"签名值"，根据在特定输入密钥下输出"签名值"的变化判断系统是否包含硬件木马[24]。

- 利用攻击者会采用空白区域植入木马的特点，构建一种防止木马植入的内建自认证技术，该技术在布局阶段利用芯片的空白区域填充具有实际功能的标准单元，并将标准单元连接形成芯片的自检电路，输出特定范围的签名值。一旦标准单元被删除或破坏，就会产生错误的签名值，通过对签名值的判断实现自认证的功能[25]。
- 将传感器作为自检模块实现对硬件木马的预防，即在芯片设计时加入传感器，预测特定操作序列下的时延特征，与基准数值进行比较。若比对结果存在较大差距，则可判定硬件木马的存在[26]。

2）基于激活单元的硬件木马预防。该方法是通过添加特定单元，最大化地激活硬件木马，以辅助生产后检测，提高硬件木马检出率。为了提高硬件木马激活概率，首先需要采用几何分布等方法预估硬件木马激活概率以及所需要的时钟周期。然后，在激活概率较低的节点线路上添加虚拟触发器，提高这些节点状态的可达概率。图 3-13a 中括号左侧数据表示该节点状态为真概率，右侧数据表示状态为假概率。这种方法可以在对芯片面积不明显增加的情况下，可以大大减少激活硬件木马的时间，提高硬件木马检测的效率[27]。

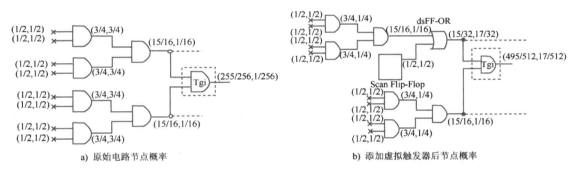

a) 原始电路节点概率   b) 添加虚拟触发器后节点概率

● 图 3-13　虚拟触发器示意图

3）基于可测性设计的硬件木马预防。可测性设计是芯片功能测试的重要技术手段之一。基于传统可测性设计，可以实现针对硬件木马的可测性设计，即在设计时加入可测点以辅助逻辑检测，提高硬件木马检测的效率。例如，可以根据攻击者一定会攻击关键信号路径的特点，进行硬件木马可测性设计；通过代码分析、敏感路径搜索和检测点插入实现对关键信号路径的保护，以防止泄露型硬件木马的植入[28]。

4）混淆技术。混淆技术是防止反向分析攻击和芯片修改的有效方法，通过对芯片进行迷惑性的设计，使攻击者不易找到真实电路，增加木马植入的难度。混淆设计也可以使设计者在木马植入后及时发现芯片的改变。例如，在芯片中创建了屏蔽实际功能模块的"网关"，并使用特定的密钥激活，通过这种方式对攻击者进行迷惑，从而保护门级 IP 不被硬件木马植入。已有研究发现，混淆技术可以保证在不影响面积、功耗和延迟的情况下，有效提高木马检测的效率，增加硬件木马植入的难度。

（2）硬件木马检测技术

由于硬件木马被植入后难以被删除，因此，包含硬件木马的电路与原有电路一定存在差异。硬件木马检测正是利用这一点，通过采用反向分析、逻辑测试、侧信道分析等技术对芯片进行检测，对比芯片流片前后的差异，从而判断是否存在硬件木马。一个好的检测方法能够最大化提高测试的成功率，并能避免因误差导致的检测错误。硬件木马检测具体包括以下方法。

1）反向分析法。反向分析法是迄今为止最彻底、最精确的木马检测方法。它通过逆向工程方法将封装（或管芯）的芯片电路打开，逐层扫描拍照电路，然后，使用图形分析软件和电路提取软件重建电路结构图，将恢复的设计与原始设计进行对比分析。该检测方法能准确发现电路中的任何恶意修改，对结构较简单的芯片检测效果不错，但相对比较耗时，而且费用较高。

2）逻辑测试法。逻辑测试法通过产生测试向量，试图触发隐藏的木马激活条件，使硬件木马生效并显现相应功能。由于芯片密度不断增大，要找到覆盖所有节点的测试向量几乎不可能，因此逻辑测试的难点在于定义合适的测试向量激活硬件木马。对于典型的硬件木马，其设计的一个指标就是隐藏性，因此，通过标准测试向量激活木马的方法难度很大。

3）侧信道分析方法。基于侧信道分析的硬件木马检测方法是目前使用最多的检测方法之一。该方法通过比对电路中物理特性和旁路信息的不同，发现电路的变化。它的基本思想是任何硬件电路的改变都会反映在一些电路参数上，如功率、时序、电磁、热等。在侧信道分析方法中，需要有一个比对芯片，即没有被植入任何木马的芯片。根据旁路信息的不同，侧信道分析可分为基于功耗、静态电流、电磁信息、路径时延信息等的分析方法。除此以外，还有针对多种旁路信息的综合分析和侧信道分析增强技术。

4）运行时监控方法。尽管上述的预防检测技术足以保证硬件木马的有效防护，但由于方法的局限性，依然不能覆盖所有的硬件木马。运行时监控方法就是在上述方法没有成功的情况下，发挥最后的屏障作用，即在芯片运转期间实时监测重要信息，及时发现非法、恶意的操作，并采取相应措施防止恶意功能的运行。例如，可以通过不同变体在不同核中的运行结果，判断多核系统中的硬件木马植入；可以利用可重构芯片中的可重构核，对芯片的操作进行实时监控并排查非法操作；也可以在芯片设计时加入热传感器，并在芯片运行时采集热量信息，通过去噪处理和数据分析实时检测硬件木马的存在。

3.4　移动终端接口安全防护

本节将介绍移动终端调试接口与固件安全防护技术，并且介绍以 WiFi 为代表的无线接口安全防护技术。

3.4.1 调试接口与固件安全防护

1. 调试接口安全防护

联合测试行动小组（JTAG）国际标准测试协议已被业界广泛应用。JTAG 接口的主要功能在于将固件下载到设备芯片，并在程序运行时对软件执行过程进行分析监测，监测内容包括 CPU 中的寄存器和内存中存储的值，以实现对芯片内部测试及系统仿真、调试。芯片厂商通常将 JTAG 接口作为片上系统的一部分。例如，ARM 公司在其处理器芯片的 CoreSight 调试架构中集成了这一接口。

JTAG 的使用提高了移动终端固件开发的便利性。但由于 JTAG 接口通常是开放的，因此，攻击者可以找到芯片上 JTAG 接口的引脚并接入工具，实现对移动终端的攻击。例如，可以破坏或禁用系统组件，提取固件代码或加/解密密钥，也可以插入未经授权的功能函数，获得攻击系统的后门，传输攻击程序及分析设备漏洞等。由于通过 JTAG 可以同时访问内存和处理器的信息，因此，基于 JTAG 接口实施攻击比通过其他接口进行攻击更为直接。

我们可以联合采用基于电路特性隐匿与基于认证的安全防护方法抵御基于 JTAG 接口的攻击。

（1）基于电路特性隐匿的 JTAG 接口攻击防护

这种防护的核心技术思想是在芯片的硬件电路上进行必要的修改，使攻击者难以从物理层面接入。例如，修改芯片上 JTAG 的默认输入电压，使得攻击者难以使用有效的电压激活 JTAG 接口；修改引脚映射，即修改芯片上面 JTAG 引脚的布局，使攻击者难以辨认哪些管脚被用于 JTAG；熔丝的办法，即如果固件已经被下载到芯片中，则特殊熔丝会被熔断，并以删除输入/输出端口的方式来禁用 JTAG 端口，使得开发者无法再使用 JTAG。

（2）基于认证的 JTAG 接口攻击防护

这种防护方法通常需要外置电路芯片，以完成 JTAG 的认证逻辑。例如，设置安全级别的方式，在 JTAG 接口引脚外继续外接一个微控制器，通过"验证-挑战"的方式对接入的 JTAG 器件的权限进行认证。通过接收固定的字符，微控制器将会验证当前的 JTAG 端口连接请求是否符合身份。在通过验证后，微控制器将把当前外部器件发送的调试指令转发给实际芯片的 JTAG 端口。另外，也可以在使用 JTAG 接口之前，强制要求需要输入密码或者使用 JTAG 带有密钥进行身份认证。

2. 固件安全防护

固件（Firmware）是写入可擦写可编程只读存储器（EPROM）或电可擦除只读存储

器（E²PROM）中的一段程序。对于移动终端而言，固件通常指用来启动移动终端系统的引导程序，负责初始化处理器芯片最初的寄存器、输入/输出接口，为接下来内核的加载提供合适的软硬件配置环境，是系统信任链构建最初始也是最重要的一环。此外，固件也是设备内部保存的设备"驱动程序"，部分外设（如蓝牙、WiFi 等模块）内部也通常会部署专用固件与 CPU 进行数据交互，从而为智能设备提供移动通信等功能。然而，由于固件程序设计简单、部署的硬件安全能力有限，使得其遭受到众多安全威胁。例如，雷击（Thunderstrike）攻击，利用苹果笔记本计算机 Macbook 的固件漏洞，可在恶意设备接入雷电（Thunderbolt）接口时安装固件 rootkit；通过破解高通 WiFi 芯片固件成功攻击智能手机中的安卓系统等。

对于固件安全，通常采用基于完整性认证的固件保护方法，即固件的哈希值将被存储在固定的内存区域，这通常是由一些不可修改属性的存储模块［如一次可编程（OTP）器件］来完成的，然后在固件使用前，需要将 OTP 中的哈希值取出，并与当前固件的散列值进行比较，如果成功则认为固件没有被篡改，可以进行正常的固件执行。

3.4.2　无线接口安全防护

移动终端的 WiFi 无线通信接口可以为用户提供高带宽、低成本、低功耗的无线连接，为用户带来了巨大的便利性。下面介绍 WiFi 无线通信接口的主要安全威胁及安全防护技术。

移动终端的 WiFi 通信接口同样是众多攻击者的重点关注对象[29]。2017 年 10 月，业界公开了一个 WPA2（WiFi Protected Access 2）协议脆弱点，基于此脆弱点，攻击者可发起 KRACK（Key Reinstallation AttaCK）攻击，窃取移动终端和接入点之间传输的数据。尽管目前许多厂家已经发布相关补丁修复此漏洞，但却难以挽回人们对 WPA2 安全性失去的信心，因而，WiFi 联盟于 2018 年 4 月迅速发布了 WPA3 v1.0 版本。WPA3 对于个人和企业网络提供了两种不同模式，即个人网络模式（WPA3-SAE）和企业网络模式（WPA3-Enterprise）。

相较于 WPA2，WPA3 新增了以下 4 项功能。

1. 更安全的握手协议

WPA3 采用对等同步认证（SAE）握手机制提供前向加密，替代了 WPA2 所使用的预共享密钥模式（PSK）。SAE 握手机制是 RFC 7664 中定义的蜻蜓（Dragonfly）握手的一个变种。在 WiFi 网络中，SAE 握手机制需要协商生成新的成对主密钥（PMK），生成的 PMK 会被用于传统的 4 次握手以生成会话密钥。在 4 次握手中，SAE 握手协商产生的 32 字节 PMK 可以有效抵御非在线的词典攻击。

2. 设备配置协议（DPP）

由于 WPA2 采用的 WiFi 保护设置协议（WPS）本身的安全问题，WPA3 中使用设备配置协议（DPP）替换了 WPS，对没有或只有有限显示接口的设备提供了简化的、安全的配置协议。通过 DPP 协议，用户可以用 QR 码或密码的方式向网络中安全地添加新的设备。DPP 协议还定义了使用 NFC 和蓝牙协议添加设备的方法。从本质上讲，DPP 是依靠公钥识别和认证设备。

3. 非认证加密

为了解决传统开放式 WiFi 网络中开放认证（见图 3-14a）所带来的不安全数据传输问题，WPA3 在开放认证的基础上提出了增强型开放式网络认证，即机会性无线加密（Opportunistic Wireless Encryption，OWE）认证。如图 3-14b 所示，OWE 认证方式下，用户仍然无需输入密码即可接入网络，保留了开放式 WiFi 网络用户接入的便利性。同时，在 OWE 关联阶段，终端向 AP 发起关联请求，并在 Diffie-Hellman 参数字段中添加终端侧公钥；AP 向终端返回关联结果，并在 Diffie-Hellman 参数字段中并添加 AP 侧公钥。终端和 AP 完成公钥交换后生成 PMK。OWE 采用 Diffie-Hellman 密钥交换算法在用户和 AP 之间交换密钥，为用户与 WiFi 网络的数据传输进行加密，保护用户数据的安全性。

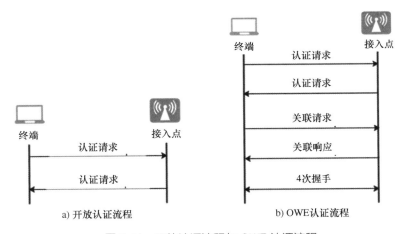

● 图 3-14　开放认证流程与 OWE 认证流程

4. 会话密钥长度升级

WPA3 升级了会话密钥长度，它支持 256 位密钥的 AES-GCM 和 384 位曲线的椭圆曲线加密。SHA-2 版本家族中的 SHA-384 也可以使用，并且任何应用的 RSA 密钥至少为 3072 位。

尽管 WiFi 标准在不断增强其安全机制，但由于使用者欠缺安全意识，并且攻击者的手段层出不穷，针对 WiFi 的安全事件仍然不断出现。例如，当无线接入点使用弱密码或弱口令时，攻击者可以接入目标移动终端已连接的无线局域网，进而发起渗透攻击；攻击者通过伪造无线接入点，诱导移动终端接入，进而窃取移动终端的交互数据。为了有效抵御针对移动终端 WiFi 无线通信接口的攻击，应使用以下方式进一步增强 WiFi 无线接口的安全性。

- 在无线接入点侧，采用 WPA3 加密方式，并避免使用弱接入口令或者默认密码，保证密码应足够复杂，并定期更换；启动媒体接入控制层（MAC）地址过滤，加强整个无线网络的安全性，以及白名单的陌生设备加入无线网络的难度；启动数据加密传输，保护用户数据不被嗅探和窃取。

- 在敏感区域，部署安全无线控制器以及安全增强无线接入探针，通过探测扫描敏感区域无线数据包，实现对无线网络属性及攻击特征，以及与有线网络相关的属性和特征进行一体化分析，及时发现无线恶意扫描探测、无线密钥暴力破解、无线泛洪攻击、无线钓鱼接入点攻击、无线终端 MAC 地址复制、私建接入点、中间人攻击、非法内联、非法外联等各种无线安全事件，并对检测到的事件进行记录告警。

第4章 移动终端虚拟化安全隔离

虚拟化技术通过对物理资源的抽象、转换与组合可将物理机分割为多个虚拟计算机，并实现它们之间运行环境的隔离。随着虚拟化技术的快速发展，ARM 也在其架构引入了虚拟化扩展功能，促使移动虚拟化技术与应用快速发展。本章将在分析当前主流移动虚拟化技术的基础上，提出面向 HiTruST 架构的移动虚拟化技术，以简化可信计算基、降低移动终端安全风险为原则，自主构造虚拟机监视器，支持隔离环境构建；并结合可信执行环境（TEE）的安全能力，增强隔离环境的安全性。本章的具体安排如下。

4.1 节介绍虚拟化技术的发展脉络及相关概念；4.2 节介绍几种典型的移动虚拟化平台；4.3 节介绍移动虚拟化的容器隔离技术；4.4 节介绍针对 HiTruST 移动终端体系架构的移动虚拟化技术。

4.1 虚拟化技术概述

虚拟化技术是一种资源管理技术，将计算机的各种物理资源（如 CPU、内存、磁盘空间、网络适配器等）予以抽象、转换，然后呈现出一个可供分割并任意组合为一个或多个虚拟计算机的配置环境。虚拟化技术打破了计算机内部实体结构间不可切割的障碍，使用户能够以比原本更好的配置方式来应用这些计算机硬件资源，而这些资源的虚拟形式将不受现有架设方式、地域或物理配置所限制，大大提升了资源利用率，提高了 IT 灵活性。同时，虚拟化技术也为各配置环境提供了一道安全屏障，保障配置环境之间的隔离性，使其运行空间相互独立互不影响，这也使得虚拟化技术越来越广泛地应用于安全解决方案，而虚拟化技术的应用场景也由服务器迅速蔓延至移动终端。根据虚拟的对象不同，虚拟化技术可以细分为：平台虚拟化，即针对计算机和操作系统的虚拟化；资源虚拟化，即针对特定系统资源（如内存、存储、网络资源等）的虚拟化；应用程序虚拟化，指仿真、模拟、解释技术等，如 Java 虚拟机。本章主要关注移动终端的平台虚拟化技术。

4.1.1　虚拟化技术的发展

20 世纪 60 年代开始，美国的计算机学术界就开始了虚拟化技术的萌芽。1959 年，克里斯托弗发表了一篇学术报告，名为《大型高速计算机中的时间共享》（*Time Sharing in Large Fast Computers*），他在文中提出了虚拟化的基本概念，这篇文章也被认为是虚拟化技术的最早论述。虚拟化技术的发展脉络如图 4-1 所示。

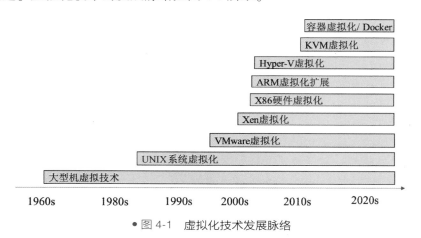

● 图 4-1　虚拟化技术发展脉络

在商业市场，虚拟化技术最初应用于大型主机，最早使用虚拟化技术的是 IBM 公司在 1965 年发布的 IBM 7044。它允许用户在一台主机上运行多个操作系统，让用户尽可能充分地利用昂贵的大型机资源。随后，IBM 利用虚拟化技术陆续推出了一系列虚拟机，如 IBM 360/40、IBM 360/67、VM/370，这些机器都是通过虚拟机管理器（VMM）在物理硬件上生成多个可以运行独立操作系统软件的虚拟机实例，即在硬件和操作系统之间建立 VMM 层之后，所有来自操作系统的指令都将被 VMM 截获，通过 VMM 的分析和转换后再转向控制硬件系统，从而使得在 VMM 上可同时支持多个异构操作系统的运行。

由于 x86 架构的局限性及其处理器性能不足等原因，虚拟化技术在个人计算机上的应用进展一直非常缓慢。直至后来 Intel、AMD 修改了 x86 处理器的指令集，并对处理器的性能进行了提升，这些制约虚拟化技术发展的问题才得到了一定的解决。1999 年，VMware 公司在 x86 平台上推出了可以流畅运行的商业虚拟化软件 VMware Workstation，为虚拟化技术在 x86 上的发展开辟了道路，并于 2001 年发布了针对服务器的虚拟化软件 VMware ESX。VMware 的工作原理是直接在计算机硬件或主机操作系统上面插入一个精简的软件层，该软件层包含的 VMM 以动态和透明的方式来分配硬件资源，使得多个操作系统可以同时运行在单台物理机上，彼此之间共享硬件资源，并且感觉不出与独享硬件资源的区别。另外，由于是将整台计算机（包括 CPU、内存、网络设备和操作系统）封装起来，因此，因此，虚拟机可与所有标准的 x86 操作系统、应用程序和设备驱动程序完全兼容。

VMware 采取了完全虚拟的方式，实现的虚拟硬件的功能与底层硬件完全相同，这种方式的好处是可以支持标准的操作系统，即运行的虚拟机系统不需要对操作系统做任何修改，缺点是对于一些操作（如创建新的应用进程等）代价非常大，导致系统性能低。针对这个系统性能较低的问题，剑桥大学于 2003 年推出了 Xen 架构，该架构可以保证在同一硬件平台上并行运行的操作系统，其性能接近单机操作系统的性能。与完全虚拟的方式不同，Xen 采用了半虚拟的方式，即仅对 CPU 和内存虚拟，不对硬件设备虚拟，而且集中管理协调对硬件设备的访问，这种方式的优势是性能高、系统开销小，缺点是需要修改普通的操作系统才能兼容运行。

2008 年，微软也推出了采用半虚拟化方式实现的虚拟化管理应用软件 Hyper-V，以提供一种服务器虚拟化的解决方案，得到了众多服务器厂商（如 IBM、惠普等）的大力支持。Hyper-V 主要包含有三个组件：管理程序、虚拟化堆栈和新的虚拟化 I/O 模块。其中，管理程序的基本作用是创建不同的分区以供代码的每个虚拟化实例运行，而虚拟化堆栈和 I/O 组件则提供了和 Windows 操作系统的交互功能以及和创建的不同分区的交互功能。

在硬件架构方面，虚拟化技术也得到了相应的发展。2006 年，Intel 和 AMD 等厂商相继将对虚拟化技术的支持加入到 x86 体系结构的中央处理器中，提出了 Intel-VT 和 AMD-V 虚拟化技术，使原来纯软件实现的各项功能可以借助硬件的力量实现提速。该虚拟化技术在 x86 处理器架构之上增加了两种 CPU 运行环境：VMX Root 和 VMX Non-root，其中 VMM 运行于 Root 环境中，而虚拟机运行于 Non-root 环境中。这些硬件辅助虚拟化技术都可以直接支持以半虚拟化方式实现的 Xen、Hyper-V 等架构。同时，基于硬件辅助虚拟化技术，以色列公司 Qumranet 开发的虚拟化内核模块 KVM（Kernel-based Virtual Machine）也得以发展，2011 年 IBM、Red Hat 联合 HP、Intel 等成立了开放虚拟化联盟以加速 KVM 的发展应用，KVM 作为 Linux 内核的一个模块，将 Linux 内核转换为虚拟化层管理程序，可以直接复用 Linux 内核中的已有功能，如内存管理、CPU 调度等。而在移动终端发展的推动下，ARM 公司在 ARM v7 架构上也引入了虚拟化技术，其在 ARM TrustZone 安全架构之上增加了 Hyp 模式，即普通世界的最高特权级模式。基于 ARM 硬件虚拟化技术，VMware、Xen、KVM 也纷纷推出了适用于移动虚拟化的架构平台，依托原有 x86 虚拟架构原理面向 ARM 架构进行适配。

针对通过虚拟硬件资源构建虚拟机的虚拟化技术存在资源占用多、启动慢等问题，Linux 发展出了另一种虚拟化技术——Linux 容器，该技术是一种在服务器操作系统中使用没有 VMM 层的轻量级虚拟化技术，内核通过创建多个虚拟的操作系统实例（内核和库）来隔离不同的进程（容器），不同实例中的进程完全不了解对方的存在。2013 年 Docker 概念提出，其基于 Linux 容器进行二次封装，使容器的管理与使用更加便捷，Docker 将容器技术大众化，解决了容器难移植等问题，使容器技术成为主流。随着移动终端的发展，基于 Docker 容器的移动终端虚拟化技术也逐渐得到关注。

4.1.2　虚拟化架构分类

根据虚拟化层在整个系统中的位置及功能作用的不同，虚拟化架构主要分为以下 3 类。

1. Type-Ⅰ虚拟化架构

Type-Ⅰ虚拟化架构指直接在硬件上面安装虚拟化软件，再在其上安装操作系统和应用，依赖虚拟层内核和服务器控制台进行管理。如图 4-2 所示，虚拟机监视器直接运行在硬件上，负责所有物理资源（如 CPU、内存、I/O 设备等）的管理；同时负责虚拟环境的创建和管理，向上提供虚拟机用于运行客户机操作系统。

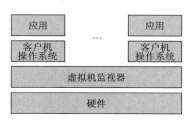

● 图 4-2　Type-Ⅰ虚拟化架构

在 Type-I 虚拟化架构中，虚拟机监视器主要涵盖 4 个功能模块：处理器管理模块，负责物理处理器的管理和虚拟化；内存管理模块，负责物理内存的管理和虚拟化；设备模型模块，负责 I/O 设备的虚拟化；设备驱动模块，负责 I/O 设备的驱动，即物理设备的管理。

虚拟机监视器同时具备物理资源的管理功能和虚拟化功能，该架构的优点在于物理资源虚拟化效率会更高，虚拟机不依赖操作系统；缺点在于物理资源管理（如设备驱动）涉及的开发工作量巨大。而在安全方面，虚拟机安全主要依赖虚拟机监视器的安全。

2. Type-Ⅱ虚拟化架构

Type-Ⅱ虚拟化架构指在宿主操作系统之上安装和运行虚拟化程序，依赖于宿主操作系统对设备的支持和物理资源的管理。如图 4-3 所示，虚拟机监视器运行在宿主操作系统之上，负责提供虚拟化功能；宿主操作系统为传统操作系统，如 Windows、Linux 等，负责物理资源的管理。

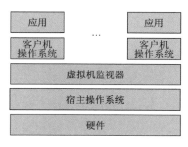

● 图 4-3　Type-Ⅱ虚拟化架构

在 Type-Ⅱ虚拟化架构中，虚拟机监视器通常是宿主操作系统独立的内核模块，有些实现中还包括用户态进程，如负责 I/O 虚拟化的用户态设备模型。虚拟机监视器通过调用宿主操作系统的服务来获得资源，实现 CPU、内存和 I/O 设备的虚拟化。在创建出虚拟机之后，通常将虚拟机作为宿主操作系统的一个进程参与调度。

宿主操作系统控制所有的物理资源（如 I/O 设备），设备驱动位于宿主操作系统中，该架构的优点在于可以充分利用现有操作系统的设备驱动程序等，虚拟机监视器只需专注于物理资源的虚拟化功能；缺点在于虚拟机监视器需要调用宿主操作系统的服务来获取资源进行虚拟化，而这些系统服务在设计开发时并没有考虑虚拟化的支持，因此虚拟化的效率和功能会受到一定的影响。而在安全方面，虚拟机的安全不仅依赖虚拟机监视器的安全，还依赖宿主操作系统的安全。

3. 操作系统虚拟化架构

操作系统虚拟化架构指在操作系统层面增加虚拟服务器功能，将单个操作系统划分为多个容器，使用容器管理器来进行管理。如图 4-4 所示，宿主操作系统负责在多个虚拟服务器（即容器）之间分配硬件资源，并且让这些服务器彼此独立。

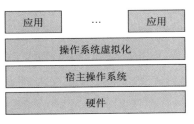

● 图 4-4 操作系统虚拟化架构

在传统操作系统中，所有用户的进程本质上是在同一个操作系统的实例中运行，因此内核或应用程序的缺陷可能影响其他进程。在操作系统虚拟化架构中，没有虚拟机监视器层，而是在操作系统引入轻量级虚拟化技术，内核通过创建多个虚拟的操作系统实例（内核和库）来隔离不同的进程（容器），不同实例中的进程完全不了解对方的存在。

该架构与前述两种架构的显著差异在于虚拟化对象的不同，前述架构是针对计算机的虚拟化，隔离的是计算机硬件资源；该架构是针对操作系统的虚拟化，隔离的是操作系统资源。该架构的优点在于简单易实现、管理开销低；缺点在于隔离性差，多容器共享同一操作系统。在安全方面，容器的安全主要依赖操作系统的安全。

4.1.3 虚拟化实现方式

平台虚拟化的关键是对硬件资源 CPU、内存、设备 I/O 的虚拟化，如上节介绍的 Type-Ⅰ虚拟化架构、Type-Ⅱ虚拟化架构就需要考虑这类硬件资源的虚拟化方式，有全虚拟化、半虚拟化、硬件辅助虚拟化三种虚拟化实现方式，其中，全虚拟化、半虚拟化主要针对 x86 架构，硬件辅助虚拟化适用于 x86、ARM 架构；操作系统虚拟化架构无关硬件资源的虚拟化，只是操作系统级的虚拟化，以容器为虚拟化载体，为应用程序提供隔离的运行空间，一个容器内的变动并不会影响其他容器。

1. 全虚拟化

全虚拟化是指虚拟机模拟了完整的底层硬件，使得为原始硬件设计的操作系统或其他系统软件完全不做任何修改就可以在虚拟机中运行，客户机操作系统与真实硬件之间的交互可以看成是通过一个预先规定的硬件接口进行。全虚拟化 VMM 以完整模拟硬件的方式提供全部接口，包括模拟特权指令的执行过程，其性能较低，早期的 VMware 就是采用这种虚拟化方式。

在 CPU 全虚拟化环境，VMM 负责为虚拟 CPU 分配时间片并管理虚拟 CPU 状态，如图 4-5 所示，VMM 占据最高特权级 Ring 0，虚拟机中的客户操作系统只能运行在稍低的特权级 Ring 1，无法执行 Ring 0 的特权指令。为消除虚拟化对客户操作系统运行的影响，VMM 支持模拟执行 CPU 特权指令，即当客户操作系统需要执行 Ring 0 特权指令时，会陷入运行在 Ring 0 的 VMM，VMM 捕捉到这一指

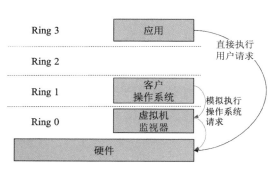

● 图 4-5　CPU 全虚拟化指令执行流程

令后，会用本地物理 CPU 模拟执行相应指令，并将结果返回给客户操作系统，从而实现客户操作系统在非 Ring 0 环境下对特权指令的执行。

类似于操作系统的虚拟内存支持，内存全虚拟化为虚拟机动态分配独立的虚拟物理内存，其内存地址映射包含两级，即客户操作系统负责从虚拟内存到虚拟机物理内存的映射，VMM 负责从虚拟机物理内存到机器内存的映射。客户操作系统的每个页表在 VMM 中都有一个独立页表与之对应，在 VMM 中的页表称为影子页表，一旦客户操作系统修改了虚拟内存到物理内存的映射，VMM 会及时更新影子页表。设备 I/O 全虚拟化通过模拟真实设备，为虚拟机提供单独的虚拟设备，以响应虚拟机的设备访问请求和 I/O 请求。

2. 半虚拟化

半虚拟化是指通过修改客户操作系统使其知道自己运行在虚拟环境下，能够与 VMM 协同工作，基于 VMM 提供的超级调用 Hypercall 机制，客户操作系统直接调用 Hypercall 执行特权指令相关操作。与全虚拟化相比，半虚拟化 VMM 只需模拟部分底层硬件，性能高于全虚拟化，但由于涉及对客户操作系统的修改，兼容性和可移植性较差。早期的 Xen 就是采用这种虚拟化方式。

CPU 半虚拟化的关键在于 Hypercall 机制，基于 Hypercall 的支持实现指令虚拟化。对于客户操作系统而言，Hypercall 类似于系统调用。如图 4-6 所示，客户操作系统需要执行特权指令时，不再调用传统的系统调用，而是直接调用 VMM 的 Hypercall，进而完成相应的操作。根据传统操作系统的系统调用所使用的 Trap 指令情况，选定一个未使用的 Trap 指令实现 Hypercall 即可，具体 Hypercall 的数量及功能与实际系统相关。

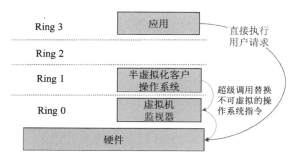

● 图 4-6　CPU 半虚拟化指令执行流程

内存半虚拟化主要依赖 Hypercall 机制来实现页表的管理，客户操作系统基于 Hypercall 调用来修改切换页表的代码，通过 Hypercall 直接完成影子 CR3 寄存器（存放虚拟机物理地址）的修改和地址翻译。设备 I/O 半虚拟化主要采用分离式驱动模型，即前端驱动和后端驱动，其中前端驱动运行在普通虚拟机，负责管理客户操作系统的 I/O 请求；后端驱动运行在管理虚拟机，负责管理真实的 I/O 设备并复用不同虚拟机的 I/O 数据。前端驱动和后端驱动之间通过共享内存的方式进行交互。

3. 硬件辅助虚拟化

硬件辅助虚拟化是指基于硬件支持实现部分虚拟化，以获得更高的系统性能。Intel-VT 和 AMD-V 是目前 x86 平台上可用的两种硬件辅助虚拟化技术，其主要特点是为 CPU 增加一种新的执行模式 Root 模式，VMM 运行在 Root 模式下，而客户操作系统运行在非 Root 模式下。ARM 平台支持硬件虚拟化扩展后，在普通世界的 CPU 增加了虚拟化 Hyp 模式，原有模式不变，只是虚拟化模式权限更高。

CPU 硬件辅助虚拟化的根本在于 Root 模式或者 Hyp 模式的引入，如图 4-7 所示，对于 x86 架构而言，VMM 运行在 Root 模式下，不影响非 Root 模式下客户操作系统的运行特权级。客户操作系统运行过程中遇到需要 VMM 处理的事件，如外部中断或缺页异常，或者主动调用 VMM 服务时，硬件自动挂起客户操作系统，切换到 Root 模式，陷入 VMM 执行相关处理操作。对于 ARM 架构而言，VMM 运行在普通世界的 Hyp 模式，对安全世界毫无影响，同时也不影响普通世界客户操作系统的原有安全特权级，客户操作系统在发生异常时可以请求陷入 Hyp 模式由 VMM 进行处理。

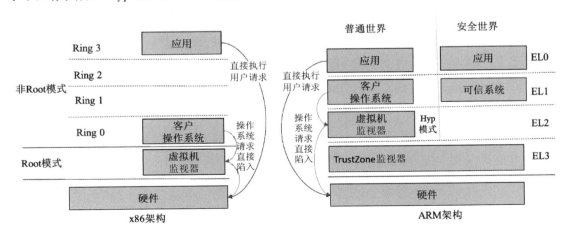

● 图 4-7 CPU 硬件辅助虚拟化指令执行流程

在内存硬件辅助虚拟化方面，x86 架构主要是通过基于硬件的扩展页表 EPT（Extended Page Table）技术来提升影子页表的效率，在原有页表的基础上增加一个 EPT 页表用于记录虚拟机物理内存到机器内存的映射关系，VMM 预先把 EPT 页表设置到 CPU

中，在客户操作系统修改了页表后，CPU 自动查询并进行虚拟机物理内存地址到机器内存地址的转换，从而降低整个内存虚拟化所需的开销。ARM 架构基于硬件设置实现二级页表翻译，第 1 级页表由虚拟机操作系统维护，将其虚拟地址映射为中间物理地址，第 2 级页表由虚拟机监视器维护，将中间物理地址映射为机器物理地址，并对虚拟机操作系统保持透明。设备 I/O 硬件辅助虚拟化使得虚拟机可以直接访问设备硬件，能获得近乎本地的性能，而且 CPU 开销不高。

4.2 基于虚拟机隔离的移动虚拟化

ARM 架构硬件支持虚拟化扩展带动了移动虚拟化技术的发展，典型的移动虚拟化产品（如 VMware MVP、Xen on ARM、KVM/ARM、OKL4 Microvisor 等）都是基于虚拟机模式，通过不同的硬件资源虚拟化与调度管理方式来实现虚拟机之间硬件资源的隔离。

4.2.1 VMware MVP 移动虚拟化平台

VMware 公司作为推动虚拟化技术发展的先驱者，在成功推出针对 x86 架构服务器的虚拟化软件 VMware ESX 等产品之后，进一步将虚拟化技术扩展到 ARM 架构移动终端市场，并推出了移动虚拟化平台（Mobile Virtualization Platform，MVP）[30]，为企业员工使用自己的手机办公提供了解决方案。VMware MVP 以小软件的形式嵌入在手机上，让数据和应用程序与手机底层硬件脱离开来，在一台普通的智能手机上同时运行多个不同的手机系统，并且其上均可以运行各自的应用，员工可以随时随地地使用自己的手机进行办公。

MVP 与 VMware 其他虚拟化产品一样，都是采用 Type-II 虚拟化架构，以全虚拟化的方式支持宿主操作系统以外的虚拟客户操作系统运行。MVP 系统架构如图 4-8 所示，分为主机系统环境和客户虚拟机环境，同时虚拟机监视器功能也涉及两部分，主机系统环境的虚拟机监视器以 mvpkm 内核模块合并入宿主系统内核，在客户虚拟机环境增加了 MVP 虚拟机监视器模块，两者之间通过 mksck 模块交换数据，以支持客户操作系统的运行。

在主机系统环境中，以超级用户身份运行的 mvpd 进程是虚拟化支持的根本，是唯一需要由 OEM 厂商在生产初期置入设备的代码，负责为 MVP 相关的进程授权必要的能力，包括加载 mvpkm 内核模块以实现主机系统与虚拟机系统之间的控制权传递。在客户虚拟机环境中，虚拟机的内核及应用都运行在用户模式，MVP 虚拟机监视器与主机系统进行交互，当运行上下文切换至虚拟机时，系统控制权由 mvpkm 内核模块转移至 MVP 虚拟机监视器，然后再转移至虚拟机操作系统。同理，运行上下文切换至主机系统时，系统控制权

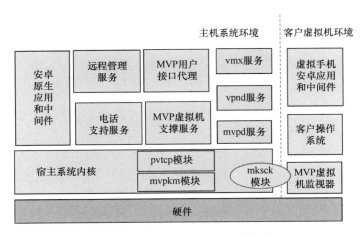

主机系统环境 | 客户虚拟机环境

● 图 4-8　VMware MVP 系统架构

也是由 MVP 虚拟机监视器转移至主机系统。在虚拟机启动后，mvpd 进程将虚拟机操作系统镜像、MVP 虚拟机监视器加载到内存，并指定线程执行虚拟机监视器功能，该线程的运行意味着虚拟机的运行。

1. CPU 虚拟化

基于 ARM 架构的移动终端平台虚拟化，其关键就在于敏感指令（即非特权但又能访问特权状态的指令）的处理，常规做法是对客户操作系统内核进行半虚拟化处理直接替换敏感指令，或者通过二进制转换动态捕获敏感指令并进行处置。鉴于半虚拟化处理的操作方式既对客户操作系统内核无限制又能降低系统的整体复杂性，所以 MVP 一般采用一种轻量级半虚拟化的方式来处理 ARM 敏感指令，仅修改虚拟机内核中与架构相关的部分，对于敏感指令要么通过 hypercall 的方式陷入虚拟机监视器进行处理，要么用其他指令直接模拟其语义。大部分 ARM 敏感指令都直接或间接与当前处理器状态寄存器（Current Processor Status Register，CPSR）中的状态值相关，根据访问 CPSR 寄存器的执行模式不同，对该寄存器中的哪些位进行重写或者维持不变是有差异的。

由于客户操作系统内核与应用同处于用户模式，客户操作系统内核发出的特权指令大都通过 hypercall 的形式陷入虚拟机监视器进行处理。

2. 内存虚拟化

内存虚拟化方面，在原有 ARM 虚拟内存地址转换基础上增加一级，即除了虚拟机客户操作系统负责虚拟机客户虚拟地址到客户物理地址的映射，虚拟机监视器负责客户物理地址到机器物理地址的映射之外，还增加了 MVP 虚拟机监视器对影子页表的维护，如图 4-9 所示，该影子页表负责缓存客户虚拟地址到机器物理地址的映射，而为了保证影子页表内容与客户页表以及虚拟机监视器物理页映射数据结构的一致，在客户页表异常陷入以及协处理器 CP15 寄存器访问陷入时进行拦截捕获。

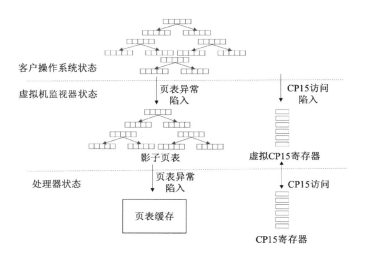

客户操作系统状态

虚拟机监视器状态　　页表异常陷入　　　　CP15访问陷入

影子页表　　　　　　　　　　　虚拟CP15寄存器

处理器状态　　　　页表异常陷入　　　　CP15访问

页表缓存　　　　　　　　　　　CP15寄存器

● 图 4-9　VMware MVP 内存虚拟化

宿主操作系统负责物理内存管理，经由 mvpkm 内核模块将内存分配给 MVP 虚拟机监视器。由于客户操作系统可能需要大量的设备内存资源，为保证宿主操作系统和客户操作系统的内存合理使用，采取 VMware ESX 服务器中使用的气球方法[31]来平衡空闲内存资源以及页缓存的利用，以避免一个系统环境内存资源紧张而另一个系统环境空闲且内存资源充足的情况发生。

3. I/O 虚拟化

对于 I/O 设备，跟虚拟机无关的硬件设备可以直接在主机系统环境中访问，虚拟机访问设备则采用半虚拟设备驱动的方式，通过 hypercall 的方式陷入 MVP 虚拟机监视器，进而将访问请求转至主机操作系统。

4.2.2　KVM/ARM 移动虚拟化平台

KVM 的全称为 Kernel-based Virtual Machine，即基于内核的虚拟机，是一个开源的系统虚拟化模块，自 Linux 2.6.20 之后便集成在 Linux 的各个主要发行版本中，支持 x86、ARM 等多种处理器架构。KVM 作为嵌入在 Linux 操作系统标准内核中的一个虚拟化模块，将一个 Linux 标准内核转换成为一个虚拟机监视器。KVM/ARM 以 KVM 为基础，进一步充分利用 Linux 内核基础设施，是第一个利用 ARM 硬件虚拟化扩展支持全虚拟方式运行虚拟机的虚拟机监视器，已经成功合并到 Linux 内核中。

KVM/ARM[32]架构如图 4-10 所示，引入了分离式虚拟，将虚拟机监视器分割为高阶虚拟机监视器和低阶虚拟机监视器两部分，分别运行于不同的 CPU 特权模式，以充分利用各特权模式的功能权限。其中低阶虚拟机监视器运行在 hyp 模式下，代码量尽可能小，利用硬件虚拟化的支持，主要负责不同执行环境的隔离保护、切换及异常陷入处理；高阶虚拟机监视器作为 Linux 内核的一部分运行在内核模式，基于 Linux 内核能力，主要负责锁定机制、内存分配等功能。高阶虚拟机监视器与虚拟机之间无法直接切换，都需要先从高阶虚拟机监视器或者虚拟机切换至低阶虚拟机监视器，再由低阶虚拟机监视器切换至虚拟机或高阶虚拟机监视器。高阶虚拟机监视器和低阶虚拟机监视器通过使用内存映射接口来实现两者之间的数据共享。

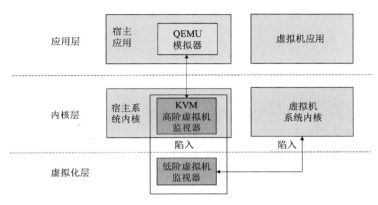

● 图 4-10　KVM/ARM 系统架构

1. CPU 虚拟化

KVM/ARM 向虚拟机提供类似底层实际硬件 CPU 的访问接口以实现 CPU 虚拟化，同时还保证虚拟机监视器具有硬件的控制权。虚拟机运行软件与实际物理 CPU 上运行软件所访问的寄存器状态是一致的，而且在虚拟机运行过程中，与宿主系统内核相关联的物理硬件状态是一直存在于寄存器中的。

在虚拟机系统与宿主系统进行切换时，针对与虚拟机监视器无关的寄存器状态访问，KVM/ARM 直接进行简单的保存/恢复操作。而宿主系统或虚拟机系统在执行敏感指令以及访问敏感状态（与虚拟机监视器相关的硬件状态，或致使硬件信息泄露给虚拟机的硬件状态）时，KVM/ARM 执行陷入和模拟操作。如虚拟机执行 WFI 指令时，由于该指令会引起 CPU 掉电，则会发生陷入，最后由高阶虚拟机监视器来模拟完成后续操作。然而陷入和模拟操作的代价比较高，若有可能，应尽量利用 ARM 硬件虚拟支持，更多地使用保存/恢复寄存器操作，以减少陷入的频次。如对第 1 级页表基础寄存器的访问，通过使用保存/修复的方式替代陷入，只要硬件支持虚拟机就可以直接访问其硬件状态，避免上下文切换等常规客户的系统操作不断引起陷入。

对于寄存器状态而言，如果一个虚拟机访问之后仍会在后续运行过程中被虚拟机监视器或者其他虚拟机访问，则必须进行上下文切换，而上下文切换操作是由低阶虚拟机监视器来完成的。虚拟机执行陷入虚拟机监视器后，虚拟机监视器可能会运行其他虚拟机，但是很大程度上还是会继续运行原来的虚拟机。如果其寄存器状态不会被虚拟机监视器访问使用，那么在切换至其他运行虚拟机时就可以进行惰性切换，即无需在虚拟机监视器与虚拟机切换时每次都要切换状态。如虚拟机监视器不大可能执行浮点操作，但是 VFP 寄存器在保存和恢复时都涉及大量浮点状态，可以通过为浮点状态进行惰性切换来降低陷入虚拟机监视器的开销，即从虚拟机监视器切换至虚拟机时，配置虚拟机对 VFP 状态的访问都执行陷入操作，而一旦虚拟机访问 VFP 状态陷入虚拟机监视器，执行 VFP 寄存器上下文切换之后就配置虚拟机对 VFP 状态的访问不再陷入，直到下一个上下文切换回虚拟机监视器。

2. 内存虚拟化

KVM/ARM 提供的内存虚拟化确保虚拟机不能访问虚拟机监视器以及其他虚拟机的物理内存。低阶虚拟机监视器负责配置内存地址第 2 级翻译，其对虚拟机而言是透明的；高阶虚拟机管理器负责管理第 2 级翻译页表，仅允许虚拟机访问为其分配的内存，访问其他内存时会引发第 2 级页错误从而陷入虚拟机监视器。

由于高阶虚拟机监视器能够控制整个系统，直接管理物理地址，当运行控制权在高阶虚拟机监视器或低阶虚拟机监视器时，直接禁用第 2 级翻译。运行控制全切换至虚拟机时，激活第 2 级翻译，并配置第 2 级页表基础寄存器。虽然高阶虚拟机监视器和虚拟机都运行在内核模式，基于第 2 级翻译可以保证虚拟机无法访问高阶虚拟机监视器内存。

3. I/O 虚拟化

KVM/ARM 主要利用 QEMU 和 Virtio 用户空间设备模拟器来提供 I/O 虚拟化。基于第 2 级翻译确保虚拟机无法访问硬件设备，而虚拟机对设备的访问会陷入虚拟机监视器，经由虚拟机监视器将其访问转至特定模拟设备。

4.2.3 Xen on ARM 移动虚拟化平台

Xen 是英国剑桥大学发起的一个开源虚拟机项目，具有代码轻量级、高性能等优点。最初该项目维护的代码只针对 x86 架构，后期针对 ARM 架构的 Xen on ARM 项目也合并进来，作为 Xen 管理程序代码主线的一部分共同进行维护。

Xen on ARM[32] 与 Xen 类似，都是采用 Type-I 虚拟化架构，直接运行在硬件上，所有系统都以虚拟机的方式运行在其虚拟机监视器之上。不同的是，Xen 支持半虚拟化和全虚拟化两种实现方式，而 Xen on ARM 只支持半虚拟化的实现方式。Xen on ARM 架构如图 4-11 所示，创建的第一个虚拟机 Dom0 作为管理域，具有较高特权，管理硬件设备驱动，其

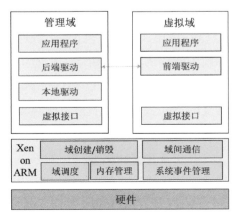

● 图 4-11 Xen on ARM 系统架构

他虚拟机统称为虚拟域 DomU。驱动分为前端和后端两部分，后端运行在 Dom0，前端运行在 DomU，DomU 对设备的访问由前端连接 Dom0 的后端进而转至物理驱动处理。与 Xen 架构相比，Xen on ARM 更加简化，DomU 前端无需 QEMU 模拟器进行功能模拟，DomU 对设备的访问经由半虚拟化接口陷入虚拟机监视器处理。

1. CPU 虚拟化

在 Xen on ARM 架构上，仅虚拟机监视器以超级管理员的模式运行，客户虚拟机系统和应用都是运行在用户模式，以此降低客户操作系统特权。鉴于原本的 Linux 内核设计都是以超级管理员模式运行的，为减少对 Linux 内核的修改，提供一个抽象的超级管理员模式给虚拟机系统内核，即将用户模式分裂成用户进程模式和用户内核模式，Xen on ARM 负责模式之间的切换，如图 4-12 所示。

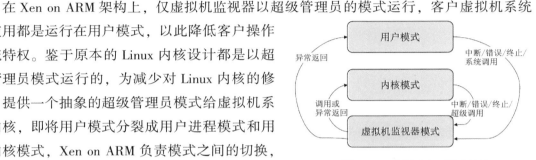

● 图 4-12　虚拟 CPU 模式转换

在系统运行时，只有发生类似硬件/软件中断、错误等异常时，虚拟机监视器模式才会被激活。一旦用户模式的系统产生异常，虚拟机监视器会保存上下文环境，然后将这个虚拟异常发送给内核进行处理，当内核处理完以后会将结果返回虚拟机监视器，由虚拟机监视器将结果返回用户，最后恢复上下文环境。

对于客户操作系统的敏感指令，由于其运行在用户模式，为避免执行失败，直接用功能相当的超级调用 hypercall 来替换该敏感指令。

2. 内存虚拟化

针对虚拟 CPU 的三种模式，在内存虚拟化管理过程中需要确保：虚拟机监视器模式的内存区域应该不能被内核模式和用户模式访问；内核模式的内存不能被用户模式进程访问；用户进程之间不能访问对方的内存。此外，还需要确保虚拟机之间的内存是相互隔离的。

由于虚拟机监视器实际运行在超级管理员模式，客户操作系统内核和用户应用进程实际运行在用户模式，可以直接通过页机制来实现虚拟机监视器内存不被客户操作系统内核和用户进程访问，但是页机制无法区分用户模式中的内核和用户进程，为此同时配合基于 ARM 处理器的域保护机制来实现客户操作系统内核不被用户进程访问，如图 4-13 所示。针对虚拟机监视器内存空间页表，可以设置只允许超级管理模式才具有读写权限，针对内核和用户进程内存空间页表则允许所有模式都具有读写操作，即内核和用户进程无法访问虚拟机监视器内存。同时，将虚拟机监视器、内核、用户进程的内存分别归属到不同的 ARM 域（如 D0、D1、D2），通过对域访问控制寄存器的位设置可以控制域的访问权限，即设置内核可以同时访问 D0、D1、D2 三个域，而用户进程可以访问 D0 和 D2 两个域，不能访问 D1 域，实现用户进程无法访问内核内存。虽然设置内核和用户进程可以访问虚拟机监视器内存，但是由于之前的页表设置已经禁止了用户模式对虚拟机监视器内存的访问权限，因此此处该项设置不会有任何影响。

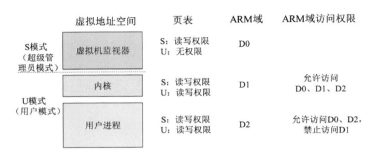

● 图 4-13　Xen on ARM 内存访问控制

对于虚拟机之间的内存隔离，主要通过控制内存管理单元 MMU 的操作权限来实现。鉴于虚拟机客户操作系统采用半虚拟化实现方式运行在用户模式，因此不能直接操控 MMU，也不能映射任何物理内存区域，所有客户域内存映射的创建和更新操作都只能由 Xen 来负责完成，而客户操作系统可以通过触发 hypercall 来更新页表。

此外，为了避免在地址转换时引起缓存不断刷新，一方面限制只在切换虚拟机时才更新缓存，另一方面基于 ARM 的缓存封锁机制，封锁虚拟机监控内存映射的两个缓存入口，从而避免对封锁缓存的更新。

3. I/O 虚拟化

Xen on ARM 基于半虚拟化方式，采用分离式设备驱动和本地设备驱动相混合的方式来实现对虚拟域对设备的访问。

4.2.4　OKL4 Microvisor 移动虚拟化平台

由于虚拟化技术和微内核技术在很多方面具有相似之处，Open Kernel Labs 将两者结合在一起（基于 L4 微内核），提出了一种基于微内核的虚拟机管理程序 OKL4 Microvisor，该程序可信计算基小，支持对资源的访问控制，支持安全形式化验证，可运行在单核或多核的 ARM、x86 以及 MIPS 处理器平台上。OKL4 Microvisor 于 2009 年成功应用于摩托罗拉的 Evoke QA4 手机上。

OKL4 Microvisor[34] 采用 Type-I 虚拟化架构，以半虚拟化方式支持客户操作系统运行，如图 4-14 所示，基于 ARM 内存管理保证安全单元之间的隔离性，其安全单元可以运行完整的系统和软件栈，也可以运行单独的设备驱动或部分代码，通过认证的静态隔离配置和策略进行设置。OKL4 Microvisor 对安全单元的资源分配进行独立管理，可以将系统资源分配给一个或多个安全单元，使安全单元的软件应用能够最大限度地使用底层硬件。基于微内核架构，运行在 OKL4 Microvisor 之上的应用可以划分为更小、更安全、更多可管理的软件组件，而这些组件并不与具体的某个系统所绑定，可独立被其他系统软件复用。

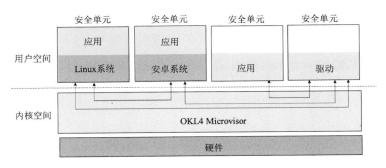

● 图 4-14　OKL4 Microvisor 系统架构

OKL4 Microvisor 综合借鉴了微内核和 Xen on ARM 虚拟机监视器在 CPU 运行、内存管理、I/O 管理等方面的实现特点，具体异同见表 4-1[35]，部分直接采用微内核或 Xen on ARM 的处理方法，部分还进行了相应改进调整。

表 4-1　OKL4 Microvisor 与微内核、Xen on ARM 的实现异同

项	平台		
	微 内 核	Xen on ARM	OKL4 Microvisor
CPU 运行	使用线程或调用程序激活的方式来抽象执行时间	每个虚拟机分配一个虚拟 CPU，虚拟机监视器对其多路复用	类似 Xen on ARM，在客户系统/应用调度时使用虚拟 CPU
内存管理	与操作系统类似的内存地址空间概念	使用虚拟内存管理单元和虚拟页表	类似 Xen on ARM，使用虚拟管理单元，但是包含了虚拟页表缓存
I/O 管理	以用户级进程的方式运行设备驱动，通过进程间通信的方式与系统交互	客户操作系统使用虚拟设备驱动，真实的设备驱动位于单独的虚拟机即管理域，为客户操作系统提供设备接口	类似微内核，设备驱动位于用户空间，使用内存映射的虚拟设备寄存器和虚拟中断

OKL4 Microvisor 采用与 Xen on ARM 类似的方式来控制 CPU 运行、内存管理，在客户调度行为发生时使用虚拟 CPU 来处理执行，同时为客户系统/应用提供了包含虚拟 TLB 的虚拟 MMU，基于虚拟 MMU 实现虚拟地址到物理地址的映射转换，而 TLB 实现为一个页表，发生页错误时由微内核进行遍历，虚拟 TLB 比 TLB 大。OKL4 Microvisor 采用与微内核类似的方式来管理 I/O 设备，其设备驱动位于用户空间，通过使用内存映射的虚拟设备寄存器和虚拟中断来访问 I/O 设备。

以实现了 OKL4 Microvisor 的摩托罗拉 Evoke QA4 手机为例，OKL4 Microvisor 上运行了一个 Linux 系统的安全单元，即用户使用系统支持人机交互；还运行了一个高通无线二进制运行环境（Binary Runtime Environment for Wireless，BREW）的安全单元，即支持基站

堆栈相关组件。Evoke QA4 手机的显著特点是高性能和快速通信，其中高性能主要体现在采用了 OK 实验室提出的快速上下文切换技术，可以避免 ARM 架构由于在上下文切换时频繁刷新 TLB 和缓存引起的低性能。快速通信主要体现在 Linux 系统和 BREW 环境都运行在用户空间，基于共享内存映射，两者之间的应用需要互相访问时可以迅速建立共享内存，并基于进程通信机制实现快速通信。

4.3 基于容器隔离的移动虚拟化

操作系统虚拟化技术是面向应用的轻量级虚拟化，不关注硬件的虚拟化隔离，无需虚拟机，通过操作系统创建的虚拟系统环境，以容器为应用进程的运行环境，实现容器之间应用级的隔离。与虚拟机隔离技术相比，虽然容器隔离性较差，但性能更好。在众多容器虚拟化技术中，由于 Linux 容器（Linux Container，LXC）已经进入 Linux 内核主线，而且基于 LXC 发展的 Docker 成功得到推广应用，其关注度较高，基于容器的移动虚拟化技术也主要是在此基础上进一步演进的，如针对主流移动终端操作系统安卓的容器隔离虚拟化。

4.3.1 Linux 容器/Docker 安全机理

Linux 容器 LXC 是一种内核虚拟化技术，通过轻量级的虚拟化实现进程和资源的隔离，无需提供指令解释机制以及全虚拟化等。LXC 架构如图 4-15 所示，容器无需运行特定的客户操作系统，直接共享同一主机操作系统内核，并基于相关系统库支持应用所需系统功能。应用程序及其运行的依赖环境打包封装在标准化、强移植的镜像中，使应用与底层硬件、系统平台解耦，支持随处可运行；容器基于镜像运行，部署在主机系统之上，容器引擎为容器提供进程隔离、资源可限制的运行环境，并对容器化应用进行生命周期管理。

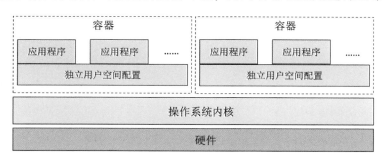

● 图 4-15　LXC 架构

LXC 主要依赖 Linux 的两大系统功能，即命名空间（Namespace）和资源管理子系统（Cgroup）。Linux 系统通过命名空间设置进程的可见且可用资源，通过资源管理子系统规定进程对资源的使用量，从而建立起隔离进程的虚拟环境（即容器）。在此基础上，使用容器引擎（即容器运行时工具）对容器进程的运行进行管理。容器运行时分为低层运行时和高层运行时，其中低层运行时主要负责运行容器，可在给定的容器文件系统上运行容器的进程；高层运行时主要为容器准备必要的运行环境，如容器镜像下载、解压，以及转化为容器所需文件系统、创建容器的网络等，然后调用低层运行时启动容器。

（1）命名空间（Namespace）

命名空间是 Linux 操作系统内核的一种资源隔离方式，使不同的进程具有不同的系统视图，即进程感知的是不同的系统环境，如主机名、文件系统、网络协议栈、其他用户和进程等。目前，Linux 内核中实现了 6 种不同类型的命名空间，见表 4-2，其主要作用是通过一种抽象的形式包装特定的全局系统资源，以使在相应名称空间中的进程看起来像是拥有隔离的全局资源。

表 4-2　Linux 命名空间

命名空间名称	宏 定 义	隔 离 内 容
Mount	CLONE_NEWNS	文件系统挂载点
UTS	CLONE_NEWUTS	主机名和网络信息服务 NIS（Network Information Service）域名
IPC	CLONE_NEWIPC	进程间通信资源
PID	CLONE_NEWPID	进程编号
Network	CLONE_NEWNET	与网络关联的系统资源
USER	CLONE_NEWUSER	用户和用户组

（2）资源管理子系统（Cgroup）

资源管理子系统是用于为进程分组并设置资源使用规则，以控制其对 CPU、内存、磁盘 I/O、网络等资源的使用，主要控制资源见表 4-3，防止不同命名空间中的进程在共享同一资源时因有进程霸占资源而影响其他进程使用该资源。

表 4-3　Cgroup 控制资源

资 源 名 称	控 制 作 用
cpu	控制进程对 CPU 的访问时间
cpuacct	统计进程的 CPU 使用报告
cpuset	为进程分配可用的 CPU 和内存节点
memory	控制进程对内存的使用量
blkio	控制进程的块设备输入输出
devices	控制进程对设备的访问权限

（续）

资源名称	控制作用
net_cls	允许流量控制程序控制网络程序数据包
freezer	挂起或恢复进程
ns	使不同组的进程使用不同的命名空间

    Docker 是 Docker 公司基于 LXC 技术推出的开源应用容器引擎，是开源容器技术的主流代表。与 LXC 基本原理相同，Docker 也是通过命名空间和控制组等内核功能来实现容器的资源隔离与安全保障，但是其功能比 LXC 更强大。Docker 采用 C/S 的架构模式，如图 4-16 所示。客户端是用户操作 Docker 的接口，用于接收输入的命令或配置信息，并与 Docker 的守护进程进行交互；主机（即服务端）包括守护进程、容器和镜像，守护进程用于接收并执行客户端发来的指令，负责创建和管理 Docker 的对象（如镜像、容器等），Docker 镜像是用于创建 Docker 容器的模板，Docker 容器是 Docker 镜像的运行实体；镜像仓库可以有多个，包含了很多镜像可供下载用于创建容器。Docker 客户端和守护进程可以在同一个系统上运行，也可以将 Docker 客户端连接到远程 Docker 守护进程。Docker 客户端和守护进程使用 REST API 通过 UNIX 套接字或网络接口进行通信，守护进程收到客户端运行容器的指令后，将从配置的 Docker 镜像仓库中拉取镜像，并以此创建容器。容器的实质是进程，但与直接在宿主执行的实例进程不同，容器进程属于自己的独立命名空间，可以拥有自己的根文件系统、网络配置、进程空间、甚至用户 ID。容器内的应用运行在一个隔离的环境里，使用时就好像在一个独立于宿主的系统里操作，这样使得容器封装的应用比直接在宿主运行更加安全。

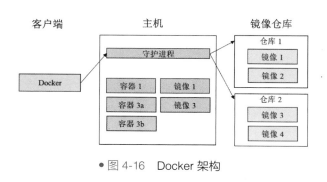

● 图 4-16　Docker 架构

4.3.2　基于 Linux 容器/Docker 的安卓虚拟化

    目前主流移动终端采用的安卓系统的基础就是 Linux 内核，可以基于 Linux 容器/Docker 在同一个移动终端设备上创造多个虚拟的安卓运行环境，支持运行未修改的安卓原始应用，支持打电话、触摸交互等，用户体验与真实系统环境无差异。虚拟安卓运行环境之间是完全隔离的，且只有一个是在前台运行，其他的都是运行在后台，用户可以自主切换前后台虚拟安卓运行环境。

安卓容器架构[36]如图 4-17 所示，Linux 内核通过命名空间提供文件系统路径、进程标识符、进程通信标识符、网络接口名称、用户名称等系统资源标识符的虚拟化，以支持多个虚拟安卓环境同时运行，且各自进程互相不可见。每个虚拟安卓环境都有自己单独的虚拟命名空间，基于系统资源标识符对虚拟标识符的再映射，虚拟安卓环境在各自命名空间使用的系统资源名称都相同，但是又相互隔离不冲突。对于系统设备（包括硬件设备和伪设备）虚拟化，则是通过内核级与用户级相结合的设备虚拟化方法，实现虚拟安卓环境对设备的独享或共享访问，同时不会泄露敏感信息。其中，内核级设备虚拟化通过设备命名空间提供对应用透明的且隔离有效的硬件资源多路复用；用户级设备虚拟化通过根命名空间提供闭源专用设备（如基带处理器）的虚拟化以及设备配置（如网络配置）的虚拟化。

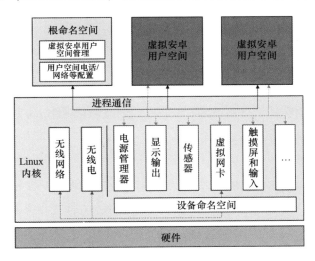

● 图 4-17　安卓容器架构

内核级设备虚拟化针对的设备包括报警器、传声器/扬声器、蓝牙、摄像头、电源管理器、图像处理器、传感器等，与 Linux 内核 PID 等命名空间不同，其使用的设备命名空间不对标识符进行虚拟化，而是被独立的设备驱动或内核子系统用于标记数据结构和注册回调函数。每个虚拟安卓环境都会使用一个独特的设备命名空间用于设备交互，当虚拟安卓环境在前台和后台状态之间切换时就会调用回调函数，从而使设备获悉虚拟安卓环境的状态并针对性地做出相应响应。而设备命名空间的实现是基于对已有内核接口的虚拟化，涉及三种方式：第一种是使用新的设备驱动来创建一个设备驱动封装以实现虚拟化设备，而设备驱动封装则代表应用对真实设备驱动进行多路复用访问和通信；第二种是修改设备子系统以识别设备命名空间，如输入设备子系统包含输入核心、设备驱动、事件处理器三部分，事件处理器负责向用户空间传递事件，直接修改事件处理器即可实现在传递事件时对设备命名空间进行检查；第三种是修改设备驱动以识别设备命名空间，如伪设备驱动Bind进程通信机制，通过修改Binder驱动实现仅允许同一设备命名空间的进程通信。

用户级设备虚拟化使用的用户级设备命名空间代理包含在根命名空间内。根命名空间被认为是可信计算基的一部分，其运行进程具有访问整体文件系统的权限。根命名空间初始化时启动管理进程，负责管理虚拟安卓环境启动及前后台切换操作，如在启动新的虚拟安卓环境时，首先挂载其文件系统，将自身复制成一个新进程运行在一个单独的命名空间，然后再启动用户空间环境，设置其进程可访问的用于与根命名空间通信的进程通信套接字。内核设备命名空间通过proc文件系统向根命名空间提供接口，用于切换前台虚拟安卓环境和设置设备的访问权限。此外，根命名空间管理进程还负责协调用户空间的虚拟化机制，如电话、无线网络等虚拟配置。

虚拟安卓环境与根命名空间的隔离性，以及虚拟安卓环境之间的隔离性，主要依赖于基于UID命名空间实现的根用户隔离，基于内核级设备命名空间实现的设备访问及相关数据隔离，基于Mount命名空间实现的不同文件系统视角，以及基于用户级设备命名空间代理限制虚拟安卓环境对设备的直接访问。

以在移动终端上运行一个基本的安卓容器为例，由根命名空间的管理进程启动安卓容器，相关工作主要涉及容器文件系统、init进程的创建，以及Binder虚拟化、显示虚拟化、输入虚拟化、网络虚拟化等设备虚拟化。

（1）文件系统创建

管理进程基于Mount命名空间技术创建安卓容器文件系统，各分区挂载实现如下。

1）根分区挂载：在主系统的data分区目录中挂载rootfs文件系统作为容器系统的根分区，根分区的所有文件需要主动创建或者复制。

2）system分区挂载：将主系统的system目录挂载成容器系统的system分区。

3）data分区挂载：在主系统中创建一个临时目录，将其挂载成容器系统的data分区。

4）sdcard挂载：一般同data分区挂载机制一致。

（2）init进程创建

管理进程主动启动init进程作为容器系统的init进程，首先复制系统调用启动容器系统的init进程，创建属于容器系统的命名空间。然后给init进程分配cgroup资源。最后调用chroot函数为容器系统分配根目录，实际上是主系统中的一个目录而已。

（3）设备虚拟化

Bind设备驱动是安卓系统的核心，安卓容器的所有安卓服务都需注册到Bind驱动中，Binder驱动虚拟化就是基于设备命名空间重新构造Binder数据结构，使得容器系统能在Binder驱动中有其独立的数据结构，并且容器系统之间能互相访问对方的安卓服务。显示设备虚拟化需要利用容器系统间互相访问安卓服务，容器系统不运行 surfaceflinger，而是通过 Binder 驱动访问主系统的 surfaceflinger，但相互又不干涉，其关键在于后台运行的容器系统也需要实时更新画面，只是其画面被隐藏而不投射到屏幕中。输入设备虚拟化主要是阻截后台运行系统的事件上报。网络设备的虚拟化涉及无线网络 WiFi 及数据流量的虚拟化，可实现为容器系统不隔离网络命名空间的方式，也可实现为网络设备运行在主系统中，利用 veth 网络设备联通容器系统和主系统，在第三层网络中进行路由转发或在第二层网络中进行桥接。

4.4 基于 TEE 的移动虚拟化

虚拟化技术通过不同硬件或操作系统资源的虚拟实现创建隔离的运行环境（如虚拟机、容器等），而 ARM TrustZone 技术通过直接在硬件处理器上进行安全扩展以支持构建可信执行环境（TEE），后期又引入虚拟化扩展，辅以适当改造，可以灵活适配多种应用场景的安全需求为其提供隔离运行环境。综合 HiTruST 移动终端体系架构对隔离环境安全性、可控性、灵活性等方面的要求，从安全基石出发考虑，简化可信计算基，为应用提供虚拟隔离运行环境支持，以有效保障敏感数据的高安全需求。

4.4.1 简化可信计算基的虚拟机监视器

当前移动终端安全依赖的可信计算基主要包括硬件、虚拟机监视器以及可信执行环境（TEE），其中 TEE 提供基于硬件隔离的环境，可以为敏感应用运行、敏感数据存储提供环境支持。然而，为提升移动终端安全，在虚拟机监视器上 TEE 做过多的安全功能部署，同样会加重可信计算基的负担，引入新的安全风险。面向 HiTruST 移动终端体系架构的敏感数据高安全保障需求，在简化可信计算基虚拟机监视器和 TEE 安全功能的前提下，依托 TEE 安全能力、虚拟机监视器虚拟机管理能力灵活构建可信隔离环境，为可信应用提供一个不受主系统及其他应用安全影响的运行环境，是一个行之有效的解决方案。

通过对虚拟机监视器的 TEE 进行功能简化，只部署基本的管理、安全功能，与具体应用无关，以达到简化可信计算基的目的。在 HiTruST 移动终端体系架构中，虚拟机监视器支持运行的系统（如主系统、备系统、可信隔离环境 TIE）都是依托虚拟机存在运行的，其中主系统与备系统互斥运行，即同时运行的系统只能是主系统与可信隔离环境（TIE），或备系统与可信隔离环境（TIE）。虚拟机监视器的基本功能主要包括虚拟机监视器启动初始化、CPU 核电源管理、虚拟机创建、虚拟机切换等。

1. 虚拟机监视器启动初始化

根据 ARM-v8 架构设计，CPU 的启动核总是在 EL3 模式启动，EL3 中会加载前置启动器、加载 ARM 可信固件 ATF、加载并初始化 TEE、加载并跳转到启动管理器 Uboot。Uboot 在完成基本初始化后会从嵌入式多媒体卡（Embedded Multi-Media Card，EMMC）加载内核镜像，并以 EL2 模式跳转到系统镜像头部。将虚拟机监视器拼接在主系统内核的头部后，Uboot 将直接先以 EL2 模式启动虚拟机监视器，然后虚拟机监视器进行初始化后在虚拟机内启动真正的系统镜像。

虚拟机监视器启动后会完成自身运行环境的建立，初始化虚拟化相关的硬件功能，并创建虚拟机系统。虚拟机监视器完成初始化后根据自身大小计算出系统代码的起始地址并作为虚拟机系统的启动地址。虚拟机系统的其他硬件设置会使用复位值进行初始化，从而让系统认为自己被硬件直接从 EL1 启动。启动系统时，虚拟机监视器会保留 Uboot 试图传递给系统的启动参数。

非启动核启动时，将直接使用首次启动时构建好的页表及运行时环境，重新初始化虚拟机的虚拟核后启动虚拟机系统。启动核从休眠状态启动时可通过内存中的标记位识别，跳过初始化过程并恢复虚拟机系统。

2. CPU 核电源管理

在不涉及虚拟机监视器的系统中，CPU 核开关、休眠通过 SMC 指令与 ATF 进行交互，请求 ATF 完成开关核、休眠等功能。其他 CPU 核的启动地址、休眠后唤醒的地址等关键参数会在 SMC 过程中通过寄存器传递。虚拟机监视器通过指令拦截的方式拦截系统对 ATF 的调用，从中识别出电源管理请求，并通过替换启动地址的方式保证其他 CPU 核上或休眠唤醒之后仍然首先启动虚拟机监视器，避免虚拟机监视器对系统的监管被绕过。

具体来说，虚拟机监视器拦截了以下指令。

- CPU_OFF：关闭当前 CPU 核的电源。虚拟机监视器会将当前核标记为关闭状态，后续进行跨核状态维护时跳过该核。
- CPU_ON：启动指定 CPU 核。虚拟机监视器会保存系统设置的启动地址及启动参数，并将传递给 ATF 的启动地址替换为虚拟机监视器的启动地址，从而避免系统以 EL2 直接启动系统而造成权限逃逸。
- CPU_SUSPEND：休眠当前的 CPU 核。虚拟机监视器会保存系统设置的启动地址及启动参数，并将传递给 ATF 的启动地址替换为虚拟机监视器的启动地址，从而避免系统以 EL2 直接启动系统而造成权限逃逸。虚拟机监视器还会额外检查当前的中断状态，如果当前有未处理的物理或虚拟中断，则直接拒绝系统的休眠请求。
- SYSTEM_SUSPEND：休眠整个系统。虚拟机监视器会保存系统设置的启动地址及启动参数，并将传递给 ATF 的启动地址替换为虚拟机监视器的启动地址，从而避免系统以 EL2 直接启动系统而造成权限逃逸。

3. 虚拟机创建

主/备系统、可信隔离环境（TIE）都是以虚拟机的方式运行在虚拟机监视器上的。虚拟机监视器以权限等同的方式管理虚拟机，避免传统特权域安全瓶颈的弊端，允许自由创建新的虚拟机，一旦虚拟机创建后，直接对其进行初始化操作，包括分配内存并与该虚拟机绑定，使其具有完全的内存、外设访问权限，然后再加载启动镜像，并限制虚拟机的访问能力。

TIE 虚拟机在虚拟机监视器启动时先于主系统虚拟机创建。TIE 虚拟机创建时其内存区域已经完成了初始化划分，基于虚拟机监视器的资源访问监控能力，通过设置主系统虚拟机对 TIE 内存区域的访问拦截，可以保证主系统虚拟机无法访问 TIE 内存区域，以避免 TIE 运行环境的信息篡改、泄露。当主系统虚拟机试图访问 TIE 内存时，虚拟机监视器设置的访问拦截机制生效，触发执行相应处理，如输出错误并重启整个系统。与此同时，在 TIE 虚拟机创建时，同步对其 I/O 访问权限进行划分，主系统虚拟机和 TIE 虚拟机仅能访问分配给自己的 I/O 设备。

TIE 虚拟机的启动镜像与虚拟机监视器镜像绑定在一起。虚拟机监视器启动时，直接将 TIE 镜像复制到 TIE 虚拟机的专属内存中。基于可信启动保护机制，虚拟机监视器镜像在启动过程中不会遭受篡改，进而保证 TIE 镜像的完整性以及 TIE 虚拟机启动时的安全性。

虚拟机监视器通过基于配置硬件寄存器拦截特定的硬件指令或内存/外设访问，对移动终端资源访问进行监控，可以及时发现系统异常行为，为移动终端安全保障提供支撑。

指令和访问拦截都是针对虚拟机进行控制的。其中，指令拦截相关设置记录在虚拟机的结构体中。虚拟机监视器在恢复虚拟核执行时根据标记位配置硬件虚拟化寄存器，恢复后由硬件自动完成指令拦截。上层功能模块可以通过虚拟机监视器接口开关拦截功能，并对不同的拦截项配置处理函数。虚拟核执行特定指令时硬件会自动切换到 EL2，执行虚拟机监视器统一的处理函数。根据发生中断的虚拟核及中断原因寄存器，虚拟机监视器会选中相应的拦截处理函数列表并依次调用，直到某个处理函数指示本次拦截已被完全处理。访问拦截相关设置直接填写在虚拟机的虚拟化页表中。当该虚拟机的任何虚拟核试图访问拦截区域时，硬件会自动切换到 EL2，执行虚拟机监视器统一的处理函数。虚拟机监视器会执行当前虚拟机的访问拦截处理函数列表。

虚拟机监视器提供封装好的接口用于拦截物理外设或创建虚拟化外设。vDevice 是一种特殊的访问拦截机制，通过将相应的内存映射 IO（Memory-Mapped I/O，MMIO）区域设置为不可访问，虚拟机系统访问外设时将会切换到虚拟机监视器。vDevice 框架可从硬件寄存器中读取系统期望访问的地址，将其与所有虚拟化外设进行匹配，并调用相应外设的处理函数。不同的功能模块可自由注册虚拟化外设。通过完全覆盖一个物理外设的区域，功能模块可以禁止或拦截系统对该外设的访问。功能模块也可在转发该访问时过滤、修改访问的值以实现所需功能（如阻止使用某一硬件特性等）。

4. 虚拟机切换

考虑到虚拟机监视器的使用场景以及调度器的复杂度，虚拟机监视器中没有实现任何形式的调度器，需要依靠自身功能设计完成虚拟机切换。例如，当主系统 W1 希望调用可信隔离环境（TIE）时，虚拟机监视器将拦截相应指令，识别后通过接口指定下一次运行的是 TIE 虚拟机。

虚拟机监视器会记录当前请求处理结束后需要恢复的虚拟核指针（默认为产生当前请求的虚拟核），当请求处理结束时，虚拟机监视器根据更新后的目标虚拟核指针选中将要运行的虚拟核，从其中的上下文环境中加载通用寄存器及系统寄存器。虚拟机监视器会根据虚拟核所在虚拟机的配置调整部分虚拟化寄存器的标记位，实现针对虚拟核的指令拦截等功能。

4.4.2　基于 TEE 的可信隔离环境构建

基于简化可信计算基，依托 TEE 的内存隔离、运行监控、上下文环境切换管理等能力，协同虚拟机监视器的虚拟机创建等能力，在虚拟机监视器构建依托虚拟机运行与 TEE 类似精简内核的可信隔离环境（TIE）。TIE 系统提供基本的密码运算库，并能调用虚拟机监视器提供的接口获取底层数据，与主系统安全交互，并提供可信应用 TA 为主系统应用等提供安全支撑。根据实际需求，虚拟机监视器可提前配置 TIE 数量，支持创建并运行多个 TIE。TIE 与主系统的运行环境相互隔离，基于运行需求 TIE 与主系统之间可自主切换，且 TIE 的运行状态受到监控保护，确保不会受到非法操作影响。

1. 可信隔离环境创建

可信隔离环境（TIE）与主系统一样，都是以虚拟机的方式运行在虚拟机监视器上的。以虚拟机监视器创建虚拟机的能力为基础，依托可信执行环境（TEE）的安全内存管理等功能，在虚拟机监视器启动时创建 TIE 虚拟机，并对其内存访问进行权限设置，保证主系统和 TIE 具有各自独立的内存访问空间。

根据 ARM-v8 架构设计，CPU 的启动核总是在 EL3 模式启动，EL3 中会加载前置启动器、加载 ATF、加载并初始化 TEE、加载并跳转到 Uboot。Uboot 在完成基本初始化后会从 EMMC（Embedded Multi-Media Card）加载内核镜像，并以 EL2 模式跳转到系统镜像头部。将虚拟机监视器拼接在主系统内核的头部，Uboot 将直接先以 EL2 模式启动虚拟机监视器，然后虚拟机监视器进行初始化后在虚拟机内启动真正的系统镜像，如图 4-18 所示。

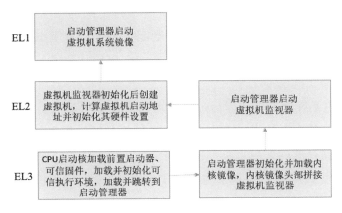

● 图 4-18　虚拟机监视器启动流程

虚拟机监视器启动后会完成自身运行环境的建立，初始化虚拟化相关的硬件功能，并创建虚拟机系统。虚拟机监视器完成初始化后根据自身大小计算出系统代码的起始地址并作为虚拟机系统的启动地址。虚拟机系统的其他硬件设置会使用复位值进行初始化，从而让系统认为自己被硬件直接从 EL1 启动。启动系统时，虚拟机监视器会保留 Uboot 试图传递给系统的启动参数。非启动核启动时，将直接使用首次启动时构建好的页表及运行时环境，重新初始化虚拟机的虚拟核后启动虚拟机系统。

基于虚拟机监视器中配置的 TIE 数量，相应的 TIE 虚拟机在虚拟机监视器启动时先于主系统虚拟机创建。TIE 虚拟机创建时其内存区域已经完成了初始化划分，基于虚拟机监视器的资源访问监控能力，通过设置主系统虚拟机对 TIE 内存区域的访问拦截，可以保证主系统虚拟机无法访问 TIE 内存区域，以避免 TIE 运行环境的信息篡改、泄露。当主系统虚拟机试图访问 TIE 内存时，虚拟机监视器设置的访问拦截机制生效，触发执行相应处理，如输出错误则重启整个系统。与此同时，在 TIE 虚拟机创建时，同步对其 I/O 访问权限进行划分，主系统虚拟机和 TIE 虚拟机仅能访问分配给自己的 I/O 设备。

TIE 虚拟机的启动镜像与虚拟机监视器镜像绑定在一起。虚拟机监视器启动时，直接将 TIE 镜像复制到 TIE 虚拟机的专属内存中。基于可信启动保护机制，虚拟机监视器镜像在启动过程中不会遭受篡改，进而保证 TIE 镜像的完整性以及 TIE 虚拟机启动时的安全性。

2. 可信隔离环境运行监控

TIE 内核精简、功能简单，TIE 虚拟机运行期间的安全威胁主要发生在主系统虚拟机调用 TIE 虚拟机中的可信应用时。在 TIE 虚拟机运行期间，基于 TEE 对其相关调用进行监控，依照既定策略对其异常进行响应，可有效保证 TIE 虚拟机运行状态的安全。

主系统虚拟机在调用 TIE 虚拟机应用时，涉及整个运行环境的切换，需经由虚拟机监视器陷入 TEE，进而再切换进入 TIE 虚拟机。TEE 在识别虚拟机监视器陷入安全世界 TEE

时传递的信息后，先保证 TIE 虚拟机与主系统虚拟机之间的安全隔离性，然后判断其对 TIE 虚拟机的操作类型。若请求合法，则查询既定策略中 TIE 虚拟机的访问权限，符合策略要求，即允许调用发生，进行环境切换处理，否则按异常处理。

3. 可信隔离环境访问切换

TIE 虚拟机与主系统虚拟机在运行过程中可能需要频繁交互，致使两个虚拟机的运行环境需要频繁切换。从主系统切换至 TIE 与 TEE 使用相同的指令，虚拟机监视器拦截指令后，基于指定寄存器存放的参数来决定是切换至 TIE 或 TEE。

主系统虚拟机发出 SMC 指令请求切换到 TIE 虚拟机时，虚拟机监视器先进行拦截避免直接进入 ATF 或 TEE，然后将主系统调用 TIE 的参数值复制到 TIE 虚拟机的虚拟核中，并设置好 TIE 虚拟机的入口地址。接着由虚拟机监视器进入 TEE 环境，TEE 对其进行跳转特权等级合法性检查，若为合法切换，则保护现场地址，将合法切换发生时的指令、地址、数据信息压入保护堆栈。然后 TEE 通知虚拟机监视器运行 TIE 虚拟机，在 TIE 虚拟机中完成主系统期望的功能。最后 TIE 虚拟机发出同样的 SMC 指令请求切换到主系统，在 TEE 恢复切换前主系统的现场地址后，虚拟机监视器启动主系统虚拟机虚拟核。

4.4.3 可信隔离环境核心控制器

可信隔离环境构建功能主要依赖可信执行环境（TEE）中的核心控制器（Core Controller，CC）和虚拟机监视器中的安全陷入模块来实现，如图 4-19 所示。安全陷入模块实现对普通世界的主/备系统、TIE 与安全世界 TEE 之间的操作与交互。核心控制器中的模块构成主要实现可信隔离环境（TIE）创建、运行监控和环境切换三个主要功能，以保证 TIE 的安全运行。

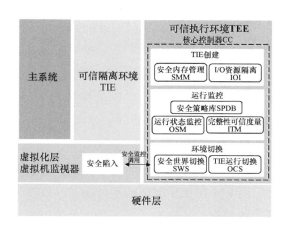

● 图 4-19　可信隔离环境核心控制器架构图

1. TIE 创建功能模块

TIE 创建功能主要由安全内存管理（Secure Memory Management，SMM）模块和 I/O 资源隔离（Input/Output Isolation，IOI）模块实现。

安全内存管理模块（SMM）运行于 TEE 中，在虚拟机监视器将 TIE 的地址映射核心功能移交给 SMM 后，SMM 以独占的方式协助完成 TIE 的安全内存地址映射功能。通过将原来位于虚拟机监视器中加载页表和修改页表项的功能在 SMM 模块中进行封装，然后以接口的方式提供给虚拟机监视器进行调用，从而对普通世界主系统与 TIE 之间的内存隔离进行增强。SMM 读取 TEE 中安全策略数据库（Security Policy Data Base，SPDB）的相关安全策略规则，根据安全策略规则监视虚拟机监视器（如代码段执行与修改、TIE 的代码段执行、内存新页申请等）敏感操作行为，对这些操作行为执行安全策略库的相关安全策略。SMM 通过启动时的控制域地址划分、内存地址读写权限访问控制和 TIE 的内存按需加密，实现内存隔离安全增强功能，SMM 监管 TIE 和主系统的内存访问行为及实现内存执行区域隔离，SMM 包括内存区域划分、内存页表访问控制和 TIE 内存加密方法。

I/O 资源隔离模块 IOI 实施不同隔离环境外设接口的安全隔离。在创建可信隔离环境（TIE）时，根据各隔离环境的访问范围实施最小 I/O 资源集分配，实现各隔离环境所属相同 I/O 资源访问地址的差异化，保证 I/O 资源访问所对应环境的唯一性，防止交叉访问。在隔离环境切换的过程中，安全世界切换（Secure World Switch，SWS）模块在每次切换之前，首先由 IOI 模块禁止所有的外设中断响应，并根据跳转的 TIE 的安全需求细粒度开启并维护一个最小中断向量表，避免非授权的外设中断影响正在执行的 TIE 的安全运行。

2. 运行监控功能模块

运行监控功能主要由安全策略数据库（SPDB）、运行状态监控（Operation Security Monitoring，OSM）模块和完整性可信度量（Integrity Trusted Measurement，ITM）模块构成。

SPDB 是位于 TEE 中的静态安全策略集，为 SMM 和 OSM 提供安全策略，包括内存页表管理、代码执行检查、TIE 创建与运行环境状态监控、TIE 虚拟机与虚拟机监视器操作管理等一些高安全等级的敏感行为控制。SMM 和 OSM 依据相关约束策略对内存进行隔离，并对不同隔离环境运行状态的监控与管理提供安全增强。由于安全策略库位于 TEE 环境中，所有运行环境均没有访问策略库的权限，因此不能对其进行访问和修改。

OSM 模块运行于 TEE 环境中，通过识别普通世界虚拟机监视器安全陷入模块传递的异常信息，判断监控 TIE 的状态（如 TIE 创建、TIE 操作的行为），保证不同运行环境之间（如 TIE 与 TIE 之间、TIE 与主系统之间、TIE 与虚拟机监视器之间）的安全隔离性；当接收到 TIE 合法请求时，通过查询策略库 DB 中 TIE 虚拟机的访问权限，进行相应的策略验证，然后返回相应的处理结果，保证 TIE 操作的安全可控性。OSM 执行安全策略库的安全策略，对 TIE 运行状态进行监控，并监视 TIE 运行时（如切换、启动、挂起、恢复、关闭等）操作，保证客户机运行状态严格可控。

ITM 模块可实现对虚拟机监视器和 TIE 环境的安全启动过程的静态度量。同时，ITM 模块可协助实现对主操作系统内核运行情况的动态度量，当检测到内核受损需要恢复时，虚拟机监视器将会首先关闭当前运行的主系统和 TIE，并切换启动到备系统。

3. 环境切换功能模块

环境切换功能主要由 SWS 模块和 TIE 运行切换（Operating Context Switch，OCS）模块实现。

SWS 模块可捕获环境切换的外部中断或内部切换指令请求，通过虚拟机监视器中的 SMC 陷入模块安全传递到 TEE 中的 SWS 模块，同时实现跳转特权等级合法性检查，并将合法切换发生时的指令、地址、数据信息压入保护堆栈，待被切换的世界中任务执行完成后恢复并继续等待并响应相应的请求。

OCS 模块通过对可信隔离执行环境切换过程的硬件中断或切换指令所指向跳转地址的特权等级进行合法性检验，若为合法性切换则保护现场地址，并将 I/O 隔离和执行地址跳转的操作命令传递给 SWS 模块，在 SWS 模块中实现目标环境的切换，任务完成后返回至 TEE 中原程序的执行位置。

 **第5章 移动终端系统安全**

移动终端应用的安全运行、数据的安全存储离不开系统环境的支持，所以移动终端系统的安全至关重要。移动终端系统的安全与系统架构息息相关，通常都是从操作系统方面入手进行安全方面的考量。但是，由于操作系统结构复杂，攻击威胁面较大，安全漏洞难以避免，因此，仅依靠操作系统安全手段不足以保证系统安全。本章基于第 2 章提出的 HiTruST 架构，构建移动终端全信任体系，并利用虚拟化层的高特权安全能力，将操作系统的部分关键安全功能转移至虚拟机监视器，以规避部分操作系统层面的安全威胁，同时结合移动操作系统的安全防护机制及内核漏洞挖掘与修复技术，进一步保障移动终端系统的整体安全。本章内容的具体安排如下。

5.1 节介绍移动终端可信体系构建机制；5.2 节介绍在虚拟机监视器引入的安全增强机制；5.3 节介绍在移动操作系统层面的安全防护机制；5.4 节介绍移动操作系统内核漏洞挖掘与修复技术。

5.1 移动终端可信体系构建

可信计算技术是一种主动式安全防御技术，作为移动终端安全保障的第一环，可以从源头上保证安全，进一步与传统安全防护手段相结合，可以有效稳固移动终端系统安全[37]。可信计算的主要思想是以硬件芯片为信任根，通过可信度量、可信存储、可信报告等功能，保证在平台系统启动和运行过程中各平台部件的可信，并以此建立与远程交互平台、网络的信任，从而形成完备的平台信任体系。为此，在构建移动终端可信体系期间，构建启动信任链、运行信任链是基本环节，同时考虑到终端的受损修复需求，还需涵盖信任链受损重构环节。

5.1.1 启动信任链构建

构建移动终端启动信任主要在于建立移动终端系统启动过程中的信任链，将信任根植于硬件芯片，随着硬件外设、操作系统、相关组件等的启动，逐一进行完整性度量，保证其完整性，形成一级度量一级的全栈系统安全信任链。

移动终端启动信任链构建方式如图 5-1 所示，以硬件为信任根，基于 TrustZone 硬件支持构建启动时的完整性保护链，通过一级度量一级的方式逐步保证终端系统初态的完整性。与此同时，充分结合自主 SoC 芯片 eFuse 熔断技术，有效防止移动终端刷机等操作，避免破坏移动终端初态完整性。在整个启动过程中，度量模式都是采用的静态度量，即在部件加载时对加载的代码进行完整性度量，该代码不会随部件后期的运行而改

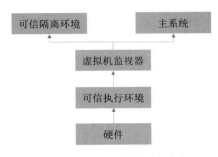

● 图 5-1　移动终端启动信任链

变。启动过程中通过静态度量获得的完整性度量值只是代表移动终端系统的初始状态，并不能保证后期运行状态的安全，不过基于该完整性度量值可以进一步建立终端应用、服务的信任，同时在移动终端访问远程服务时也可以基于该完整性度量值向远程方证明自身可信状态，从而建立移动终端与远程交互方之间的信任。

在移动终端系统启动过程中，硬件 ROM 首先初始化安全世界的可信执行环境（TEE），对 TEE 内核的完整性进行度量验证，验证通过后加载启动 TEE 内核。接着从 TEE 切换至普通世界的虚拟机监视器，对虚拟机监视器的完整性进行度量验证，验证通过后加载启动虚拟机监视器。然后从虚拟机监视器进入可信隔离环境 TIE，基于 TEE 对 TIE 内核的完整性进行度量验证，验证通过后启动运行 TIE。最后从虚拟机监视器进入主系统，对主系统内核的完整性进行度量验证，验证通过后启动运行主系统，完成移动终端的系统可信启动过程。对于系统启动过程中，完整性度量验证涉及的完整性基准值会在移动终端出厂时预置其中。

针对移动终端系统组件、服务以及应用程序等的加载启动，通过在加载时对其进行完整性静态度量，保证只有符合预期的系统组件、服务以及应用程序才能启动，从而建立初始的可信环境，确保其初态可信。完整性静态度量过程首先涉及完整性基准值的加载等初始化操作，接着对截获的文件进行完整性计算，并基于完整性基准值判断文件的合法性，若不合法阻止其运行。在移动终端第一次开机运行时，对移动终端系统的可执行文件、脚本文件、安装包 APK 文件等进行扫描，计算生成的完整性度量值作为完整性基准值保存在数据库中，是移动终端系统后续重启时对这些文件进行完整性验证的依据。在移动终端非第一次开机运行时，基于 Linux 安全模型（Linux Security Model，LSM）安全机制拦截可执行程序、APK 等的启动运行，对其进行完整性度量，将计算所得值与数据库中保存的完整性基准值进行比较，若一致则正常启动运行，移动终端系统的启动信任链继续延伸扩展；若不一致则禁止启动运行，维持现有启动信任链，防止破坏移动终端启动可信环境。

5.1.2　运行信任链构建

构建移动终端运行信任是对移动终端启动信任链的延续。在保证系统启动可信之后，结合动态完整性度量技术对系统内核、应用程序的完整性进行动态监测，可以进一步实现系统运行可信。

对移动终端系统运行时的完整性监测主要依赖内核动态度量可信根服务，基于该服务构建的动态度量内核服务，用于对内核完整性进行动态监测，防止内核安全威胁影响终端可信状态；基于内核动态度量可信根服务构建的动态度量进程服务，用于在应用程序运行时动态监测应用进程内存运行状态，保证其运行时的完整性，防止其运行时安全威胁影响终端系统可信状态。

1. 内核动态度量可信根服务

内核动态度量可信根服务在内核的初始阶段启动，负责初始化内核动态度量的起始工作。由于移动终端启动信任构建过程已经对内核进行了完整性度量验证，可认为可信根服务处于可信内核状态下。因此，基于该可信根服务，可以构建可信的动态度量内核服务和动态度量进程服务。

可信根服务基于可信执行环境（TEE）安全存储的相关配置及数据，并结合内核特定数据完成动态度量内核服务和动态度量进程服务的构建。可信根服务从 TEE 安全存储区读取的配置信息主要包括内核动态度量开启/关闭配置、动态度量的优先级、度量日志开启/关闭配置等；读取的数据信息主要包括进程的二进制程序完整性白名单和内核驱动模块完整性白名单，基于该名单对运行时的进程和内核模块进行完整性度量验证。可信根服务需要获取的内核特定数据包括内核的.stext 段内容、.rodata 段内容、中断描述符表、系统调用表、异常向量表、输入输出内存管理单元表以及处理器相关信息。

2. 动态度量内核服务

动态度量内核服务负责对内核进行动态度量，由内核动态度量可信根服务构建而成，实现对内核关键数据和实体对象的动态完整性度量。根据可信根服务构建方式的不同，动态度量内核服务分为调度度量和定时度量两种类型，其中调度度量服务是基于内核调度线程构建的，定时度量服务是基于定时软中断来构建的。

调度度量服务由可信根服务构建时，根据优先级配置信息又分为高优先级、普通优先级和低优先级三种内核线程。高优先级的动态度量服务例程调用优先级高，可以抢占其他进程进行调度；低优先级的动态度量服务例程被设置为 IDLE 类调度进程，该类调度进程属于空闲调用进程，只有在处理器空闲时才会进行调度执行。

调度度量服务例程的动态度量过程如图 5-2 所示，首先禁用中断和抢占，其目的是为了防止其他进程或者硬件中断打断内核度量的度量流程。然后判断当前处理器是否为主核，由于可信根服务是将调度度量服务例程绑定到主处理器核上运行的，先行判定是为了一定程度上检测是否有恶意代码企图修改度量服务例程的运行顺序。接着度量内核实体对象，包括.stext段内容、.rodata段内容、中断描述符表、系统调用表、异常向量表、输入输出内存管理单元表以及处理器相关信息等的度量。随后度量驱动模块的完整性，主要是度量验证内核驱动列表上的所有驱动信息的完整性，包括代码完整性、是否存在隐藏的驱动模块等。最后在度量流程完成后启用中断并允许抢占。

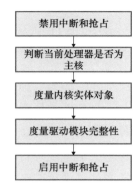

● 图 5-2　动态调度度量服务流程

定时度量服务是调度度量服务的补充，基于定时软中断构建，其流程与调度度量服务类似，其目的主要是防止调度度量服务位于普通和低优先级时，恶意代码企图创建能够抢占的进程来一直抢占处理器执行操作，从而造成度量服务失效。

3. 动态度量进程服务

动态度量进程服务负责追踪系统上的进程活动，由内核动态度量可信根服务构建而成，实现对运行进程的监督功能，阻止进程进行非法权限提升操作，从而对内核进行安全防护。

动态度量进程服务监督进程防止其非法提升权限，主要原理是通过在可能出现权限提升的系统调用接口上插入权限检查点，比对进程的 UID、有效 UID、GID、有效 GID、进程凭据以及进程有效凭据是否发生改变。在系统调用接口位置插入进程完整性检查点，实现对进程的完整性度量验证，其流程如图 5-3 所示，首先从白名单中查找进程对应的完整性基准值，然后将进程的完整性度量值与基准值进行比对验证，若验证失败则终止进程运行。

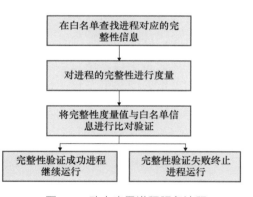

● 图 5-3　动态度量进程服务流程

5.1.3　信任链受损重构

移动终端主系统内核受损将导致已构建的移动终端启动、运行信任体系从系统层面瓦解，基于虚拟机监视器的内核完整性监控机制，在虚拟机监视器监测到主系统内核完整性受损时，结合备系统对受损主系统内核进行自动修复，实现移动终端信任体系的自动重构。

移动终端系统受损信任重构流程图如图 5-4 所示，基于移动终端系统启动时构建的信任链，只要监测发现主系统内核受损，虚拟机监视器触发关闭主系统，截断主系统与移动终端之间的信任关系，同时启动备系统。依照移动终端启动信任链的构建方式，保证启动进入的备系统状态为可信状态。依托备系统与操作系统漏洞检测与修复平台的连接关系，备系统直接对主系统受损内核进行可信恢复。一旦主系统内核恢复完成，虚拟机监视器直接触发关闭备系统，截断备系统与移动终端之间的信任关系，同时启动主系统。随着主系统的启动，移动终端启动信任链自动延伸至主系统，完成移动终端整体信任体系的重构过程。

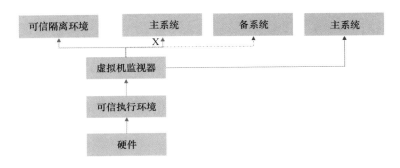

● 图 5-4 移动终端系统受损信任重构流程

移动终端虚拟机监视器在监测到主系统内核代码区域有修改操作，或者在对内核核心数据进行周期性检测发现有异常时，即认为主系统内核受损，将直接触发关闭主系统，启动备系统。备系统存在的主要作用就是维系主系统受损时移动终端的信任体系，保证移动终端核心功能的正常运行，同时对主系统受损内核进行同步修复，并促使恢复移动终端原有的信任体系。为此，在重构受损信任链的过程中，备系统的安全至关重要。一方面，对备系统的内核进行最小化功能精简，只保留能够支撑加密语音、加密短信、内核修复等关键应用的功能模块即可，以大大减少备系统内核风险的攻击入口；另一方面，基于备系统启动时系统信任体系的构建，以及严格的安全访问控制策略，可以进一步保证系统运行环境安全。此外，主系统受损内核通常在 2 分钟之内即可完成修复，意味着备系统运行时间较短，其受到攻击的可能性也较小。

虚拟机监视器控制着主备系统的启动运行，默认情况下直接启动运行主系统，是移动终端正常的运行环境。一旦监测到主系统内核受损，虚拟机监视器可以控制关闭主系统，并切换至启动备系统，备系统完成主系统受损内核修复操作之后，向虚拟机监视器发出信号，虚拟机监视器将直接关闭备系统，并切换至启动已经修复的主系统，从而重构移动终端信任体系。备系统对受损主系统内核的修复，主要是基于操作系统漏洞检测与修复平台对受损内核的检测修复，通过检测到主系统内核受损缘由，比如因为某内核漏洞致使遭受到相应攻击，然后为相应漏洞提供补丁生成新版本内核，并以此替换主系统原有内核。该内核启动的移动终端运行环境可以有效抵御类似攻击，防止主系统再次受损，从而保证其环境的可信性。

5.2　基于虚拟机监视器的安全增强

虚拟机监视器的特权级为 EL2，高于操作系统内核的特权级 EL1，即操作系统内核没有权限访问虚拟机监视器资源。而且，虚拟机监视器自身提供虚拟机创建等管理功能，虚拟机是操作系统运行的载体。从虚拟机监视器角度来看，可以清晰获知上层操作系统的运行状态及细节，并且可以对其进行控制。为此，在保证虚拟机监视器自身安全的基础上，进一步在虚拟机监视器对操作系统内核的完整性、系统资源的访问以及外设状态的变化等方面进行监控，可以有效保证应用敏感数据不被恶意获取，避免操作系统内核级绕过等威胁，满足敏感应用的高安全保障需求。

5.2.1　虚拟机监视器安全防护

虚拟机监视器遭受安全攻击的显著表现就是其完整性遭受破坏，对虚拟机监视器的完整性进行检测，是保证虚拟机监视器安全的第一步，主要采用基于快照和事件的完整性检测机制[38]。然而完整性检测只是一种被动的安全手段，在此基础上进一步结合如控制流、指令仿真等主动防御手段[38]，可以有效提升虚拟机监视器的安全性，避免虚拟机监视器遭受攻击。

1. 虚拟机监视器完整性检测

（1）基于快照的完整性检测

基于快照的完整性检测机制是通过分析其截获的虚拟机监视器在内存中的快照来查找恶意攻击的痕迹或者漏洞，是最常用的完整性检测方式。利用 ARM TrustZone 架构来构建基于快照的完整性检测机制，可以实现对虚拟机监视器的完整性保护。虚拟机监视器位于普通世界，TrustZone 位于安全世界，在 TrustZone 运行的可信执行环境（TEE）的内存与虚拟机监视器的内存是隔离的，普通世界包括虚拟机监视器都无法访问 TEE 内存。检测虚拟机监视器的静态数据结构是否被攻击，由运行在 TEE 内存的物理内存获取模块、分析模块和 CPU 寄存器检查模块共同完成，其中物理内存获取模块在获取物理内存内容后，转发至分析模块由其验证判定内存内容是否安全，CPU 寄存器检查模块负责读取 CPU 寄存器并验证其完整性。

对虚拟机监视器的这种检测是由虚拟机监视器触发的，而检测触发的不透明性很有可能留下攻击隐患（如擦洗攻击），因为检测只是针对一定间隔内收集的快照，忽略了间隔中的变化，攻击者可以利用检查间隔这一关键限制，即在此检测间隔之内完成攻击并恢复攻击前的虚拟机监视器状态，仿佛没有攻击过一样。为此，可进一步考虑构建隐秘信道来实现检测的触发，以缓解这种攻击风险。

（2）基于事件的完整性检测

基于事件的完整性检测，顾名思义，就是由事件触发的完整性检测机制，主要包括基于事件捕获的完整性检测机制、基于事件监听的完整性检测机制以及基于事件驱动的完整性检测机制。

基于事件捕获的完整性检测机制，在系统启动时就持续监视任何对物理动态内存存储器的访问，通过检查捕获的动态内存存储器页面状态和页面数据，来判定动态内存存储器中的内核和关键数据结构是否遭受了未授权更改，其基本原理是当内核被编译并加载到内存后，内核控制数据（如系统调用等）往往是静态的，对内核控制数据的任何动态修改都被视为恶意。

基于事件监听的完整性检测机制是基于主机系统之外的单独硬件系统，通过监听主机系统总线上的流量以监视主机系统的操作[39]。由于 I/O 设备、内存和处理器之间的所有处理器指令和数据传输都必须通过系统总线，为此基于事件监听的完整性检测机制可以对几乎所有系统事件的流量进行安全监控，主要包含监测和验证两个模块。其中监测模块是硬件组件，用于收集流量并将其传输至验证模块；验证模块经过优化分析数据，以判定主机系统的完整性。

基于事件驱动的完整性检测机制与基于事件监听的完整性检测机制本质一样，但是实现方法略有区别。基于事件驱动的完整性检测机制通过在虚拟机监视器中加入钩子函数来触发检测，并通过地址空间随机化、指令特权限定技术来保证机制的安全[40]。地址空间随机化是一种用于保护代码和数据免受驻留在同一地址空间中的恶意程序影响的轻量级方法，其使代码和数据随机化，以确保它们的位置在虚拟地址空间中是不可预测的，从而防止恶意程序破坏它们。指令特权限定是指限制虚拟机监视器直接执行最高权限操作的能力，避免地址空间随机化机制被绕过。

2. 虚拟机监视器主动安全防御

（1）针对虚拟机监视器控制流的防御

虚拟机监视器运行时的控制流完整性涉及静态控制流完整性和动态控制流完整性。其中，静态控制流的完整性由虚拟机监视器的代码和静态控制数据决定，而动态控制流的完整性由运行时的动态控制数据决定。为此，针对虚拟机监视器控制流完整性保护可采用不可旁路的内存锁定技术和受限制的指针索引技术来构建防御机制[41]。其中，不可旁路的内存锁定技术保证虚拟机监视器的代码和静态控制数据安全，主要基于内存保护机制实现，即通过对页表的 W⊕X 位设置写保护来完成，对于页表的正常更新操作则可以利用处理器控制寄存器中的写保护位临时绕过写保护来实现。受限制的指针索引技术保证虚拟机监视器运行时执行路径符合控制流完整性，即保护动态控制数据的安全，将每个动态控制数据替换为目标表的受限索引，而目标表包含虚拟机监视器控制流程图允许的所有间接控制转移指令的合法位置，基于该目标表可以替换虚拟机监视器中所有运行时的动态控制数据。

（2）针对虚拟机监视器指令仿真的防御

虚拟机监视器在运行过程中涉及对部分指令的仿真，仿真器可能存在漏洞从而被攻击者利用实施攻击。为此，可通过限制和缩小虚拟机监视器指令仿真的有效攻击面来防御针对指令仿真的攻击。要仿真的合法指令集取决于调用仿真器的仿真上下文，如果仿真器仅接受每个上下文中的合法指令集，则针对指令的攻击面就会缩小。虚拟机监视器涉及端口 I/O 上下文、内存映射 I/O 上下文、影子页表上下文等，分别指定每个上下文的合法指令列表，仿真指令时需要先检查当前上下文是否有效，若有效则成功执行该仿真指令，否则直接将合法指令传递给仿真器。

5.2.2　内核完整性监测与修复

移动操作系统内核常见的攻击包括面向返回的编程（Return-oriented Programming，RoP）攻击、RootKit 提权攻击、缓冲区溢出攻击等，若直接在内核层部署内核完整性监测功能模块，其能够及时发现内核遭受攻击破坏等情况的前提在于该功能模块能够安全运行且自身没有遭受破坏或被绕过。在实际运行过程中，内核层的任意功能模块都有可能遭受攻击破坏，致使无法及时获知内核受损情况，或者即使知晓内核受损也无法保证能够对受损内核进行有效恢复。

鉴于虚拟机监视器的高特权级，操作系统内核层的攻击无法影响虚拟机监视器，在虚拟机监视器对操作系统内核（即高安全可信移动终端体系架构中的主系统内核）进行受损监测可以有效规避监测失效的问题。同时，虚拟机监视器通过硬件标记的设置来管理区分主系统或备系统的启动，即启动加载管理器 Uboot 在加载系统镜像时会先检查该标记是否存在，若不存在则加载主系统内核，否则加载备系统内核。为此，在虚拟机监视器发现主系统内核受损时，可以配置启动备系统，利用备系统来完成对主系统受损内核的修复，有效保证修复的安全性。

1. 基于虚拟机监视器的内核完整性监测

虚拟机监视器对主系统内核完整性的监控一方面依赖于对内核内存区域的保护监控。

在移动终端启动后,虚拟机监视器对主系统内核代码区域进行写保护阻止任何软件(包括主系统内核自身)对该区域进行修改,即通过扫描页表的方式对内核代码区域进行识别,所有可以在内核态被执行的页(未设置 PXN 标记的页)都会被写保护,以避免参数错误或硬编码的区域有遗漏导致部分代码页未被正确保护。同时,考虑到内核启动阶段需要根据运行平台对自身代码进行修补,在修补完成后对内核进行写保护,并关闭内核运行时的优化功能,确保内核在正常情况下不会试图修改自身代码。对于写保护区域的访问检查由硬件自动完成,一旦发现有对该区域的修改操作,硬件可立即拦截并通知虚拟机监视器。

虚拟机监视器对主系统内核完整性的监控另一方面还依赖对主系统内核核心数据的周期性检测。内核核心数据包括静态和动态数据。其中静态数据涵盖只读数据段、内核代码段、系统调用表、中断描述符表、异常向量表、内核模块代码等数据结构,这些数据在系统运行中一直是静态不变的,一旦发现这些数据结构被篡改,系统就不会以预期的方式运行,即内核完整性遭受了破坏,如 Kbeas、EnyeLKM 等 RootKit 就是通过篡改中断处理函数和系统调用表中的表项来执行恶意代码。动态数据涵盖进程链表、模块链表、隐藏网络连接等内核隐藏对象,这些数据在系统运行过程中动态变化,根据其动态变化特征,可以通过不变量约束的形式监测其完整性,一旦进程、模块不满足约束,即内核完整性遭受了破坏,如运行链表应该是进程链表的子集,而 adore-ng、wipemod 等 RootKit 就是实现恶意模块隐藏和恶意进程隐藏,致使该约束不满足。

2. 基于虚拟机监视器的内核完整性修复

虚拟机监视器通过监控主系统内核内存区域和内核核心数据来察觉内核完整性的异常,在发现主系统内核受损时立即对其进行修复。受损主系统内核修复过程如图 5-5 所示,虚拟机监视器监测到主系统内核受损,将会直接设置硬件标记用于控制后续启动的系统,

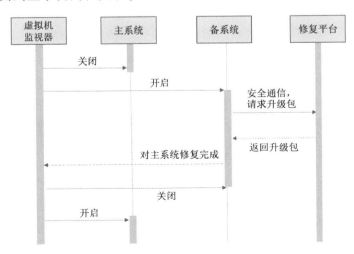

● 图 5-5 受损主系统内核修复过程

然后在主系统执行重启命令，即关闭主系统后紧接着又启动系统，启动过程中检测到硬件标记直接进入备系统。与主系统相比，备系统功能更为简单，只需支持系统核心功能运行即可，其安全性能够得到更好的保证。备系统可以获取主系统内核的相关信息，通过远程连接操作系统漏洞检测与修复平台对主系统内核进行检测分析，其后备系统将相应的修复补丁写入主系统镜像存放路径，完成对受损主系统内核的修复。在修复完成后清除硬件标记并执行重启命令，即关闭备系统后紧接着又启动系统，启动过程中检测到硬件标记不存在直接进入主系统，相当于恢复了主系统的安全运行状态。

5.2.3　资源访问监控与可信管控支持

针对移动终端系统的攻击，通常都涉及对系统资源（如内存、外设）的访问。利用虚拟机监视器特权级高于系统内核的优势，可以绕过系统内核层攻击，监控系统资源访问、外设状态变化等，以及时发现系统异常行为，并为移动终端的可信管控提供支持。

1. 资源访问监控

移动终端主系统都是以虚拟机载体的方式运行的，其对资源的访问包括虚拟机执行的硬件指令以及虚拟机对内存/外设的访问。通过配置硬件寄存器，虚拟机监视器可以拦截虚拟机的特定硬件指令或内存/外设访问，从而实现对主系统资源访问的监控。

虚拟机监视器提供了硬件指令拦截开关接口，并对不同的拦截项配置了相关处理函数。虚拟机监视器在创建虚拟机后，针对该虚拟机的硬件指令拦截设置记录在该虚拟机的结构体中，在切换运行虚拟机恢复其虚拟核执行时会根据相关设置配置硬件寄存器，一旦涉及其相关硬件指令执行，硬件会自动完成对相应指令的拦截，即自动切换至虚拟机监视器，而虚拟机监视器会根据发生中断的虚拟核及中断原因寄存器，选中相应的拦截处理函数列表并依次调用，直到某个处理函数指示本次拦截已被完全处理。

虚拟机监视器提供了封装好的接口用于创建虚拟化外设，基于 vDevice 访问拦截机制可以支持物理外设拦截。关于虚拟机内存/外设访问拦截的相关设置，直接记录在虚拟机的虚拟化页表中，其中针对外设的访问拦截，基于 vDevice 机制将相应的内存映射输入输出区域设置为不可访问。当该虚拟机的任何虚拟核试图访问拦截区域时，硬件会自动切换到虚拟机监视器，由其执行当前虚拟机的访问拦截处理函数列表。若是对外设的访问，则基于 vDevice 机制从硬件寄存器中读取系统期望访问的地址，然后将其与所有虚拟化外设进行匹配，并调用相应外设的处理函数实现拦截处置。

2. 外设状态监控

对于移动终端而言，传声器、摄像头等外设可能是攻击者利用获取移动终端敏感信息的重要媒介。在敏感领域使用移动终端都涉及对移动终端的管控，其中主要的管控对象就是移动终端外设。为了旁路内核级安全威胁对管控的影响，通过虚拟机监视器对外设电源状态进行监控以实时获取外设状态变化，可以为移动终端可信管控提供有效安全支撑。

　　为了尽可能节约硬件资源并降低能耗，移动终端上的传感器在不使用时都会通过特殊的硬件设计关闭电源或时钟。当应用或系统需要采集数据时，传感器的硬件驱动需负责先通知电源和时钟模块恢复传感器的供电和时钟，然后再对传感器进行初始化和访问。对电源和时钟模块的访问通常使用内存映射输入输出的方式进行，虚拟化页表可以很方便地对相关访问进行拦截，外设状态监控流程如图 5-6 所示。虚拟机监视器可准确拦截所有外设电源和时钟操作，电源线、时钟线与具体传感器的对应关系由芯片和印制电路板设计决定，所以可匹配该对应关系并区分具体操作的目标传感器。当传感器状态发生变化时，虚拟机监视器会记录其变化及当前的启动时间。

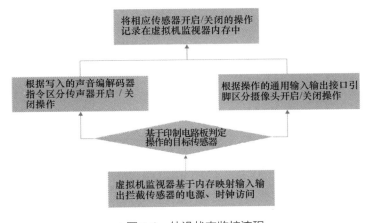

● 图 5-6　外设状态监控流程

　　针对传声器和摄像头两类关键外设，虚拟机监视器使用以下特征来识别其开关。

　　当主系统开启传声器输入时，芯片内的声音编解码器及数字信号处理器将被打开。这些组件的开关位于芯片的内存映射输入输出区域内，地址由硬件固定。通过对芯片的所有访问进行拦截和过滤，虚拟机监视器可以实时拦截开启和关闭编解码器的指令，并根据具体写入的值区分开启和关闭操作。

　　当主系统开启摄像头时，摄像头驱动需要操作特定通用输入输出接口引脚以打开摄像头模组的电源，其由硬件印制电路板设计固定。通过对所有通用输入输出接口操作进行拦截和过滤，虚拟机监视器可根据访问的地址区分被操作的通用输入输出接口引脚，通过具体写入的值区分开启和关闭操作。不同的摄像头由独立的通用输入输出接口引脚控制，对应关系由印制电路板设计固定，并被硬编码在外设监控模块中。

　　在识别传声器、摄像头等外设的硬件开关状态之后，虚拟机监视器可以直接将外设的状态值以接口的形式安全传输给上层系统可信隔离环境（TIE），同时还可以将最近的若干条记录保存在虚拟机监视器内存中，一并以接口的形式安全传输给上层系统可信隔离环境（TIE）。在整个过程中，无需主系统参与，不受主系统安全影响。TIE 将这些外设开关的当前及历史状态安全反馈给管控平台，由管控平台根据其管控策略来判定当前管控的有效性，进而保证可信管控的正确实施。

5.3 移动操作系统安全加固

操作系统是移动终端的主体，其提供的基本安全机制保证了移动终端的正常运行。从移动终端操作系统的安全机制，如权限管理、访问控制、文件系统加密等方面着手考虑，在均衡系统安全性、用户体验与易用性等的前提下进行安全加固，可以更有效地提升操作系统的安全性，防范大部分系统安全威胁。

5.3.1 管理员分权机制

最小特权原则是系统安全中的最基本原则之一。该原则在完成某种操作时赋予系统中每个主体（用户或进程）必不可少的特权，由此确保由于事故、错误、网络部件的篡改等原因造成的损失最小。最小特权原则要求每个用户和程序在操作时应当使用尽可能少的特权，其基本思想是系统不应给用户超过执行任务所需特权以外的特权。

对于基于 Linux 内核的操作系统而言，管理员 Root 账号在操作系统中 UID 为 0，是具有最高权限的特殊账号。与 Windows 平台的 Administrators 组类似，该账号几乎拥有所有的系统权限，可以进行各种各样的特权操作，因而也成了各种攻击的目标。一旦攻击者通过某种方式获取了 Root 账号的权限，即使得恶意代码、脚本或进程以 UID 0 的身份运行，则该攻击者可以完成一切 Root 账号可以进行的操作，如创建新的用户、修改系统配置、安装恶意代码、非法的文件操作等。在主流的移动操作系统，如安卓和 iOS 中，这种攻击是非常常见的，如经常被提到的 iOS 越狱工具、安卓的各种 Root 大师工具等，都提供了这种攻击手段。

管理员分权机制通过分解 Root 账户的权限可以达到有效应对 Root 攻击威胁的目的。针对 Root 账户拥有的权限，将各种应用的执行权限分配给多个普通账号，如 system、radio、media 等都专门负责特定方面的功能，即使攻击者攻破任意一个账号也只能执行一部分功能。按照权限最小化的设计原则，结合表 5-1 所示的系统能力，移动终端主系统在直接删除了 Root 账号之后，可以先将系统能力进行分类处理，然后按类别拆解为多个普通账号的服务能力，以此防止外来攻击者获得所有的系统权限，降低系统的攻击面，从而提高系统的安全性。

表 5-1　系统能力

序　号	能力机制	序　号	能力机制
1	CAP_AUDIT_CONTROL	19	CAP_NET_BROADCAST
2	CAP_AUDIT_READ	20	CAP_NET_RAW
3	CAP_AUDIT_WRITE	21	CAP_SETGID
4	CAP_BLOCK_SUSPEND	22	CAP_SETFCAP
5	CAP_CHOWN	23	CAP_SETPCAP
6	CAP_DAC_OVERRIDE	24	CAP_SYS_ADMIN
7	CAP_DAC_READ_SEARCH	25	CAP_SYS_BOOT
8	CAP_FOWNER	26	CAP_SYS_CHROOT
9	CAP_IPC_LOCK	27	CAP_SYS_MODULE
10	CAP_IPC_OWNER	28	CAP_SYS_NTIE
11	CAP_KILL	29	CAP_SYS_PACCT
12	CAP_LEASE	30	CAP_SYS_PTRACE
13	CAP_LINUX_IMMUTABLE	31	CAP_SYS_RAWIO
14	CAP_MAC_ADMIN	32	CAP_SYS_RESOURCE
15	CAP_MAC_OVERRIDE	33	CAP_SYS_TIME
16	CAP_MKNOD	34	CAP_SYS_TTY_CONFIG
17	CAP_NET_ADMIN	35	CAP_SYSLOG
18	CAP_NET_BIND_SERVTIE	36	CAP_WAKE_ALARM

主系统中 Root 账号分解的普通账号具有的权限取决于其涵盖的系统能力，如图 5-7 所示，可以将管理员权限分解为系统管理员、审计管理员、安全管理员、网络管理员四个账号的权限，而每个账号具有的权限取决于其涵盖表 5-1 中的哪些系统能力，这些在生成内核镜像时就已确定，并直接写入其执行文件的扩展属性中，用户无法修改。

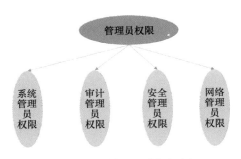

● 图 5-7　管理员分权机制

5.3.2　细粒度访问控制

用户通过身份鉴别后，还必须通过授权才能访问资源或进行操作，而授权是通过访问控制机制来提供的。访问控制的基本任务是防止用户对系统资源的非法使用，保证对客体的所有直接访问都是被认可的。目前 Linux 操作系统中最常用的访问控制技术是自主访问控制和强制访问控制。其中，自主访问控制是 Linux 内核固有的一套访问控制机制，允许客体的所有者或者建立者控制和定义主体对客体的访问权限，包括对文件、目录、进程以及设备等的访问控制。强制访问控制是 SELinux 引入的安全机制，系统中的每个进程、文件等都被赋予了相应的安全属性，这些属性由管理员按照严格的规则来设置且不能改变，在访问发生时主要基于主客体的安全属性来判定是否允许。

自主访问控制和强制访问控制是两种完全不同的访问控制机制，将两者相结合，再附以更强的访问限制，可以实现更加细粒度的访问控制。如图 5-8 所示，用户在执行系统调用时，先通过原有的内核接口依次执行功能性的错误检查，接着进行传统的自主访问控制检查，并在即将访问内核的内部对象之前，通过内核钩子函数调用 LSM 安全模块，由 LSM 安全模块根据具体的访问控制策略来判定访问的合法性。

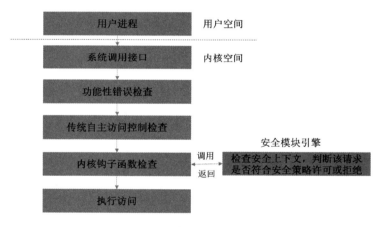

● 图 5-8　细粒度访问控制

移动终端主系统的敏感权限根据应用类型区分开放申请以控制对资源的安全访问，其中系统应用可申请表 5-2 和表 5-3 所示的所有敏感权限，而第三方应用只能申请表 5-3 所示的部分敏感权限。基于自主访问控制安全机制对应用 UID 和 GID 进行规范，可以进一步实现敏感权限和应用沙盒的安全隔离。基于强制访问控制安全机制为每个应用建立对应的安全策略，表 5-4 所示的安全策略示例实现了对系统进程、文件、设备等资源的访问控制，可以有效防止攻击者通过第三方应用及系统漏洞对终端进行攻击。

表 5-2　仅向系统应用开放的敏感权限

序　号	敏感权限	序　号	敏感权限
1	允许申请 Alarm	9	允许安装、卸载应用
2	允许调整应用的敏感权限	10	允许设置系统时间
3	允许接听、拨打电话	11	允许清除应用数据
4	允许接收、发送短信	12	允许读取联系人信息
5	允许配置数据网络	13	允许获得 IMEI 号
6	允许配置 WiFi 网络	14	允许关闭、重启设备
7	允许配置 VPN	15	允许恢复出厂设置
8	允许访问 SIM 卡信息	16	允许 OTA 升级

表 5-3　向第三方应用开放的敏感权限

序　号	敏感权限	序　号	敏感权限
1	允许通过蓝牙访问网络	7	允许访问 SD 卡
2	允许通过数据连接访问网络	8	允许发送通知
3	允许通过 WiFi 访问网络	9	允许获得位置信息
4	允许获取网络状态	10	防止系统休眠
5	允许拍照	11	允许访问闪光灯
6	允许录音	12	允许访问振动器

表 5-4　安全策略示例

序　号	自主 SELinux 策略	策略描述
1	allow factory ttyMT_device：chr_file ｛read write open ioctl｝	设置某类进程对某类设备的操作权限
2	Netifcon eth0 system_u：object_r：netif_eth0_t system_u：object_r：netmsg_eth0_t	定义网络接口的上下文
3	allow domain domain：process sig-nal；	每个进程都能向自己和其他进程发送 signal
4	neverallow domain ~ domain：process transition	进程不能转换为无 domain 属性的类型
5	allow sysadm＿t cam＿exec＿t：file execute	允许 sysadm_t 类型的进程对 cam_exec_t 类型的文件进行 execute 操作

5.3.3　透明加密文件系统

对于移动终端存储的重要数据而言，加密处理是最直接的安全举措。而在应用层进行加密操作，不仅安全性和执行效率低下，还需要用户手动参与，极为不便。相对而言，比较有效的处理方式是在内核层，基于文件系统进行用户无感知的透明加密，能够在安全性和效率方面达到有效平衡。

加密文件系统根据加密抽象层的不同可以分为：区块加密文件系统，在文件系统层以下实施加密操作，一次加密一个磁盘区块；磁盘加密文件系统，加密抽象层高于区块加密文件系统，可以针对每个文件和目录采用差异化的加密策略；网络加密文件系统，需要网络协议支持，加密抽象层高于磁盘加密系统，运行于文件系统之上，便于移植；堆栈式加密文件系统，加密抽象层在磁盘加密文件系统与网络加密文件系统之间，运行于文件系统上，无需用户态与内核态之间交互数据，也无需网络协议支持。

鉴于堆栈式加密文件系统在安全性、执行效率、移植性方面的优势，移动终端主系统基于堆栈式加密文件系统 eCryptfs 对存储数据进行透明加密处理，以保证存储数据的安全。在原有的文件系统架构中，底层的实际文件系统（如 EXT2、EXT3、EXT4、JFS 等）上都有一层虚拟文件系统，运行于内核态，负责用户态系统调用与底层文件系统操作之间的交互。eCryptfs 加密文件系统则位于虚拟文件系统下，实际文件系统上，如图 5-9 所示。eCryptfs 加密文件系统工作在内核态，其运行主要涉及两个内核模块，其中内核模块 crypto 负责提供对文件的加解密操作，内核模块 keys 负责提供内核态密钥的存储功能。从终端用户的角度看，eCryptfs 加密文件系统在进行初始设置后执行的加解密操作都是透明的，指定一个目录用于存储需要加密的文件，

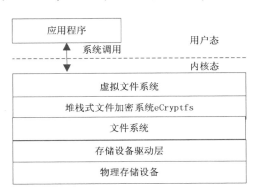

● 图 5-9　eCryptfs 加密文件系统结构

所有存储在这个目录的文件都会被自动加密，加密目录挂载到加密文件系统，而通过这个加密文件系统打开的文件也会进行透明解密。

eCryptfs 文件类型是基于 RFC2440 中 OpenPGP 标准创建的，结构上包含头部和数据部分两部分。其中，数据部分主要存储的是基于 crypto 内核模块加密接口使用文件加密密钥进行加密后的文件数据；头部主要存储的是加密验证信息和加密后的文件加密密钥，而对文件加密密钥进行加密的密钥是基于解锁屏口令经过系列运算产生的。为此，在读取数据部分的明文数据时，同样需要基于 crypto 内核模块解密接口使用文件加密密钥进行解密处理。

通过 eCryptfs 加密文件系统访问存储文件或者进行文件加密存储，主要涉及的 eCryptfs 文件操作包括打开、读、写。其中，打开操作主要是针对 eCryptfs 文件头部进行相关信息检查，最终获取文件加密密钥，如图 5-10 所示。读和写操作主要是针对 eCryptfs 文件数据

部分，对存储页进行加解密处理，如图 5-11 所示。

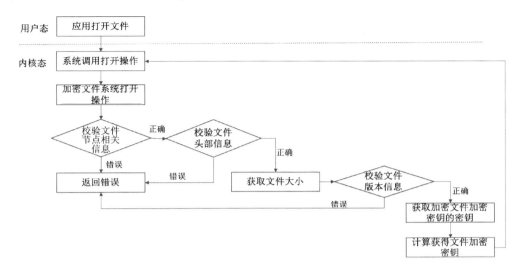

● 图 5-10　eCryptfs 文件打开处理流程

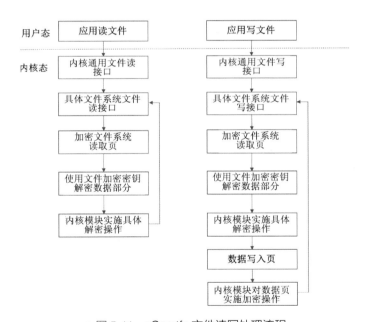

● 图 5-11　eCryptfs 文件读写处理流程

5.4　移动操作系统漏洞挖掘与修复

由于系统功能复杂，代码规模较大，或者代码开发等各种因素，操作系统不可避免存在各种漏洞，而这些漏洞正是攻击移动终端系统的主要入口。及时发现操作系统漏洞并对其进行修复，是抵御操作系统级风险、维持系统正常运行的有效手段。

5.4.1　基于神经网络的漏洞检测

传统的漏洞检测主要分为静态和动态两种方法。静态漏洞检测主要是针对源代码进行静态扫描，通过分析历史漏洞提取漏洞特征，并基于漏洞特征去匹配代码中可能出现的漏洞，或者通过对代码进行词法、语法、语义等分析进而挖掘代码中可能存在的缺陷，对于二进制代码则是通过反汇编可执行文件明确目标代码逻辑后，再依靠人工经验或者污点分析、符号执行等技术挖掘程序中的漏洞；动态漏洞检测主要是针对代码运行过程，通过调试、动态污点分析、模糊测试等技术手段来检测其中存在的安全缺陷。相比而言，静态漏洞检测方法能够较快、较全面地覆盖代码，无需了解代码实现方式，适合应用于自动化安全检查工具。动态漏洞检测可以检测出具有动态特征的安全漏洞，与静态漏洞检测形成有效互补。

漏洞自动化安全检查工具大都依赖静态检测方法，基于专家定义的漏洞特征规则对源代码进行分析，其缺点在于需依赖专家主观意见、准确度较低等。针对此，引入机器学习，通过从大量数据中获取模式，使用机器学习算法发现漏洞特征，从而对代码进行分类以推测漏洞，可有效减少其弊端。移动终端主系统漏洞检测采用了基于神经网络的自动化检测方法，如图 5-12 所示，通过提取源代码函数生成代码属性图，基于编码规则对其编码，将得到的编码张量输入到注意力神经网络中进行训练，然后使用训练完毕的神经网络模型对待测函数的编码张量进行分类，以推测待测函数中是否具有某类漏洞。

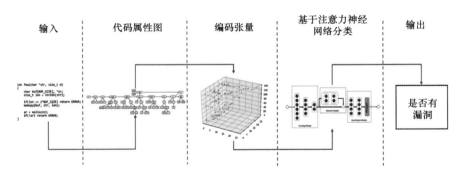

●图 5-12　基于注意力神经网络模型的漏洞检测

1. 代码特征编码

对于程序源代码而言，由于其具有控制依赖性、数据依赖性等多语义结构，使用图结构比纯文本结构更适合表示，其语义信息可以被提取和抽象。代码属性图（Code Property

Graph，CPG）由于整合了抽象语法树（Abstract Syntax Trees，AST）、控制流图（Control Flow Graphs，CFG）、程序依赖图（Program Dependence Graphs，PDG）到一种数据结构中，可以较完整表达程序的语义。鉴于后续的编码张量包含数据依赖性信息，且代码属性图（CPG）中保留过多的冗余信息也会影响张量稀疏性，致使神经网络更难以学习特征，因此程序源代码的最终代码属性图（CPG）进行了删除程序依赖图（PDG）的简化操作。

代码属性图（CPG）需要编码成张量（由于含有程序特征，称为程序的特征张量）才能被输入到神经网络中。代码属性图（CPG）中含有的 AST 节点和 CFG 节点混合在一起存储在"节点表"中，该节点表记录了节点及其索引，以便对应到特征张量中。特征张量中的 x 轴和 y 轴均对应节点表中的节点，类似于图的邻接矩阵，但是使用向量（称为关系向量）来表示节点之间的关系，而不是邻接矩阵中简单指示两个节点是否相邻的 0 或 1。假设特征张量中的 x 轴和 y 轴构成的矩阵为 M，则 M 中的每个元素 $M(i,j)$ 是 144 维向量，用于编码由相应行和列表示的节点关系。矩阵 M 和 144 维向量一起形成三维向量空间中的特征张量。

矩阵 M 的大小取决于代码长度，而静态神经网络要求输入固定大小，为此可采用填充或切割的方式将不同大小的矩阵 M 处理成固定大小。若矩阵 M 小于固定大小，将零填充至矩阵末尾；若矩阵大于固定大小，则在源代码中定义一个关键语句并切断远离其代码，虽然关键语句是高度易受攻击的语句，但远离关键语句的代码与漏洞的相关性较低。

2. 注意力神经网络模型

神经网络模型结构如图 5-13 所示，主要由编码模块、注意力模块和分类模块构成。类似于字嵌入，编码模块将 144 维关系向量映射到低维向量，使得低维向量之间的距离可以反映原始向量的关联。根据软注意力的思想，注意力模块为特征张量的不同区域分配不同的注意力权重，可使用自下而上和自上而下的结构来实现注意力模块。网络末端的分类模块由全连接层组成，实现特征的汇总，并通过 softmax 层输出结果指示程序源代码中是否存在漏洞。

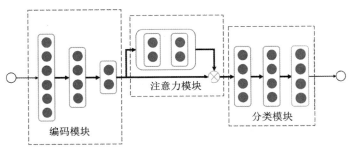

• 图 5-13　注意力神经网络模型

编码模块使用三个全连接层来实现 144 维向量的嵌入。第一层将 144 维向量映射到大小为 $c=6$ 的隐藏状态，然后将特征张量中的矩阵展平为向量，每个向量表示代码属性图（CPG）中的节点。如果矩阵的固定大小为 m，则展平后的向量大小为 $c*m$。最后两层将 $c*m$ 向量映射到大小为 $d=64$ 的隐藏状态。

注意力模块可基于软注意力或硬注意力实现，其中软注意力是确定性的，可以直接学习不同区域的注意力权重；而硬注意力是一个随机预测过程，其重点在于预测注意力在不同区域的变化并强调其动态性。该注意力模块采取软注意力模型，涉及两个分支：掩模分支和短路分支。其中，短路分支直接将注意力模块的输入 x 作为输出 $S(x)$ 而不进行任何处理；掩模分支则通过自下而上和自上而下的结构来学习不同区域的注意力。由于注意力模块的输入是长度为 $c*m$ 的向量，且每个向量代表代码属性图（CPG）中的一个节点，矩阵中的所有向量按其首次出现在源代码中的位置进行排序，为此使用一维卷积来构建自下而上的结构，使用一维反卷积构建自上而下的结构，将高级特征缩放到与输入相同的大小，从而将注意力权重作用在输入上。

5.4.2 漏洞知识图谱构建与态势感知

漏洞态势感知是基于对大量安全漏洞数据的挖掘分析评估来预测安全漏洞的未来态势，是漏洞检测中的重要一环。当前的漏洞态势感知依赖于传统的漏洞库，而漏洞库管理安全漏洞的方式存在漏洞之间关联较弱，漏洞间的丰富关系涵盖不足，以及信息孤岛问题。知识图谱因其特有的关系网络型数据结构提供了从关系的角度分析问题的能力，为此基于构建漏洞知识图谱的方式管理安全漏洞、挖掘漏洞关联信息，可以更有效地预测安全漏洞态势。

基于 Endsley 有三级态势感知模型：漏洞态势要素提取、漏洞态势要素理解和漏洞态势预测，漏洞态势感知流程如图 5-14 所示。漏洞态势要素提取即采集漏洞相关所有要素，主要通过自动化扫描工具扫描、已知开源数据库下载以及网页爬虫等方式实现；漏洞态势要素理解即通过融合分析提取的态势要素为漏洞态势评估提供数据服务基础，主要采用的方法有基于数学模型的态势分析、基于随机模型的态势分析和基于生物启发模型的态势分析；漏洞态势预测即通过适合的技术模型或方法，在基于理解当前环境的基础上对未来一段时间环境变化的预测，主要有基于神经网络的漏洞态势预测和基于时间序列的态势预测等方法。

漏洞知识图谱构建过程即漏洞态势要素提取过程，其根本在于基于已有漏洞数据定义漏洞本体。漏洞本体除漏洞自身之外，还包括软件、补丁、漏洞验证程序（Proof of Concept，PoC）以及人和公司等，且本体都有自己的属性，如漏洞包括漏洞名称、漏洞编

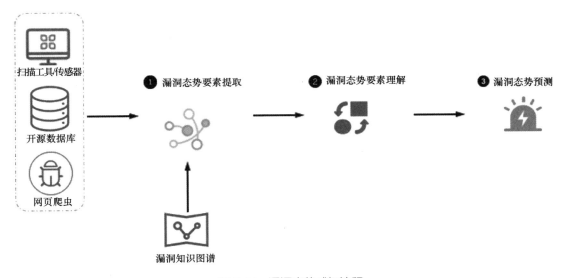

● 图 5-14 漏洞态势感知流程

号、漏洞代码等属性，软件包括软件名称、软件功能、通用平台枚举项（Common Platform Enumeration，CPE）编号等属性。基于漏洞本体从各个数据源中抽取相关信息，并通过知识融合消除重复漏洞信息，最终将分散的信息融合到同一个图数据库中形成漏洞知识图谱。抽取的信息包括实体、关系以及属性，其中短文本、漏洞标签等属性信息采用卷积神经网络、词频-逆频率算法提取。当数据源中信息增加时，漏洞知识图谱会将新增信息通过以上步骤抽取知识并融合到数据库中，所以漏洞知识图谱中的知识呈动态增加趋势。

针对提取的漏洞态势要素，可以在不同层面进行充分融合，如数据层融合即将提取的态势要素在数据预处理之前进行融合；特征层融合即将态势要素归纳提取数据特征后，对所提取的特征进行特征融合；决策层融合即在态势要素数据进行预处理、特征抽取等操作得出初步决策结论后再进行融合。基于融合的漏洞态势要素，根据其与安全漏洞存在环境的相关性又分为静态和动态态势要素，其中静态态势要素与安全漏洞存在环境无关，包括安全漏洞类型、安全漏洞基础评分等要素；动态态势要素变化依赖于安全漏洞存在的环境及时间，随着环境、时间的变化而变化，如是否存在补丁、PoC 等。在此基础上，进一步标准化融合的漏洞态势要素，并对安全漏洞当前态势给出评价。

鉴于当前漏洞利用者越来越倾向于利用多漏洞组合形成攻击链路对系统实施攻击，所造成的危害远超过利用独立漏洞产生的影响，在漏洞态势预测时要对攻击链路加以分析，这样有助于提前发现未知漏洞。检测操作系统中是否存在漏洞组合的攻击链路流程如图 5-15 所示，首先通过扫描工具扫描操作系统，得到系统中的软件名称及版本号，再结合漏洞知识图谱生成系统漏洞集，即得到操作系统中所包含的所有漏洞，然后进行攻击链路匹配得到被检测操作系统中包含的攻击链路个数，最后给出检测结果。

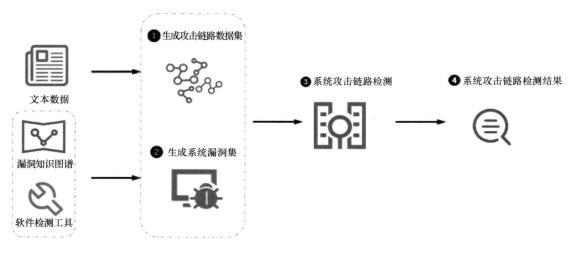

● 图 5-15　攻击链路漏洞监测流程图

对于攻击链路而言，其数据通常来源于新闻、公告等文本数据，通过信息抽取相关方法进行攻击链路的数据提取，转化为拓扑图结构，如图 5-16 所示。图中涉及箭头的源节点为攻击事件实体，目标节点为攻击涉及的漏洞，漏洞与漏洞之间关系若为"合并"即漏洞节点之间没有漏洞利用依赖关系，若为"NEXT"关系即两个漏洞节点之间存在利用先后顺序。在提取攻击链路数据后，可以通过计算安全漏洞间的相似性进一步进行攻击链路的扩展，并将这些攻击链路数据添加到漏洞知识图谱中。基于攻击链路的安全漏洞态势预测

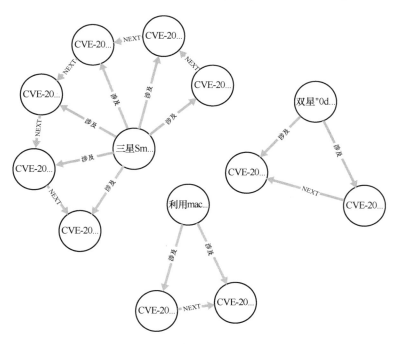

● 图 5-16　攻击链路数据结构图

分为本地扫描和实时监听两部分，其中本地扫描即对系统环境进行漏洞扫描，得到当前系统已存在的安全漏洞；实时监听即监测软件下载情况，判断新下载软件包含的安全漏洞是否能与操作系统中已经存在的漏洞组合形成攻击链路，如果形成，则组成链路的安全漏洞可利用性增加，发出危险提示。

5.4.3 移动操作系统漏洞修复

补丁是修复操作系统漏洞的有效手段，包括热补丁和冷补丁两种形式，主要区别在于其对当前运行业务的影响。热补丁是通过 INS PATCH 复合命令直接将其放到补丁区并激活运行，无需复位，对当前业务运行无影响；冷补丁则会重新更换内存中的全局变量、代码段、补丁区，简单的改写无法支撑其运行，必须通过复位来解决，因此会中断当前业务的运行。热补丁由于修复方便且不影响系统运行，对于修复系统漏洞而言是一个较优选择。但是由于热补丁不涉及内存全局变量等的更改，存在修复不成功、使用异常等问题，具有一定的安全隐患，因此通常多数情况下仍需要使用冷补丁，如常规的系统内核补丁都以冷补丁的形式发布。

目前，针对 Linux 内核的热补丁都是基于内核的 ftrace 机制来替换有问题的函数，ftrace 是通过在函数调用过程中插入断点 INT3 的方式来实现想要的功能。代表性的有 Redhat 公司的 kpatch 方案和 SUSE 公司的 kGraft 方案，都是利用 ftrace 函数中的该断点，将其替换为一个长跳转，将有问题的函数替换为新的功能正常的函数，只是在具体实现过程中稍有差异，具体表现在：新旧代码不一致方面，kpatch 方案采取使用函数 stop_machine( )来解决，kGraft 方案则是通过类似读取复制更新（Read-Copy Update，RCU）的方式来更新旧代码；带有补丁的内核模块生成方面，kpatch 方案是直接基于 patch 文件编译内核并通过比对的方式来生成补丁内核模块，kGraft 则是自动通过源代码来生成带有新补丁的内核模块。

由于 HiTruST 移动终端体系架构较为关注安全，鉴于冷补丁相比热补丁方式更为安全可靠，且该架构支持主系统与备系统互斥运行，其主系统漏洞修复采用冷补丁方式，而在修复过程中由备系统替代主系统运行以支持相关业务服务。移动终端主系统漏洞修复流程如图 5-17 所示，虚拟机监视器监测到主系统内核受损时，会触发关闭主系统并启动进入备系统，然后备系统会自动连接操作系统漏洞检测与修复平台，并配合该平台完成主系统漏洞检测与修复过程。

操作系统漏洞检测与修复平台除了维护着漏洞库，还维护主系统内核代码库，在接收到备系统发出的修复主系统漏洞信号之后，紧接着从备系统处获取主系统内核的相关信息，然后从主系统内核代码库中找到其相似版本的代码。基于前述漏洞挖掘方法，操作系

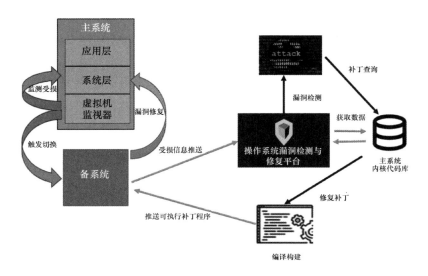

● 图 5-17 操作系统漏洞修复流程图

统漏洞检测与修复平台对该代码进行缺陷代码检测，并根据检测结果从漏洞库中获取与检测结果漏洞对应的 PoC，并在移动终端上进行 PoC 验证以确认漏洞是否真实存在。一旦确认漏洞无误，操作系统漏洞检测与修复平台将在与主系统相同的环境和配置下生成修复补丁，并基于该修复补丁进行编译构建，同时推送给备系统。备系统在接收到操作系统漏洞检测与修复平台返回的修复补丁后，直接将其放置在主系统内核镜像文件路径，同时执行重启操作，直接进入主系统即可自动完成受损内核的修复过程。

 # 第6章 移动终端密码技术应用

移动互联网的蓬勃发展促使移动终端在人们工作与生活相关数据的处理及存储中得以广泛应用。为了保障移动数据的机密性、完整性、来源的真实性和行为的不可否认性，密码技术开始与移动终端紧密结合，并成为支撑移动终端安全的重要基础之一。但是，移动终端使用环境的开放性与不确定性，以及其自身资源、功耗、体积的先天局限性，导致密码技术在移动终端中既要解决受限环境的适应性难题，又需要在实现密码算法运行过程安全保护和密钥保护条件下为移动终端提供安全性支撑。本章将介绍移动终端密码技术应用技术，具体安排如下。

首先，6.1 节将简要说明密码应用基础，并介绍典型的移动终端密码实现技术；然后，6.2 节将详细介绍高安全移动终端密码机制与技术；最后，6.3 节则以移动 VoIP 加密语音应用为例讲述移动密码技术的具体实现方案。

6.1 移动密码应用基础与典型实现技术

根据《中华人民共和国密码法》中的定义，密码是指采用特定变换的方法对信息等进行加密保护、安全认证的技术、产品和服务。其中，特定变换是指明文和密文相互转化的各种数学方法和实现机制；加密保护是指使用特定变换，将原始信息变成攻击者不能识别的符号序列，简单地说，就是将明文变成密文，从而保证信息的保密性；安全认证是指使用特定变换，确认信息是否被篡改、是否来自可靠信息源以及确认信息发送行为是否真实存在等，简单地说，就是确认主体和信息的真实可靠性，从而保证信息来源的真实性、数据的完整性和行为的不可否认性。

常用的密码算法包括密码杂凑算法、对称密码算法和公钥密码算法三类。如图 6-1 所示，密码算法除了为系统提供数据机密性、数据完整性、消息起源鉴别、不可否认性等重要安全功能外，还是密钥管理的基础工具，可以提供随机数生成、密钥派生、密钥传输、密钥协商等功能。

下面将介绍常用密码算法、密钥管理方法以及典型的移动密码实现技术。

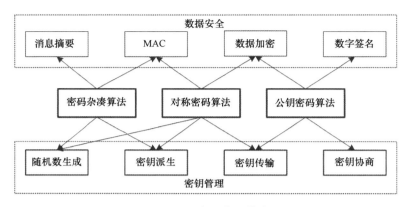

● 图 6-1　常用密码算法

6.1.1　密码算法

密码算法是密码技术的核心，各种基于密码技术的安全功能都需要密码算法的支持。密码技术可以实现数据机密性（Data Confidentiality）、数据完整性（Data Integrity）、消息起源鉴别（Source Authentication）、不可否认性（Non-Repudiation）等基础安全功能。

- 数据机密性是指保证数据不会泄露给非授权的个人、计算机等实体。利用密码算法的加密和解密操作，可以实现数据机密性。
- 数据完整性是指保证数据在传输、存储和处理过程中不会遭到非授权的篡改。利用消息鉴别码或数字签名算法可以实现数据完整性。密码杂凑算法只能防范无意的传输错误，但不能防范攻击者恶意的篡改，除非它产生的消息摘要无法被修改。
- 消息起源鉴别是指保证消息来自于特定的个人、计算机等实体，且没有非授权的篡改或破坏。利用消息鉴别码或者数字签名算法可以实现消息起源鉴别。
- 不可否认性是指实体不能否认自己曾经执行的操作或者行为，不可否认性也称为抗抵赖性。利用数字签名算法，可以实现不可否认性。

下面具体介绍常用的三类密码算法。

1. 密码杂凑算法

密码杂凑算法，或称为密码杂凑函数，可以为任意长度的消息计算生成定长的消息摘要。密码杂凑算法的计算是单向的，从给定的消息摘要计算输入的消息在计算上是不可行的。输入消息的微小变化就会导致密码杂凑算法输出的巨大变化。密码杂凑算法的计算过程一般不需要密钥，但是它可以应用在多种带密钥的密码算法或者密码协议中。在数据安全保护中，密码杂凑算法可以作为消息鉴别码（Message Authentication Code，MAC）的基础函数，实现数据完整性和消息起源鉴别。例如，带密钥的杂凑消息鉴别码（Keyed-Hash

MAC，KHMAC）；也可以配合数字签名算法（如 RSA 算法、SM2 算法）来压缩消息、产生消息摘要，作为数字签名算法的计算输入。

密码杂凑算法通常表示为 $h = H(M)$。其中，M 是任意长度的消息，h 是计算输出的定长消息摘要。一般来说，密码杂凑算法应该具有如下性质。

- 单向性（抗原像攻击）：对于输入消息 M，计算摘要 $h = H(M)$ 是容易的；但是给定输出的消息摘要 h，找出能映射到该输出的输入消息 M 满足 $h = H(M)$，在计算上是困难的、不可行的。

- 弱抗碰撞性（抗第二原像攻击）：给定消息 M_1，找出能映射到相同消息摘要输出的另一个输入消息 M_2，满足 $H(M_2) = H(M_1)$，在计算上是困难的、不可行的。

- 强抗碰撞性：找到能映射到相同消息摘要输出的两个不同的消息 M_1 和 M_2，满足 $H(M_2) = H(M_1)$，在计算上是困难的、不可行的。

常用的密码杂凑算法包括 MD5（Message Digest 5）算法、安全密码杂凑（Secure Hash Algorithm，SHA）系列算法和中国国家标准 SM3 算法。SHA 系列算法有 SHA-1、SHA-2 和 SHA-3。

密码杂凑算法可用于压缩消息、产生消息摘要，通过对比消息摘要，可以实现数据完整性校验，防范传输和存储中的随机错误。但是，由于任何人都可以对消息进行密码杂凑计算，因此它不能防范对消息的恶意篡改。利用带密钥的杂凑消息鉴别码 HMAC，可以防范对消息的恶意篡改，同时实现数据完整性和消息起源鉴别。例如，互联网协议安全（Internet Protocol Security，IPSec）和安全套接层/传输层安全（Secure Sockets Layer/Transport Layer Security，SSL/TLS）协议均使用了 HMAC，用于数据完整性和数据起源鉴别。

国际标准 ISO/IEC 9797-2-2011、美国国家标准 FIPS PUB 198-1 和国际互联网工程任务组 IETF RFC 2104 都规范了 HMAC 算法。HMAC 利用密码杂凑算法将密钥和消息作为输入，计算消息鉴别码。对于密钥 K、消息 D，HMAC 的计算公式如下。

$$HMAC(K,D) = MS\,B_m(H((\overline{K} \oplus OPAD) || H((\overline{K} \oplus IPAD) || D))), \tag{6-1}$$

其中，密钥 K 的长度为 k 位。ISO/IEC 9797-2-2011 中要求 $L_1 \leqslant k \leqslant L_2$（$L_1$ 是密码杂凑算法的输出长度，L_2 是杂凑函数的消息分组长度）；FIPS PUB 198-1 和 IETF RFC 2104 则无此要求。

2. 对称密码算法

对称密码算法用于明密文数据的可逆变换，且变换和逆变换的密钥是相同的。明文到密文的变换称为加密；密文到明文的变换称为解密。加解密的秘密参数称为密钥。对称密码算法中的"对称"是指加密密钥和解密密钥是相同的。在不知道密钥的情况下，从明文获得密文的有关信息，或者从密文获得明文的有关信息，在计算上是不可行的。在数据安全保护中，对称密码算法功能如下。

- 用于加解密数据，实现数据机密性保护。
- 用于构建消息鉴别码（MAC），实现数据完整性和消息起源鉴别。例如，密文分组链接 MAC（Cipher Block Chaining MAC，CBC-MAC）、基于对称加密算法的 MAC（Cipher-based MAC，CMAC）等。
- 使用专门的对称密码算法工作模式，在实现数据机密性的同时，提供 MAC 类似功能的数据完整性和消息起源鉴别。例如，Galois/计数器模式（Galois/Counter Mode，GCM）和带 CBC-MAC 的计数器模式（Counter with CBC-MAC，CCM）。

对称密码算法的加解密计算过程如图 6-2 所示。发送方使用加密算法将明文变换为密文，密文计算结果由明文和密钥共同确定。接收方使用解密算法将密文变换为明文，加密过程和解密过程必须使用相同的密钥。

● 图 6-2 对称密码算法的加解密过程

对称密码算法分为两种：一是序列密码算法，也称为流密码算法，二是分组密码算法。序列密码算法和分组密码算法的区别如下。

- 序列密码算法将密钥和初始向量（Initial Vector，IV）作为输入，计算输出得到密钥流；然后将明文和密钥流进行异或计算，得到密文。密钥流由密钥和初始向量确定，与明文无关；明文对应的密文不仅与密钥相关，还与明文的位置相关。序列密码算法的执行速度快、计算资源占用少，常用于资源受限系统（如嵌入式系统、移动终端），或者用于实时性要求高的场景（如语音通信、视频通信的加解密）。
- 分组密码算法每次处理一个分组长度（如 128 位）的明文，将明文和密钥作为输入，计算输出得到密文。利用特定的分组密码算法的工作模式（如计数器模式和输出反馈模式），分组密码算法也可以获得序列密码算法相同的特性，即计算得到与明文无关的密钥流，然后将明文和密钥流进行异或计算，得到密文。

分组密码算法的计算过程通常是由相同或者类似的多轮计算组成、逐轮处理明文，每一轮的输出是下一轮的输入，直至最后一轮输出结果。同时，利用密钥扩展算法，从密钥计算得到多个轮密钥，每一个轮密钥对应输入每一轮计算。

目前，常用的分组密码算法有 AES、SM4 算法；序列密码算法有 ChaCha20、ZUC 算法等。其中，2011 年 9 月，在日本福冈召开的第 53 次第三代合作伙伴计划会议上，以 ZUC 算法为核心的加密算法 128-EEA3 和完整性保护算法 128-EIA3 被采纳为国际标准，是继美国 AES、欧洲 SNOW 3G 之后的第三套 4G 移动通信密码算法国际标准。

3. 公钥密码算法

公钥密码算法也称为非对称密码算法。公钥密码算法,同样也可用于明密文数据的变换,且变换和逆变换的密钥是不同的,包括用于加密的公开密钥(简称"公钥")和用于解密的私有密钥(简称"私钥")。任何人都可以使用公钥来加密数据,拥有对应私钥的实体才可以解密,而且从公钥不能获得私钥的任何有关信息。除了公钥加密算法,公钥密码算法还包括数字签名算法。拥有私钥的实体可以对消息计算数字签名,任何人都可以使用公钥来验证数字签名的有效性。总体来说,在数据安全保护中,公钥密码算法功能如下。

- 直接用于加解密数据,实现数据机密性。由于公钥密码算法的计算效率低,此种用法非常少见,一般只用于少量数据(如对称密钥)的加解密。
- 用于计算数字签名和验证数字签名,实现数据完整性保护、消息起源鉴别和抗抵赖。

常用的公钥密码算法有 RSA 算法、数字签名算法(Digital Signature Algorithm,DSA)、椭圆曲线数字签名算法(Elliptic Curve Digital Signature Algorithm,ECDSA),以及我国的 SM2 和 SM9 算法。

公钥密码算法的设计一般依赖于计算困难的数学问题,包括大整数因子分解问题、素域离散对数问题、椭圆曲线离散对数问题等。例如,RSA 算法依赖于大整数因子分解问题,DSA 算法和 DH(Diffie-Hellman)密钥协商算法依赖于素域离散对数问题,ECDSA、SM2、EdDSA 算法和 ECDH(Elliptic Curve Diffie-Hellman)密钥协商算法依赖于椭圆曲线的离散对数问题。

在公钥加密算法的加解密过程中,加密和解密使用不同的密钥。其中,用于加密的公开密钥称为公钥(Public key),用于解密的私有密钥称为私钥(Private key)。公钥和私钥配对使用,从私钥可以计算推导得到公钥,但是从公钥计算推导私钥在计算上是不可行的。公钥密码算法的加解密和数字签名过程分别如下。

1)加解密。发送方查找接收方的公钥,然后使用该公钥加密要保护的消息;当接收方接收到消息后,用自己的私钥解密得到消息。公钥密码算法的加解密速度一般远远慢于对称加密算法,因此,公钥密码算法主要用于少量数据的加解密,如建立共享的对称密钥。

2)数字签名。数字签名主要用于实现数据完整性、消息起源鉴别和不可否认性等。与公钥加解密算法使用公钥、私钥的顺序不同,签名方先使用私钥对消息进行数字签名,验证方使用公钥对消息和数字签名进行验证。需要注意的是,在数字签名过程中,一般先使用密码杂凑算法计算消息的摘要,再对消息摘要进行数字签名。

公钥密码算法还包括 DH、Menezes-Qu-Vanstone（MQV）等密钥协商算法，以及 SM2 算法也包括了密码协商算法，将在后面的密钥管理算法中介绍。

6.1.2　移动终端密码运算与安全存储典型实现方式

目前，移动终端密码运算与安全存储包括基于特殊硬件的实现方式及基于云的实现方式。下面介绍这两种方式。

1. 基于硬件的移动终端密码运算与安全存储典型实现方式

基于硬件实现移动终端的密码运算与安全存储是最为直接的方式。华为、苹果等移动终端厂商通过在移动终端内部嵌入安全芯片构建安全密码运算与安全存储框架；安全芯片或密码芯片厂商则主要通过 SD 密码卡、蓝牙 Key、音频 Key 等以外置硬件的形式为移动终端提供硬件密码运算与安全存储支撑。下面介绍业界所采用的典型实现方案。

（1）苹果公司的安全隔离区（Secure Enclave）

安全隔离区是一个独立于主处理器的安全协处理器，其可以为数据保护、密钥管理提供所有加密操作，并能够在应用处理器内核遭到入侵时，保护敏感数据安全。安全隔离区采用引导只读存储器（Boot ROM）建立硬件信任根，并采用 AES 引擎实现高效的加密操作。虽然安全隔离区不含储存设备，但其拥有一套将信息安全储存在所连接存储设备上的机制。

如图 6-3 所示，安全隔离区除了包含专门提供计算能力的安全隔离区处理器，还通常包含内存保护引擎、真随机数生成器（TRNG）、专用 AES 引擎、公钥加速器（PKA）和安全非易失性存储器等。

1）内存保护引擎。安全隔离区从设备 DRAM 内存的专用区域运行。多层保护将由安全隔离区保护的内存与应用处理器隔离。当设备启动时，安全隔离区 Boot ROM 会为内存保护引擎生成随机临时内存保护密钥。每当安全隔离区写入到其专用内存区域时，内存保护引擎就会在 Mac XEX（xor-encrypt-xor）模式中使用 AES 加密内存块，并为内存计算基于密码的消息认证码（CMAC）。内存保护引擎会将认证标签与加密内存一同储存。当安全隔离区读取内存时，内存保护引擎会验证认证标签。如果认证标签匹配，内存保护引擎则解密内存块；如果标签不匹配，内存保护引擎则会向安全隔离区报告错误。发生内存认证错误后，在系统重新启动前安全隔离区会停止接受请求。

从苹果 A11 和 S4 SoC 芯片开始，内存保护引擎就为安全隔离区内存增加了重放攻击防护。为了防止重放安全性要求高的数据，内存保护引擎将内存块的随机数与认证标签一同储存。随机数为 CMAC 认证标签提供额外保护，所有内存块的随机数受植根于安全隔离区内专用 SRAM 中完整性树的保护。发生写入操作时，内存保护引擎会更新随机数以及完整性树自 SRAM 起向下的每一层；发生读取操作时，内存保护引擎会验证随机数以及完整

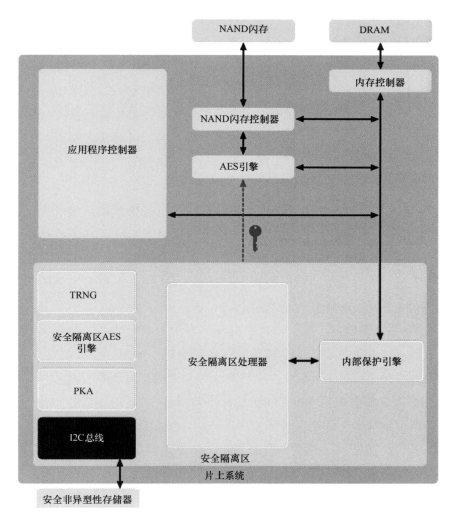

● 图 6-3　安全隔离区架构示意图

性树自 SRAM 起向下的每一层。随机数不匹配的处理方法则与认证标签不匹配的处理方法类似。

在苹果 A14、M1 及后续型号的 SoC 芯片上，内存保护引擎支持两组临时内存保护密钥。第一组密钥用于安全隔离区独有的数据，第二组密钥用于与安全神经网络引擎共享的数据。

内存保护引擎以内联方式运行且对安全隔离区透明。安全隔离区将内存作为普通的未加密 DRAM 一样进行读写，而安全隔离区外的观察程序只能看到加密和认证版本的内存。这样既可以提供强大的内存保护，又可以不牺牲性能或增加软件复杂度。

2）真随机数生成器。真随机数生成器（TRNG）用于生成安全的随机数据。安全隔离区在每次生成随机加密密钥、随机密钥种子或其他熵时都会使用 TRNG。TRNG 基于多个环形振荡器并经过 CTR_DRBG（基于计数器模式中块密码的算法）后处理。

3）专用 AES 引擎。安全隔离区 AES 引擎是一个硬件模块，用于基于 AES 密码来执行对称加密。AES 引擎的设计能够有效防范基于时序和静态功耗分析（SPA）的侧信道攻击。从苹果 A9 SoC 芯片开始，AES 引擎已能够抵御基于动态功耗分析（DPA）的侧信道攻击。

每台包含安全隔离区的苹果终端设备都具有专用的 AES256 加密引擎，其部署于 Nand 闪存与主系统内存之间的直接内存访问（DMA）路径中，可以实现高效的文件加密。在 A9 或后续型号的 A 系列处理器上，闪存子系统位于隔离的总线上，该总线被授权只能通过 DMA 加密引擎访问包含用户数据的内存。

4）公钥加速器。公钥加速器（PKA）是一个专门的硬件模块，用于执行非对称加密操作。PKA 支持 RSA 和椭圆曲线加密（ECC）签名和加密算法。PKA 设计用于防范使用时序攻击及 SPA 和 DPA 等旁路攻击来泄露信息。PKA 支持软件密钥和硬件密钥。硬件密钥派生自安全隔离区 UID 或 GID。这些密钥保存在 PKA 内，即使对安全隔离区操作系统（sepOS）也不可见。

5）安全非易失性存储器。安全隔离区配备了专用的安全非易失性存储器设备。安全非易失性存储器通过专用的 I2C 总线与安全隔离区连接，因此它仅可被安全隔离区访问。所有用户数据加密密钥植根于存储在安全隔离区非易失性存储器中的熵内。

（2）华为嵌入式安全单元（integrated Secure Element，inSE）技术

恩智浦、英飞凌等实现的独立安全芯片（eSE）产品曾占领安全芯片市场数年。但随着用户智能手机的高速发展，独立安全芯片解决方案难以适应"寸土寸金"移动终端空间、功耗等方面的要求。嵌入式安全单元（inSE）与传统的独立安全芯片（eSE）不同，其在移动终端 SoC 芯片（如麒麟 960 和 970 芯片）上搭载了专门用于安全防护的单元。inSE 方案具有以下两个重要作用：

- 与手机 SoC 主芯片在一起，减少外部芯片间的物理连线，避免 eSE 芯片被暴力破解或者更换的潜在威胁，堆叠封装（PoP）模式让攻击者无法进入芯片内部获取信息。
- 从芯片底层进行物理隔离，同时保证足够的性能与存储空间。

（3）外置 SD 卡和多接口智能密码钥匙

由于价格低、存储容量大、使用方便、通用性与安全性强，SD 卡已成为最为通用的数据存储卡之一。随着移动密码应用需求的增长，在传统 SD 卡基础上增加了密钥存储和密码计算的功能，成为移动密码重要的实现方案之一。

另外，长久以来，在 PKI 应用中，个人计算机外插智能密码钥匙承担着密钥安全存储和计算的主要角色。随着移动互联网的发展和移动支付的异军突起，业内为了解决智能密码钥匙对移动设备的兼容问题，曾推出了音频 Key 和蓝牙 Key。音频 Key 是指在传统智能

密码钥匙上增加 3.5 毫米标准音频插头，让它可以接在智能手机上使用，使手机银行达到等同网银的安全等级。但随着安卓设备的逐步普及，出现了各个厂商音频接口标准不统一的现象，音频 Key 难以做到全面兼容安卓设备，其发展受到极大的限制。相对来说，蓝牙 Key 的兼容性和标准性要比音频 Key 更为优秀，但在个人计算机端业务向移动端迁移的大潮中，让用户临柜办理，随身携带不同企业、银行的硬件 Key 是难以接受的，因而，密钥存储设备软件化和固件化是必然趋势。

2. 基于云的移动终端密码运算与安全存储典型实现方式

2013 年，谷歌在 Android 4.4 操作系统中提出了主机卡模拟（Host Card Emulation，HCE）概念，将敏感信息的存储和处理放在云端，由云端的服务器模拟完成安全模块（SE）功能，也称为"基于云的安全单元"。该技术方案无需依赖安全硬件应用厂商即可独立完成业务流程，绕过了手机厂商和运营商环节，但需要依赖操作系统提供的安全保障机制。基于 HCE 技术，VISA 和中国银联先后发布了 HCE 云端支付技术规范，即用移动 App 软件模拟芯片卡的安全技术，实现银行卡发卡交易。2015 年 5 月，工商银行推出了亚洲首个 HCE 云支付信用卡产品，标志着 HCE 方案已达到金融级商用的成熟度。HCE 云支付信用卡在国内首度运用"令牌（Token）"技术，在客户的移动终端 App 中存储令牌作为银行卡的"替身"。通过工商银行云端服务器与移动终端的 App 实时交互，完成云支付信用卡在客户手机端的发卡交易、密钥下载、身份验证等过程。

2015 年 12 月 12 日，中国银联联合 20 余家商业银行共同发布"云闪付"（QuickPass）。该产品融合了 NFC、HCE、TSM 和 Token 等各类支付创新技术应用，可通过智能手机终端实现"空中发卡、非接闪付、网上支付"。自发布伊始，银联"云闪付"就不遗余力地在国内拓展并接入各种商户，并且各种扩展类产品也相继在国内上线、应用。如 2016 年 8 月 18 日，广州地铁 APM 线正式支持"云闪付"。在手机端，搭载银联"云闪付"的 ApplePay、SamsungPay、HuaweiPay 和 MiPay 相继正式开通，中兴也已与中国银联签署深度合作协议。HCE 的发展壮大也标志着基于云的移动安全技术成为新趋势。

6.1.3 移动终端密钥管理技术

密钥的安全性直接关系密码系统的安全性。下面介绍密钥管理基础知识以及典型的移动密钥管理实现方式。

1. 密钥管理基础

柯克霍夫原则（Kerckhoffs's Principle）是现代密码学的重要原则之一：即使密码系统的任何细节都是公开已知的，只要密钥没有泄露，它也应该是安全的（A cryptographic system should be secure even if everything about the system, except the key, is public knowledge）。

网络空间安全的密码学应用，也应该遵守柯克霍夫原则，使用公开的密码算法，通过密钥的管理和保护实现安全功能。对于对称密码算法，加密和解密的密钥是相同的，密钥必须保证不泄露；对于公钥密码算法，用于加密和签名验证的公钥可以公开，用于解密和数字签名的私钥必须保证密钥不泄露。

密钥管理技术是密码技术在应用过程中的一个至关重要的问题，指根据安全策略对密钥的生成、存储、导入和导出、分发、使用、备份和恢复、归档、销毁等密钥全生命周期的管理。而美国国家标准与技术研究院（NIST）、ISO/IEC 等机构虽然出台了密钥管理相关的标准或建议（如 SP 800-57），但目前仅针对传统密码系统中的密钥管理问题，尚未有针对移动业务的专门标准。

密钥管理因所使用的密码体制（对称密码体制和公钥密码体制）不同，管理方式也有很大区别。公钥密码体制主要基于公钥基础设施（PKI）完成密钥对的全生命周期管理，而对称密钥管理中最为重要的是对称密钥的分发，即通信双方如何建立起相同的对称密钥进行安全通信。

对称密钥分发主要有两种基本结构：点到点结构与基于密钥中心的结构。在点到点结构中，通信双方共享一个加密密钥的密钥（KEK）用以建立会话；由于 KEK 的数目会随着通信网络中用户的数量成平方数级增长，因此，其并不适合大规模通信网络。在密钥中心模式中，仅需每名用户与密钥中心之间维护一份共享密钥即可，用户之间通过密钥中心来协商会话密钥，这种中心化的拓扑结构可以极大地减小密钥规模，也可以通过层级化来降低密钥中心压力。在对称密钥分发过程中，通常要使用密钥计数器、密钥调整及时间戳等方式来抵抗重放攻击。

2. 移动终端密钥管理技术典型实现方式

移动终端密钥管理的实现方案主要包括三类：密钥全代管、不代管和混合代管（又称为"半代管"）。实际应用中，这种划分可以具体到密钥，一个系统中的多个密钥可以采取不同方式管理。例如，AWS 密钥管理系统（KMS）的用户主密钥采用的是"全代管"方式，而数据密钥则采用"不代管"方式。下面介绍三类密钥管理技术及典型实现方案。

（1）密钥全代管技术及典型实现方式

对于全代管的密钥，密钥管理服务需要处理密钥的全生命周期。移动业务并不具体管理密钥，而是在验证身份后，请求密钥管理服务进行密钥的生成、使用。这种情况下，对于移动终端而言，密钥仅是一个索引值，相对脆弱的移动终端不需要处理密钥本身，而密钥管理服务系统可以配备高安全强度的硬件密码模块保证密钥的安全性。但是用户需要完全信任密钥管理服务，恶意的密钥管理服务可以伪造用户的行为，在涉及法律责任的移动业务中，这种密钥管理方式可能无法符合《中华人民共和国电子签名法》的要求。

阿里云云盾加密是一种典型的密钥全代管方案。该方案中，密钥管理服务以云虚拟密码机的形式提供。用户通过租用云虚拟机，由云虚拟密码机管理所有密钥，用户通过符合 GM/T 0018 的设备接口规范使用密钥。

云密码机的加密服务是一款云上加密解决方案。服务底层使用硬件密码机，通过虚拟化技术，帮助用户满足数据安全方面的监管合规要求，保护云上业务数据的隐私性。借助加密服务，用户能够对密钥进行安全可靠的管理，也能使用多种加密算法来对数据进行可靠的加解密运算。

阿里云云盾加密服务在加密服务资源池中选择一个未被租用的加密服务实例（云密码机）分配给客户，把加密服务实例映射到客户指定的虚拟私有云（Virtual Private Cloud, VPC）网络中，并分配客户指定的 VPC 私网 IP。客户通过 VPN 或专线接入 VPC，使用智能密码钥匙对加密服务实例进行初始化并管理密钥。业务应用通过代理连接端调用加密服务实例。代理连接端提供 SSL/TLS 加密通信和负载均衡功能。阿里云云盾加密服务使用硬件密码机保护客户密钥，阿里云只能管理密码机硬件设备，密钥完全由客户管理，阿里云没有任何方法可以获取客户密钥。

租户只能通过调整租用的加密服务实例数量来满足不同的加解密运算要求，这样无法满足不同租户对运算性能的上限要求。这种调度粒度弹性不足，极易造成资源的不合理利用。

（2）密钥不代管技术及典型实现方式

对于不代管的密钥，密钥管理服务主要处理密钥生成、分发、导入和导出环节；密钥在密钥管理服务系统中生成并分发至移动终端后，可由移动业务自行管理和使用，不再需要密钥管理服务的参与。这意味着，不代管模式下的密钥管理服务可以是一个完全离线的服务，密钥管理服务可以是完全的离线服务系统，移动终端可独立完成密钥管理和密码计算，业务逻辑的设计和实现难度较低。但在这种模式下，密钥的安全性完全依赖于移动终端，而移动终端由于本身资源受限，密钥在存储、使用等阶段的安全性都存在风险。从密钥分发的角度来看，移动终端软硬件组成复杂，无论是在线和离线的密钥分发模式，都存在着安全性和易用性问题。

iOS 安全隔离区、安全芯片等硬件形态普遍采用出厂预置密钥的方法。以 iOS 为例，除了苹果 A8 及其早期的 SoC 之外，每个安全隔离区在制造过程中都会生成自己的唯一标识（Unique ID, UID）。由于 UID 对每个设备都是唯一的，并且完全在安全隔离区中生成，而不是在设备外部的制造系统中生成，因此，苹果或其任何供应商都无法访问或存储 UID。

此外，一部分密钥由用户的口令派生而来，这类密钥一般用于跨设备的应用，保证即便在设备丢失的情况下，也可以对相关数据进行恢复。

（3）密钥混合代管技术及典型实现方式

混合代管技术与全代管类似，密钥的管理服务仍然需要处理密钥的全生命周期，但是需要移动终端的参与才能完成。这种密钥管理方式一般基于安全多方计算框架，一定程度结合了不代管和全代管方面的优势。一方面，移动终端掌握有密钥的部分信息，可不必完全信任密钥管理系统，但密钥管理系统应至少满足半诚实假设。另一方面，可以利用密钥管理服务系统部署的高安全硬件密码模块来弥补移动终端密钥安全的短板。但这种模式下，需要基于安全的多方计算模型，而且整体业务逻辑更为复杂，实现难度较大。

AWS 密钥管理系统是一种典型的混合代管模式。这里的混合指的是全代管模式与不代管模式相结合，部分密钥采用的是全代管模式（主要是用户主密钥），而部分密钥采用的是不代管模式（主要是用户数据密钥）。

AWS 密钥管理体系架构如图 6-4 所示。用户密钥结构从顶层逻辑密钥开始，称为用户主密钥（Customer Master Key，CMK），是保证用户敏感数据最高等级的密钥。用户主密钥与能代表用户身份的信息关联，在 AWS 服务空间中被唯一定义，包括一个唯一生成的密钥标识或用户主密钥 ID。用户可以创建多个主密钥，即主密钥的不同版本，只有最新版的主密钥才能执行加密操作。用户主密钥在用户初始化时由密钥管理云平台生成和存储，用户可以管理主密钥的使用。由于主密钥的高机密性，密钥管理云平台内部对主密钥进行了加密保护。

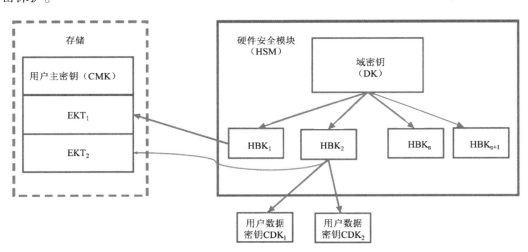

●图 6-4　AWS 密钥管理体系架构

用户数据密钥可以通过 SSL/TLS 以明文或密文的方式传送给用户，如果是密文方式，则用用户主密钥加密。

硬件安全模块（HSM）生成和管理的密钥包括域密钥（DK）、硬件安全模块后备密钥（HSM Backing Key，HBK）。域密钥由 HSM 生成，并且不可导出硬件模块，主要用来加密保护 HBK。域密钥在整个密钥体系中只存在一个，但是可以轮换，一般轮换周期以天为单位。HBK 和用户主密钥相关联，用户可以申请多个用户主密钥，所以 HBK 也可以有多个，但不允许导出硬件模块。HBK 由域密钥加密保护，加密后得到的导出密钥令牌（Export Key Token，EKT）可以被系统导出，和 CMK 关联存储在一起。用户加密数据的密钥为用户数据密钥（Custom Data Key，CDK），CDK 一般可以被导出使用。CDK 由 HSM 生成，并且被用户主密钥加密，加密后密文和明文一起返回给用户使用。

从用户角度来看，可以使用的密钥包括密钥管理系统代管的（用户）主密钥和用户自管理的（用户）数据密钥两类。

- 密钥管理系统代管的主密钥。主密钥由密钥管理云平台产生，主要用来实现数据的加密和解密。主密钥是最为基础的核心安全资源，既可以被用户控制，也可以由密钥管理云管理。为了保证整个云系统的安全性，主密钥严格限制在密钥管理云平台内部使用。同时，对于主密钥的访问权限要进行严格控制，只有获得授权的用户才能使用该密钥，而且主密钥可以被激活和失效。用户可以设置主密钥的轮换周期，将处于活跃状态的主密钥设置成暂停状态，暂停状态的密钥依旧可以为之前的加密数据提供解密服务。主密钥可以用来加密生成数据密钥，数据密钥可以被导出云环境单独使用。对于小块数据，可以直接由密钥管理云中的主密钥加密。主密钥由 Root 权限的用户创建，并可以授权给其他用户管理。为了保证密钥的安全性，所有的密钥都需要进行访问控制。访问控制可以静态设置，也可以通过可编程的 API 申请和管理授权。
- 用户自己管理的数据密钥。主密钥主要用来加密云平台内部的小块数据，一般不超过 4KB 大小。数据密钥的加密保护依靠的就是主密钥。对于大块数据的加密保护主要使用数据密钥，并且该密钥是可以在外部使用的。用户向密钥管理平台申请数据密钥，数据密钥被生成且被加密后返回给用户，用户可以获得数据密钥密文以及密钥明文。为了防止数据密钥泄露，数据密钥使用完毕后立即销毁。当数据密文需要解密时，先通过主密钥解密获得数据密钥明文，再利用数据密钥解密密文得到原始明文。对于大块的数据，需要在外部的环境中进行加解密运算。可以利用数据密钥加密保护，加密后的数据密钥和密文存储在一起。当需要解密服务时，先解密出数据密钥，再解密出明文数据。

6.2 移动密码高安全机制

根据 6.1 节的介绍，不同厂商采用不同方式实现了移动密码安全运算与密钥管理。但是，密码技术在移动终端应用仍然面临一系列开放的共性挑战，例如：

（1）移动终端资源受限环境适应性挑战

由于移动终端自身资源、功耗、体积的先天局限性，密码技术的实现必须考虑移动终端运行环境适应性问题。例如，应采取轻量化的密码协议与密码算法，降低计算复杂度与移动终端功耗。同时，随着移动终端通信速率的不断提升，对于密码计算速度与效率要求的也不断提升。

（2）密码芯片物理攻击防御挑战

随着版图剖析、逻辑攻击、侧信道攻击、环境超限检测等攻击手段的出现，密码芯片自身安全受到了严重威胁。由于移动终端易被他人物理接触、易丢失，为了保证移动终端所使用密码芯片的安全，应增强移动终端密芯片抗多重物理攻击的能力，确保密码运行过程和密钥安全。

HiTruST 架构采用了自主化密码芯片，并针对上述关键挑战设计了兼顾安全与效率的移动密码机制，包括移动密码芯片安全防护机制、高安全密钥管理与高效密码协议三部分，下面详细介绍。

6.2.1 移动密码芯片安全防护机制

密码芯片作为密码产品的核心部件，在信息存储、交换、传输中发挥了重要作用，已经成为构建安全敏感系统的必要组件和信息设备中的核心资源，同时也是密码算法的重要实现载体，被广泛地应用于多个领域。密码芯片作为密码模块的核心单元，为了确保密码运行过程和密钥安全，应具备以下安全防护能力。

- 能够有效保护密钥和敏感数据。
- 具有对抗攻击的逻辑和物理的防御措施。
- 可应用于外部运行环境无安全保障的应用场合。

为了实现上述安全防护能力，从算法安全实现、芯片接口安全、版图安全、软件安全、自检及环境超限检测与响应等方面着手，设计了如图 6-5 所示的密码芯片安全防护总体架构，主要包括密码算法级安全防护、电路级安全防护、版图级安全防护、环境检测、软件安全机制等。

1. 密码算法级安全防护

针对密码算法计算步骤中存在的易受攻击的脆弱点，设计专用安全算法，以增加侧信道攻击难度。

（1）算法程序完整性保护

为了保证加载到密码引擎的算法程序以及算法参数的完整性，防止错误的程序将秘密

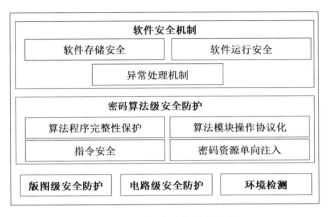

● 图 6-5　安全防护总体架构

信息输出密码引擎，在密码引擎的接口上采用 CRC 校验模块。如果 CRC 校验失败，则终止引擎工作，同时将中断状态寄存器的算法信息 CRC 校验失败标志位置为高电平。

（2）指令安全

为了区别高安全移动密码芯片指令与以往对称密码引擎的指令，同时降低修改工作量（如果修改其他部分，将涉及译码模块的大规模修改），可采用指令操作码位置随机变换的方法。

（3）密码资源单向注入

密码资源包括算法配置数据、工作密钥、结构密钥、消息密钥等，对应的算法模块内部设置有算法配置数据存储器、工作密钥存储器、结构密钥存储器、消息密钥存储器等密码资源存储器。

（4）算法模块操作协议化

为了方便用户使用算法模块，设计了一套专用算法模块操作协议。该算法模块操作协议包括密码资源注入协议、子密钥扩展协议、加解密协议和杂凑协议等，每一个协议都定义有严格的操作顺序，某些重要操作命令设置有校验字段，一旦某个环节出错，算法模块将处于停止状态，只有复位操作才能重新激活算法模块，可防止非法用户不断的恶意攻击。

2. 电路级安全防护

在密码引擎的体系架构上，一方面，通过多指令和运算部件的流水并行执行，同时引入冗余伪操作运算，增加时间维度以及振幅维度上噪声，尽量减小信噪比；另一方面，引入掩码技术，减小密钥与能量消耗之间的相关性，提高侧信道分析的难度。

3. 版图级安全防护

在芯片版图设计中，在版图的特定位置各放置自然光探测器，一旦在自然光环境下打开封装盖板，探测器将会产生一电平信号供系统处理。芯片采用多金属层工艺进行版图设计，顶层金属全部用来进行电源/地网络及防顶层金属切割网络的走线，限制其他任何信号走线，将传输敏感数据的电路和易于分析的成分尽可能地隐蔽在较低层。当试图切割顶层金属用探针来探测底层敏感信息时，防金属切割传感器将会探测到断路，产生一电平信号供系统处理，这样顶层金属起到保护层的作用，可以较大程度地防止通过金属探针监听探测下层敏感信息或注入错误信息的难度。

4. 环境检测

芯片集成电压、频率、温度检测电路，并支持电压、频率、温度检测范围和光检测精度可配置，一旦芯片工作电压、频率、温度超出芯片配置的正常工作范围或者检测到自然光，便会产生系统复位信号或检测异常中断信号，系统根据中断信号采取停止输出、销毁秘密信息等措施，环境检测模块架构如图6-6所示。

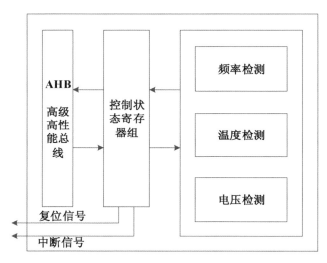

● 图 6-6　环境检测模块架构图

5. 软件安全机制

密码芯片软件安全机制包括软件存储安全、软件运行安全以及软件异常处理，详述如下。

- 软件存储安全：软件是芯片需要执行的程序代码。移动终端安全芯片的软件以密文的方式存储在安全闪存的专用区域中，通过安全闪存中的硬件访问控制电路来保证软件的安全。
- 软件运行安全：对于采用下载方式进行软件导入的安全芯片，应执行软件导入自检有效性检测，在软件导入结束后读取芯片自检结果，自检结果应与预期结果一致。对于采用掩膜方式进行软件导入的安全芯片，因导入过程在生产阶段已完成，导入过程不可重现，不再进行软件导入有效性检测，仅进行软件导入自检机制合理性测评。

- 软件异常处理：软件在运行过程中会遇到诸多异常情况。例如，用户传入的参数有误；芯片程序由于受到外部干扰而跑飞；芯片工作电压或工作频率超出设定的阈值范围等。这些异常情况随时都有可能发生，为了提升密码芯片的鲁棒性，软件设计中设置了异常处理机制，保障密码芯片在上述异常情况时能够快速恢复正常工作。

6.2.2 高安全密钥管理

1. 高安全密钥管理架构

密钥管理信息的安全进行了增强设计，即采用双层加密技术对密钥管理信息进行加密保护。密钥管理系统高安全防护体系架构如图 6-7 所示。

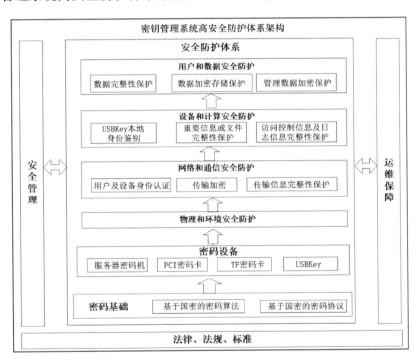

● 图 6-7 密钥管理系统高安全防护体系架构

该架构主要包括如下几方面。

- 密码基础：统一采用国家密码管理局认可的密码算法、密钥协商协议和安全通信协议。
- 密码设备：指密钥管理系统及高安全手机终端使用的由国家密码管理局鉴定的密码设备，主要包括服务器密码机、PCI 密码卡、TF 密码卡、USBKey。服务器密码机、

PCI 密码卡为密钥管理系统提供密码运算、随机数产生等密码服务；TF 密码卡为高安全移动密码芯片，为高安全手机终端提供密码服务；USBKey 作为密钥管理系统本地用户身份鉴别使用。

- 物理和环境安全防护：遵循国家的相关标准进行密钥管理系统的物理和环境安全防护。
- 网络和通信安全防护：包括用户登录访问密钥管理系统的用户及设备身份认证、密钥管理信息的传输加密保护及完整性保护等。
- 设备和计算安全防护：包括密钥管理系统的本地身份认证、本地重要信息及文件的完整性保护等。
- 用户和数据安全防护：包括密钥管理系统数据的加密及完整性保护，应用层管理数据的加密传输保护。
- 安全管理：主要在组织、人员、制度以及应急处理等方面从管理角度对整个体系进行安全保障。
- 运维保障：从日志的记录、审核、责任的追踪、设备环境的维护、数据的备份恢复等方面进行保障。

2. 密钥保护

密钥体系是整个密钥管理系统的核心，关系到密钥的整个生命周期安全。针对 HiTruST 的高安全需求，密钥管理系统采用两层结构、逐层保护的密钥体系，遵循"专钥专用"原则，并严格控制密钥的使用权限，确保密钥整个生命周期的安全。

系统管理的密钥存储在密码设备或加密存储在数据库中，以确保密钥数据的安全。最顶层是本地主密钥，第二层是用户密钥。

- 本地主密钥存储在密码设备内部，并且本地主密钥的全生命周期安全由密码设备自身安全机制保障。本地主密钥存储在密码设备的安全存储区，任何时候不会以明文的方式出现在密码设备外部。
- 用户密钥由密码设备产生，然后在密码设备中由主密钥进行加密保护，然后将密钥密文导出后以密文形式存储在系统数据库中。如果用户请求分发密钥，则从数据库中获取密钥密文，再通过查询本地存储的用户证书信息获取用户加密公钥，然后将密钥密文和用户加密公钥转入密码设备中对密钥进行转加密，转为用户加密公钥加密的密钥密文进行分发，终端用户收到后将密钥密文导入到 TF 密码卡中。

在密钥管理的整个生命周期中，本地主密钥和用户密钥均不会以明文方式出现在密码设备外，保障了密钥的高安全防护需求。

3. 密钥在线管理

移动互联网无线网络空口的开放特性不可避免地增加了密钥在线分发管理安全风险，

因此，在系统设计中将密钥在线管理分为两个层次：第一层，采用非对称公钥密钥体制，配置签名非对称密钥对、加密非对称密钥对，用于用户和设备认证及密钥协商；第二层，采用对称密码体制，使用密钥分发保护密钥，对在线管理的密钥等数据进行端到端的加密保护。

通过密钥的逐层保护，降低密钥泄露风险，且密钥等敏感数据在任何时候不以明文出现在系统外部。在密钥协商时采用公钥体制，同时，在大量的分发密钥时，采用对称密钥体制，提高密钥分发管理的效率，兼顾了安全性与密钥管理效率，提高了密钥管理的实用性。

6.2.3　高效密码协议

为了有效应对移动终端体积、算力、功耗等受限挑战，设计了兼顾安全与效率的密码协议，具体包括密码协议轻量化、应用并发访问以及密钥协商安全交互等技术。

1. 密码协议轻量化

图 6-8 给出了针对专用安全协议中间件的轻量化设计技术。

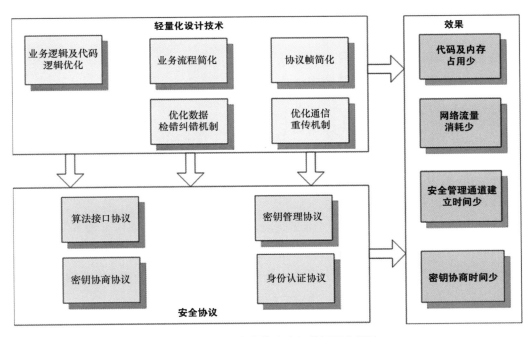

● 图 6-8　专用安全协议中间件轻量化设计

安全协议主要包括密钥管理的密钥协商协议、身份认证协议、密钥管理协议以及算法接口协议。这些协议均运行在资源受限的移动终端上，为提高效率，减少资源占用，需要对安全协议进行轻量化设计，相关轻量化设计主要包括：

- 业务流程简化。在不降低安全性的前提下，通过减少冗余业务流程，提高业务效率。例如，为了提高加密短信的收发效率，在保证安全的基础上，减少加密短信终端双方密钥协商的交互次数。

- 业务逻辑及代码逻辑优化。优化业务逻辑与代码中的嵌套逻辑处理冗余，提升业务代码执行效率。

- 协议帧简化。在不影响正常通信条件下，对协议帧的组成字段进行简化设计，并采取数据压缩技术。

- 数据重传及检错纠错机制优化。通过提升检纠错能力，减少移动通信条件下的重传次数，提高通信传输效率。

2. 应用并发访问

在移动终端上，当某个应用使用密码设备时，可通过调用此密码设备提供的接口来获得密码服务。移动终端多应用安全的共用同一密码设备（如加密 TF 卡）完成密码计算是降低移动终端功耗与成本的有效手段。然而，大部分密码设备，尤其是硬件设备，由于其自身条件的限制，无法处理多个应用的并发访问。这对于使用密码设备有极大限制作用，使得在同一移动终端上，往往只能同时存在唯一应用调用密码设备，对于密码设备及应用的推广产生了极大的阻碍。

中间件在应用和密码设备之间建立加密的通信管道，通过消息的收发使应用获得密码设备的服务。中间件可以使多个应用可同时访问底层的密码设备。如图 6-9 所示，应用可根据需要采用集成代理端和服务端或者仅集成代理端两种不同的中间件集成方式。若采用仅集成代理端的方式，当同一移动终端上多个应用均集成了中间

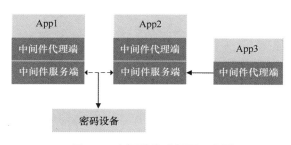

● 图 6-9　中间件集成场景示意图

件服务端时，多个服务端将进行内部协调和决策，最终有一个首领服务端处于活跃状态，与所有代理端连接，并控制密码设备的调用。其余服务端将自动关闭。多个代理端通过此活跃的服务端调用密码设备，使得上层应用获得密码服务。当首领服务端关闭时，其他应用中的服务端可再次启动进行决策，决定新的首领服务端。

如图 6-10 所示，同一应用中的一个或多个线程，作为同一代理端连接服务端。连接完成后，消息接收模块中建立起接收线程。当应用调用密码设备接口后，消息处理模块对消息进行封装。之后通过消息发送模块发送给服务端，进入等待状态。当接收线程收到消息后，通知处于等待中的客户端线程，即收到了接口调用的结果。

在服务端，客户端管理模块建立起管理线程，管理客户端的连接。同时，服务端将对

连接上的客户端进行识别和身份认证，控制上层应用的接入，防止未经授权的应用使用密码设备，以免对正常的应用调用造成影响。服务端同样通过消息收发线程与多个客户端进行交互。从各代理端发至服务端的消息在服务端进行排队后，依次送入密码设备中进行处理，并获得返回。

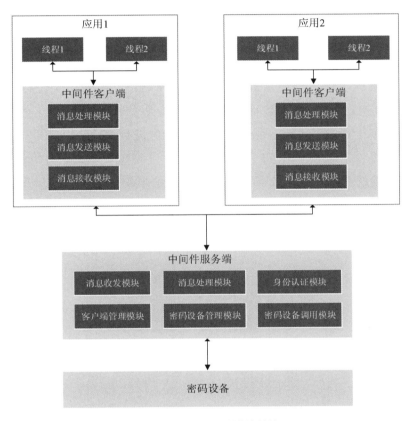

● 图 6-10　中间件模块结构

3. 密钥协商安全交互

密钥协商通道主要分为带外协商和带内协商，带外协商是指密钥协商数据通过控制信令通道进行传输，完成密钥协商功能；带内协商是指密钥协商数据通过媒体通道进行传输，完成密钥协商功能。带外协商时，主要由控制协议负责协商信令的可靠传输，带内协商时，由于媒体通道内数据传输没有可靠保障，需设计一种带内的可靠传输方法，确保密钥协商的可靠性。

现有的带内密钥协商技术为了保证可靠传输，往往需要传输一个数据包确认一个数据包，然后再传下一个数据包，导致传输效率较低。此外，对于多步骤密钥协商时，存在密钥协商传输失步问题，难以保证密钥协商两端同时协商成功。对于带外密钥协商，由于密钥协商承载在控制信令中，控制信令的传输通道是非透传通道，传输时会经过多次路转发，经过的中间设备较多，导致控制信令中的密钥协商的数据存在被修改、过滤的风险，严重影响密钥协商的成功率。

通过在本端和对端将待传输的密钥协商消息生成传输包，发送和接收传输包，并对发送传输包、接收传输包以及结束状态进行控制，解决现有的带内密钥协商传输方法效率低下、密钥协商失步的问题，实现密钥协商两端高效、可靠地进行密钥协商，同时保证密钥协商的同步性。

带内密钥协商可靠传输方法：将待传输的密钥协商消息按照合适大小切分成 N 个密钥协商小包，最后两个包没有承载数据，为两个控制包，第 $N\text{-}1$ 个包称为 $P(\text{fin})$ 包，第 N 个包称为 $P(\text{over})$ 包，其他包称为数据包，为切分好的密钥协商小包封装可靠传输协议头，形成 N 个可靠传输包；给每个可靠传输包进行编号，以序号 0 开始。可靠传输协议头包含当前包序列号（SEQ）和请求序列号（ACK），ACK 初始化为 0，启动超时定时器，依次发送序号为 $0,1,2,\cdots,M\text{-}1$ 的包，在此期间，当收到对端发送的连续包序号为 RSEQ 时，本端请求序列号 LACK 修改为 RSEQ+1；当连续收到两次对端发送的相同的请求序列号 RACK 时，则本端重传该 RACK 序列号的传输包，如图 6-11 所示。

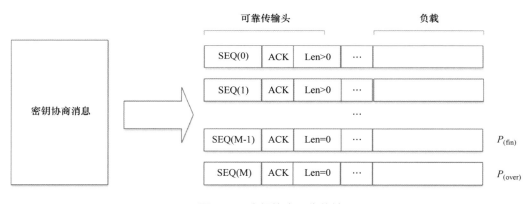

● 图 6-11　密钥协商可靠传输

通过上述方法，可以极大提高密钥协商的成功率，特别是在移动网络传输延时较大、丢包较高情况下的密钥协商的成功率。

6.3　面向移动 VoIP 加密语音的高安全等级移动密码应用

为了使读者更好地理解 HiTruST 架构中密码技术的工作机制，本节以移动 VoIP（基于 IP 的语音传输）加密语音应用为例详细讲述高安全等级移动密码机制的具体实现方案。

6.3.1 移动 VoIP 加密语音通信总体架构

如图 6-12 所示，VoIP 加密语音系统总体架构设计基于高安全移动密码芯片、密钥管理系统、安全协议中间件，其采用了安全的密钥协商协议，密钥的产生、使用均在高安全移动密码芯片内部进行，密钥不出卡，保障了 VoIP 加密语音的密码算法及密钥的安全。VoIP 加密语音系统总体架构主要包括基础层、功能层和应用层。

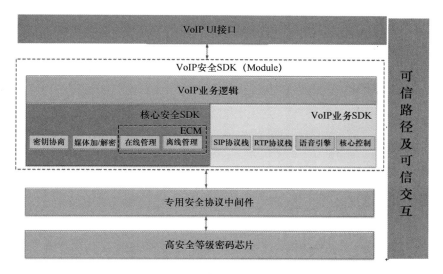

● 图 6-12 VoIP 加密语音系统总体架构

- 基础层：该层主要为专用安全协议中间件，为功能层提供基础密码接口。
- 功能层：该层包括核心安全 SDK 及 VoIP 业务 SDK。核心安全 SDK 基于商密标准的密钥协商、媒体加/解密、在线管理和离线管理等接口，可以满足各类应用的加密需求。在线管理主要包括密钥更新、密钥遥毁、加密通话功能开关等。离线管理包括口令验证、口令更换、本地销毁、本地存储数据加解密等功能。在核心 SDK 的基础上加入 VoIP 的业务接口，基于商密标准的 VoIP 密钥协商、媒体加/解密、在线管理和离线管理等。通过 VoIP SDK 为上层应用提供通用的密钥协商、媒体加密、在线管理、离线管理等接口以及相关的配置、状态显示等接口。
- 应用层：该层主要负责实现 VoIP 加密电话的功能逻辑处理。

1. 密码算法配用

VoIP 加密应用使用国家密码管理局发布的 SM2 椭圆曲线公钥密码算法、SM3 杂凑密码算法、SM4 分组密码算法以及 ZUC 祖冲之序列密码算法。

密码算法用途及特性见表 6-1。

表 6-1 密码算法配用表

算法名称	算法类型	密钥长度（比特）	分组/散列长度（比特）	算法用途	实现方式
SM2	椭圆曲线公钥密码算法（加密）	私钥 256 公钥 512	/	加密保护密钥协商信息	高安全密码芯片实现
	椭圆曲线公钥密码算法（签名）	私钥 256 公钥 512	/	信息签名 身份认证	
SM3	杂凑密码算法	/	256	信息摘要 密钥计算	
SM4	分组密码算法	密钥 128 IV 128	128	加密保护加密终端存储信息	
	分组密码算法	密钥 128 IV 128	128	加密保护传输的管理信息	
ZUC	祖冲之序列密码算法	密钥 128 消息密钥 128	/	加密保护语音信息	

2. 密钥管理

（1）密钥种类和用途

VoIP 加密移动终端共配用 9 种密钥：信息签名服务器公钥 PK_{ISS}、加密终端公私钥对 PK_{CT}/SK_{CT}、加密通信网关公钥 PK_{ECG}、管理通信临时公钥 TPK_{ECG}、加密终端管理通信会话密钥 KS_{CT}、初装数据保护密钥 IDK、基本密钥 BK、语音通信会话密钥 VKS、加密终端保护密钥 SPK_{CT}。

密钥配用情况见表 6-2。

表 6-2 密钥配用信息表

密钥名称	配用算法	密钥长度（比特）	密钥用途
信息签名服务器公钥 PK_{ISS}	SM2	512	用于与加密通信网关通信时对加密通信网关的合法性进行认证
加密终端公私钥对 PK_{CT}/SK_{CT}	SM2	SK：256 PK：512	加密通话密钥协商数据
加密通信网关公钥 PK_{ECG}	SM2	PK：512	用于与加密通信网关通信时对管理终端身份的认证
管理通信临时公钥 TPK_{ECG}	SM2	PK：512	用于对 KS_{CT} 加密
加密终端管理通信会话密钥 KS_{CT}	SM4	128	用于加密终端与加密通信网关间通信数据的加密
初装数据保护密钥 IDK	SM4	128	用于初装数据时保护 BK
基本密钥 BK	SM4	128	用于保护 SPK_{CT}
语音通信会话密钥 VKS	ZUC	128	语音通信信息加密
加密终端保护密钥 SPK_{CT}	SM4	128	加密保护本地存储的数据

（2）分层保护机制

密钥是密码算法的核心，完善的密钥管理体系是密码设备的核心功能。密钥的使用场景及各场景下的密钥层次结构如图 6-13 所示。

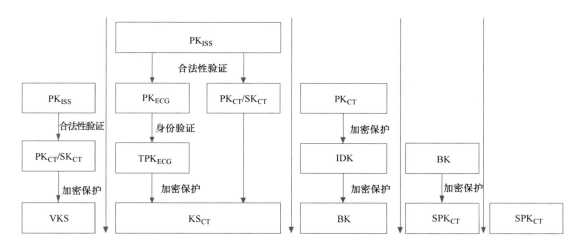

● 图 6-13　VoIP 终端密钥层次图

语音通信加密业务中，PK_{ISS} 用于通信双方验证对端 PK_{CT} 的合法性。同时，PK_{CT} 用于加密 VKS，SK_{CT} 用于解密 VKS。

在加密终端与加密通信网关间通信中，PK_{ISS} 用于通信双方验证对端 PK_{ECG} 的合法性。PK_{ECG} 用于验证 TPK_{ECG} 发送者的身份。TPK_{ECG} 用于加密 KS_{CT}。SK_{CT} 用于对 KS_{CT} 签名，PK_{CT} 用于验证 KS_{CT} 发送者的身份。

密码管理终端初始化密码卡时，使用 IDK 加密保护 BK 后，再使用 PK_{CT} 加密保护 IDK。将加密后的 IDK、BK 导入到密码卡。

在绑定管理命令通信中，BK 用于加密保护 SPK_{CT}。

本地加密存储业务中，只有一层密钥，由 SPK_{CT} 加密保护用户存储数据。

3. 高安全加密通信协议

（1）密钥分发流程

密钥分发过程由用户发起，包括用户、通信系统和密钥管理模块三个参与方，用户发送密钥分发请求到通信系统，通信系统将请求信息转发至密钥管理模块，密钥管理模块处理完成后响应数据传递到通信系统，后者再将响应信息反馈到用户。密钥分发的数据报文在密钥管理模块后台存储，用于会话密钥的恢复取证。密钥分发流程如图 6-14 所示。

（2）密钥协商流程

密钥协商根据终端支持的密码算法，协商产生会话加密密钥和会话鉴别密钥，密钥协商的计算过程支持 SM2 密钥交换协议和数字信封保护两种方式。主叫通过 INVITE 指令将

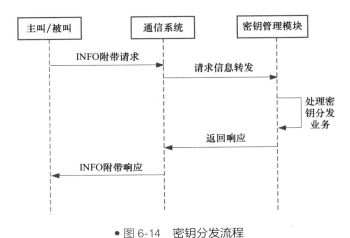

● 图 6-14　密钥分发流程

密钥协商的请求数据发送到被叫，被叫通过 183 附带响应或 200 OK 指令将密钥协商的响应数据返回给主叫。密钥协商的数据报文在通信系统后台存储，用于会话密钥的恢复取证。

密钥协商流程如图 6-15 所示。

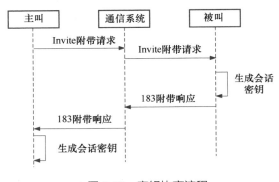

● 图 6-15　密钥协商流程

6.3.2　移动 VoIP 加密语音通信系统

1. 系统组成

移动安全 VoIP 基于标准 SIP 协议实现移动 VoIP 加密通信，为用户提供实时语音加密服务服务。基于标准 SIP 协议的移动安全 VoIP 语音加密系统由后台管理系统、VoIP 安全客户端组成，其系统组成如图 6-16 所示。后台管理系统包括密钥管理系统、SIP 服务器。密钥管理系统为本系统提供密钥产生、分发、更换、销毁等全生命周期的密钥管理功能。SIP 服务器实现会话的建立、维护和清除，终端注册管理等功能；VoIP 客户端软件运行于

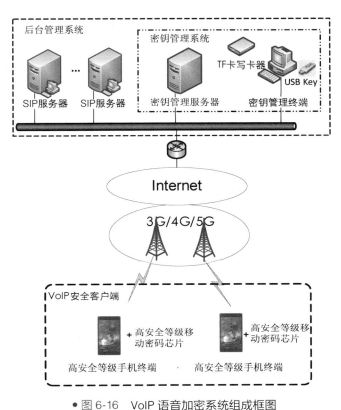

● 图 6-16　VoIP 语音加密系统组成框图

移动终端，实现 SIP 协议、语音编解码、语音加解密、密钥协商、密钥管理客户端的处理等。

2. 工作流程

（1）加密通话工作流程

加密通话首先完成端到端的密钥协商，然后，使用协商获得的会话密钥加/解密语音数据，进行加密通话，加密通话流程如图 6-17 所示。

加密通话原理：在发送方向，安全客户端 A 首先从其手机话筒或者传声器采集音频模拟信号，转换为数字信号并进行压缩编码，再使用 SM4 密码算法加密，完成加密运算后的数据送回处理器，处理器再将其封装打包，通过以太网发送到网络；在接收方向，安全客户端 B 从以太网口接收到对端发送的加密媒体数据，使用 SM4 密码算法进行解密，完成解密运算后送回处理器，处理器再解包将其送入音频处理模块，由音频处理模块解码，然后进行 D/A 转换，还原为模拟信号，通过手机扬声器播放。

（2）VoIP 客户端呼叫建立工作流程

安全客户端 VoIP 语音通信基于标准 SIP 协议实现呼叫管理和语音编码的协商，基于标准 RTP/RTCP 协议实现语音数据的传输。

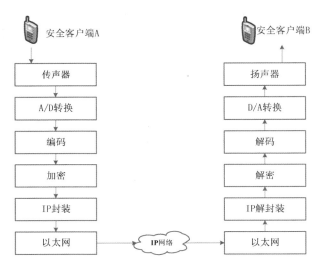

● 图 6-17　安全客户端加密通话工作流程

安全客户端 VoIP 软件启动后，安全客户端 A（主叫）和安全客户端 B（被叫）都先注册登录到 SIP 服务器。安全客户端呼叫建立工作原理如图 6-18 所示。

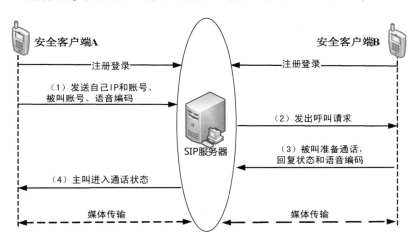

● 图 6-18　安全客户端 VoIP 呼叫建立工作原理

1）主叫发起呼叫后，将自己的 IP 和账号、被叫的账号、支持的语音编码上传到 SIP 服务器。

2）SIP 服务器通过被叫账号查询被叫的 IP，然后向被叫发出呼叫请求。

3）如果被叫处于空闲状态，则将自己的状态改为准备通话，并将自己的状态和支持的语音编码回复给 SIP 服务器。

4）SIP 服务器通知主叫，主叫进入通话状态。

5）主被叫的呼叫建立之后，进入通话阶段，也即媒体传输阶段。媒体传输采用标准

RTP 协议实现语音数据实时传输。

（3）VoIP 客户端初始化工作流程

VoIP 客户端初始化工作流程如图 6-19 所示。

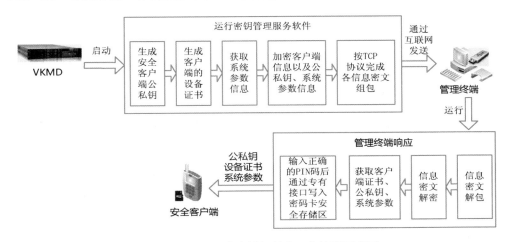

● 图 6-19　VoIP 客户端初始化工作流程示意图

管理终端登录到 VKMD 后，VKMD 使用密码卡产生安全客户端公私钥，并生成安全客户端的设备证书和系统参数，最后将设备证书和公私钥以及系统参数信息加密传送到管理终端。管理终端通过 TF 密码卡专有 PIN 码和接口将设备证书、系统参数和公私钥写入到 TF 密码卡，并通过 TF 密码卡正式启用安全客户端。

第 7 章　移动应用安全

移动应用（以下简称为"移动 App"或"App"）给用户的工作与生活带来诸多便利。但与此同时，恶意移动应用软件与病毒也层出不穷，不仅严重威胁用户的个人隐私，而且可能给用户造成财产损失[42]。因此，如何保证移动应用安全已成为业界广泛关注的问题。然而，真正实现移动应用安全需要在移动应用程序全生命周期提供有效的安全保护。因此，HiTruST 架构针对移动应用全生命周期的不同阶段综合运用了多种移动应用安全技术。本章将针对移动应用开发、发布、上架使用等多阶段，详细介绍相应的移动应用安全关键技术。具体内容安排如下。

7.1 节将概述移动应用安全概念及关键技术；7.2 节将介绍移动应用静态与动态代码安全检测关键技术；7.3 节将介绍移动应用可信运行与审计关键技术；7.4 节将介绍移动应用安全加固关键技术。

7.1　移动应用安全技术概述

移动应用及移动服务的安全形势越来越严峻，这些风险和威胁不仅损害用户的利益，更对移动 App 提供者的数据及平台带来各种安全隐患。移动应用设计、开发、发布、上架使用等多个阶段均有可能给移动应用造成安全风险。例如，在设计与开发阶段，设计的缺陷将导致移动 App 存在大量漏洞，人为制造的后门直接给攻击的实施预留了通道；在上架使用阶段，攻击者可以借助第三方的工具实现移动 App 的反编译，植入木马病毒或动态注入恶意代码后二次打包，实现窃取用户私密信息等目的。

为了便于读者理解，下面首先以安卓移动应用为例介绍移动应用程序文件的结构与组成元素。然后，概览适用于移动应用开发、发布、上架使用等不同阶段的典型安全技术。

7.1.1　安卓移动应用程序文件结构

开发完成的安卓移动应用程序将被打包成扩展名为 APK（全称为 Android Package）的

Zip 压缩文件。App 程序文件是攻击者实施攻击的重点目标。
图 7-1 给出了典型 APK 文件的组成结构，其包含 Assets 目
录、库目录、资源（Resource）目录、META-INF 目录等，
分别介绍如下。

● 图 7-1　安卓移动应用程序
文件 APK 组成结构

（1）Assets 目录

用于存放需要打包到 APK 中的静态文件，Assets 目录支
持任意深度的子目录，用户可以根据自己的需求任意部署文
件夹架构。

（2）库目录

库目录用于存放应用程序依赖的本地库文件，一般是使用 C/C++编写。根据 CPU 型
号的不同，lib 库通常包含 ARM、ARM-v7a、MIPS、x86 四种不同类型，分别对应着 ARM
架构、ARM-v7 架构、MIPS 架构和 x86 架构。

（3）资源（Resource）目录

资源目录用于存放资源文件，该文件夹下的所有文件都会映射到安卓工程的.R 文件
中，生成对应的标识 ID，访问时可以直接使用该资源标识 ID，即 "R.ID.文件名"。资源
文件夹下可以包含多个文件夹。例如，anim 的文件夹用于存放动画文件，drawable 用于存
放图像资源，layout 用于存放布局文件，xml 用于存放任意 xml 文件，在运行时可以通过
Resources.getXML( )读取，values 用于存放一些特征值，colors.xml 用于存放 color 颜色值，
dimens.xml 用于定义尺寸值，string.xml 用于定义字符串的值，styles.xml 用于定义样式对
象，raw 可以直接复制到设备中的任意文件，无需编译。

（4）META-INF 目录

META-INF 目录用于存放移动应用的签名信息，签名信息的主要作用是验证原始 APK 的
完整性。开发者在使用 SDK 将源代码打包成 APK 应用的时候，会对文件夹中所有要被打包
进应用包中的文件计算文件的校验值，并把计算后得到的结果放在 META-INF 目录下。签名
信息给恶意修改程序增加了难度，有助于保护应用程序的完整性和程序使用者的信息安全。

（5）AndroidManifest.xml

AndroidManifest.xml 为程序的全局配置文件，位于所开发的应用程序的根目录下，用
于描述 APK 文件中的全局数据，包括 APK 文件中暴露的组件（如 activities、services 等）、
它们各自的实现类、各种能被处理的数据和启动位置等重要信息。

（6）Classes.dex

DEX 的全称为 Dalvik EXecutable，是编译 Java 源码生成的字节码文件。Dex 文件包含
头文件、表文件和数据文件。其中，头文件包含所有其他部分的偏移值；表文件是核心的
代码表文件，包含数据结构、相互引用和偏移量数据。

（7）Resources.arsc

Resources.arsc 用来记录资源文件和资源 ID 之间的映射关系，支撑根据资源 ID 寻找资源。

7.1.2 移动应用全生命周期安全技术概览

为了保障移动应用安全，应在移动应用开发阶段、发布阶段、上架使用阶段持续地进行全面的移动应用安全检测，检测 App 的代码及第三方控件是否存在代码风险与已知漏洞、恶意代码、违法违规操作等；在移动 App 发布阶段，对移动应用实施安全加固，对 App 程序进行整体的保护，防止 App 被反编译，从而破译核心业务逻辑和算法，也防止移动应用被二次打包，插入病毒、木马、流氓广告等恶意代码；在移动 App（特别是高安全需求的移动 App）上架使用阶段，应能够为其提供高可信的运行环境与可信审计功能，防止敏感资源被恶意监听、篡改，如图 7-2 所示。

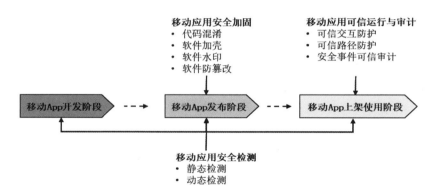

● 图 7-2　移动 App 全生命周期安全防护

现有的移动应用安全检测技术主要可以分为静态代码检测技术（简称为"静态检测"）与动态代码检测技术（简称为"动态检测"）两类。静态检测是指在不实际执行样本的情况下，对样本特征、行为或者缺陷等进行分析，比对待检测应用特征和已有的恶意代码特征库中的样本相似性。静态检测全面并且速度快，但是，需要人工更新恶意代码特征库，难以有效应对平均每天约上万个恶意软件变种生成的节奏[43]，而且难以发现未知安全威胁。动态检测是指在真实或者虚拟的测试环境中实际运行样本，与静态检测相比，分析结果更加准确，但存在路径覆盖的全面性问题。面对越来越复杂的攻击，基于人工智能的移动应用安全检测是未来技术发展的重要趋势。在没有任何人工干预下，如事先标记学习样本是恶意的还是合法的，深度学习的核心引擎会不断自行学习升级，无需手工提取恶意代码特征。与传统的机器学习相比，基于深度学习的解决方案在检测首次发现的恶意软件、高级持续性威胁（APT）攻击等方面具有明显的优势[44]（详细介绍请见 7.2 节）。

在高安全需求的移动应用场景下，如在移动支付中为保护输入和确认过程，可以基于安全隔离防护的思想，为敏感应用中交互环节的确认与输入过程构建安全隔离执行环境，使其与主系统的漏洞和潜在攻击风险分离。应用运行时可信路径防护解决方案则是利用硬件隔离环境对敏感应用及其系统框架层的执行过程进行动态度量，动态度量特征集包括函数调用图和控制流图两个级别，保证程序按照顺序在可信路径上执行，在执行过程中确保程序不因漏洞而被篡改执行顺序、调用其他代码，其他代码不应使用该敏感应用中的代码，这样不仅扩大了动态度量范围，而且提高了动态度量的安全性、效率和精准度。这些安全事件的传统防护技术主要通过访问控制权限列表来实现敏感资源访问行为的控制，但传统防护技术往往没有进一步对访问控制权限列表进行保护，防止其被恶意篡改，使得攻击者可以通过篡改权限列表达到非法获取权限的目的。此外，在安全事件执行过程中，没有对安全事件的调用进行保护，使得安全事件执行过程很容易被攻击者劫持，实现恶意监听、篡改等目的（详细介绍请见 7.3 节）。

典型的移动应用安全加固技术包括代码混淆和软件加壳。代码混淆的目标是通过混淆源程序增加其被逆向的难度。目前，国内外成熟的代码混淆工具包括 DexGuard、爱加密、梆梆加固等[45]。但随着逆向工程的发展，传统的混淆算法已经不能达到有效安全加固的目的，而部分新的混淆算法也由于代价过高而难以实际应用。软件加壳是对需要保护的应用程序进行压缩或加密，防止软件被破解后非法加入病毒、计费、广告等恶意代码，满足不同开发者的安全保护需求，维护开发者权益。另外，全面监测移动 App 在主流渠道中正版、盗版的使用情况，帮助开发者了解 App 的盗版情况，也是现在移动应用安全整体态势分析的关注方向（详细介绍请见 7.4 节）。

7.2　移动应用安全检测

本节将详细介绍静态代码检测技术（简称为"静态检测"）与动态代码检测技术（简称为"动态检测"）。

7.2.1　静态代码检测技术

静态代码检测技术通过分析或检查源程序或者反汇编后的程序的语法、结构、过程、接口等来检查分析程序的恶意行为。静态代码安全分析结果可用于进一步的安全检测，也可以为动态测试流程设计提供指导。典型的移动应用静态代码安全分析方法包括基于签名的、基于权限的、基于组件的，以及基于数据流的分析方法。这些分析方法的具体应用实例有：基于恶意应用中请求频繁但是在正常软件中却请求较少的权限组合对应用的安全性进行分析；基于静态污点分析技术生成组建调用关系图并进行恶意应用检测；基于移动应用的权限进行启发式过滤，识别恶意应用家族；基于数据流分析检查数据流与移动应用组件的一致性，进而对移动应用进行安全性分析；通过 Crowdroid[46]、DroidMat[47]、DroidAPIMiner[48]等工具通过静态代码分析技术在移动应用程序提取静态检测静态特征，结合机器学习、深度学习技术实现移动应用的安全性检测。应用静态检测技术检测速度较快，可对海量移动应用进行大规模风险筛查，但由于仅能在代码层面进行分析，因此，检测准确率相较于动态检测方法仍有待提高。

静态检测过程所涉及的关键技术包括应用程序逆向技术、中间代码解析技术、程序堆栈分析技术、代码质量审查技术、敏感 API 审查与形式化检测技术、应用程序恶意代码形式化检测技术、字符串及特征规则库匹配等。

（1）应用程序逆向技术

在静态代码安全分析过程中，对输入的移动应用程序文件（即安装包）进行逆向，获取反编译后的中间文件是至关重要的第一步。目前业界针对移动应用逆向的主流工具包括用于 C/C++编译后二进制文件逆向的 IDA Pro，用于对 Jar 包进行逆向的 Java 逆向工具 JD，用于对 APK 文件逆向的 Androguard、Jadx 等。同时，软件开发者为保护应用程序源码的安全性，目前越来越多地使用 360 加固、腾讯加固等程序安全加固工具和代码混淆工具，在编译过程中对源代码安全性进行保护。因此，如何自动、半自动对加固及混淆后的移动应用进行逆向，是目前应用程序逆向的重要技术挑战。

（2）中间代码解析技术

移动应用可执行文件进行过逆向及反编译后，能够生成可读性较好的中间代码或源代码，中间代码解析技术进一步基于逆向结果，生成移动应用的抽象语法树。抽象语法树用于显示移动应用程序语法的逻辑结构，其包括根节点、类节点、函数节点、参数节点等多个层次。从抽象语法树中，可以得到整个工程代码的逻辑结构，进而可以进一步对移动应用程序中类、函数、变量关系进行深入分析。

（3）程序堆栈分析技术

根据生成的抽象语法树，从主函数入口初始化函数开始，根据函数调用、对象的实例化等关系，递归追踪该应用中包含的类和接口、类中的函数参数和内部类信息，生成函数调用图及数据流图，并结合数据流图对函数接口及函数指针进行分析。基于函数调用图及函数指针对应关系，分析函数调用图及线程入口点，进而计算移动应用软件中每个线程的堆栈使用量，获取程序堆栈调用信息。

（4）代码质量审查技术

在移动应用代码解析、堆栈分析基础上，对每一次的追踪信息进行合理的安全分析。

主要检查程序中是否使用了过时或者不安全的 API 等风险问题。随着移动应用开发 SDK 包的升级，很多移动应用 API 因为存在一定的安全性或者其他方面的问题，在新的 SDK 版本中不再建议使用，这部分 API 称为过时或弃用的 API，还有一部分 API 存在边界缺陷，如果没有合理利用，会存在严重的安全问题。代码质量审查程序需要配置过时、弃用或者存在安全性缺陷的 API 规则集，进一步根据定义好的规则集，查找程序中这些弃用、不安全函数的调用情况，并且将结果返回给用户。

（5）敏感 API 审查与形式化检测技术

敏感 API 调用主要指的是对敏感信息获取、短信发送、网络连接等 API 的调用情况。静态检测模块会分析通过反编译代码得到的语法树，从中查找出是否存在对敏感 API 调用逻辑链。通过追踪信息对其进行形式化分析，判断是否是用户发起的行为，并根据基于距离算法的相似度匹配，进行特征分析，部分相关敏感 API 见表 7-1。

表 7-1 移动应用程序敏感 API

行为种类	敏感 API	功能说明
敏感信息获取行为	getLac( )	获取设备区号
	getCid( )	获取设备基站号
	getCallState( )	获取设备当前状态
	getCellLocation( )	获取设备基站信息
	getDataActivity( )	获取设备数据连接的活动类型
	getDataState( )	获取设备数据连接状态
	getDeviceId( )	获取设备 IMEI、MEID、ESN
	getDeviceSoftwareVersion( )	获取设备软件版本号
	getLine1Number( )	获取设备手机号码
	getNeighboringCellInfo( )	获取设备附近基站信息
	getNetworkCountryIso( )	获取国际长途区号
	getNetworkOperator( )	获取运营商国家和网络代码
	getNetworkOperatorName( )	获取移动运营商名称
	getNetworkType( )	获取网络类型
	getPhoneType( )	获取设备类型
	getSimCountryIso( )	获取服务提供商国家/地区代码
	getSimOperator( )	获取服务提供商代码
	getSimOperatorName( )	获取服务提供商名称/SPN
	getSimSerialNumber( )	获取 SIM 卡序列号
	getSimState( )	获取 SIM 卡状态
	getSubscriberId( )	获取 IMSI 号
	getVoiceMailAlphaTag( )	获取语音邮件相关标签/识别符
	getVoiceMailNumber( )	获取语音邮件号码
	getPackageInfo( )	获取系统应用信息
	getInstalledPackages( )	获取系统中已安装应用程序信息
	getSharedLibraries( )	获取系统中共享库信息
	getActiveNetworkInfo( )	获取当前网络活动的详细信息
	isActiveNetworkMetered( )	获取网络活动计费情况
	setVideoSource( )	获取本地视频内容
	setAudioSource( )	获取语音记录

（续）

行为种类	敏感 API	功能说明
短信发送行为	sendTextMessage( )	发送短信
	sendDataMessage( )	发送短信
	sendMultipartTextMessage( )	发送短信
网络连接行为	openConnection( )	开启网络连接
	openStream( )	开启网络流
	addRequestProperty( )	设置网络连接属性
	connect( )	开启网络连接
	getConnectTimeout( )	获取网络连接超时信息
	getURL( )	获取网络连接 URL
	setConnectTimeout( )	设置网络连接超时信息
	getResponseCode( )	获取网络连接相应代码
	getResponseMessage( )	获取网络连接相应信息

（6）应用程序恶意代码形式化检测技术

在待检测的样本应用程序中，往往存在敏感 API 调用，由于在许多应用程序中，网络连接、获取本机信息等是支撑应用业务功能的必要行为，因此并不能把所有敏感 API 调用都认为是恶意行为。应用程序恶意代码形式化检测通过对中间代码语法树进行分析，判定敏感 API 是否为用户授权调用或用户知情情况下调用，若为用户知情情况下调用则认为是合理的行为；反之，如果敏感 API 是在样本应用程序初始化过程中或者执行过程中利用其他线程进行隐蔽执行，那么就有可能是恶意行为，则结合具体语法逻辑和业务功能进一步分析。

（7）字符串及特征规则库匹配

安全开发人员基于专家经验会使用正则表达式、Yara、Yaml 等语法形式，制定大量特定字符串或恶意行为模式的特征规则库，这种匹配模式往往比较准确，规则质量往往依赖于规则开发人员的专业知识，同时具有较强的时效性，需要不断去维护和更新。程序根据规则库进行分析，当遇到问题时，程序会定位到对应的语句，记录语句相关函数、类、文件信息，并且反馈给用户该语句存在的问题，该应用的版本信息等。在应用程序检测之后，程序会将检测结果以 XML、JSON 等格式保存，以备查看与审计。

7.2.2 动态行为检测技术

动态行为检测技术（简称"动态检测技术"）为应用程序的安全性评估提供原始数据，具有重要意义，通过在真实环境或虚拟机、沙箱等模拟环境中动态执行应用程序，获取进程/线程行为、文件行为、通信行为、网络行为等进行恶意行为检测。动态检测技术过程如图 7-3 所示，通过代码自动激活技术，在真实移动终端环境或虚拟机、沙箱构成的模拟终端环境中对恶意代码进行触发和执行，对 CPU 信息获取、内存读写等行为进行监控。其次，基于 CPU 信息获取行为和内存读写行为进行系统调用判定和内核分析，进行进程信息检测、模块信息检测和系统调用解析。最后，通过系统检测和系统调用解析，对触发的进程/线程行为、文件操作行为、通信行为、网络行为、硬件资源访问行为等进行审计并生成行为报告。

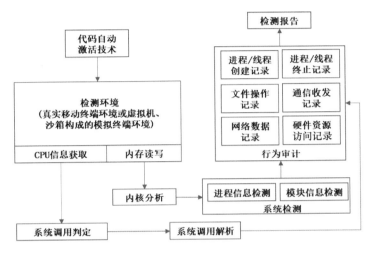

● 图 7-3　动态检测技术过程示意图

　　动态行为检测通过对程序运行时行为进行监测，以发现移动应用程序的恶意操作，如对软硬件系统进行恶意操控和破坏等。在监测过程中记录待测程序的各项运行时行为，有两方面的作用：一方面，可利用统计数据对程序的安全性进行评估，评估结果为静态代码检测技术中对恶意程序的威胁定义提供依据。另一方面，监测程序运行时行为使得恶意行为的快速发现和防御成为可能，提高时效性，可进一步加强程序的安全性评估体系。

　　代表性的动态检测方法包括轮廓异常检测、虚拟机自省技术、行为检测等方法。Andromaly[49]基于内存占用率、CPU 使用情况等移动动态运行特征实现恶意行为检测；DroidScope[50]基于应用的 API 级行为和 Dalvik 指令，跟踪组件间信息泄漏，排查应用的安全风险；Crowdroid[51]通过监测系统调用与正常移动应用行为模式进行比对，检测应用存在的异常行为；TaintDroid[52]基于动态污点传播方法，构建了移动的动态数据流，追踪隐私窃取行为，有效识别恶意应用；TaitDroid[53]通过构建动态系统流图对移动应用内的信息传播行为进行分析，对多种恶意应用家族进行检测。

　　由于移动应用动态行为检测技术结合了应用实际动态行为，因此，在检测结果的准确率、召回率等方面均优于静态代码分析方法，但如何全面触发应用的隐藏恶意行为，提高程序动态执行效率依然是动态检测面临的主要问题。

　　动态行为检测关键技术包括访问及管控技术、动态行为分析环境管控技术、应用行为触发技术、自动化监控与分析技术、内核监控技术等，如图 7-4 所示。

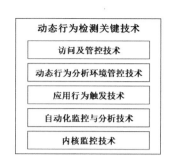

● 图 7-4　动态行为检测关键技术

（1）访问及管控技术

当用户的动态检测任务提交到动态行为检测平台后，检测平台基于访问及管控技术，将检测任务下发给平台内的动态行为分析环境实例。通过负载均衡高效调度平台内行为分析环境实例，实现对海量检测任务的有效响应。

（2）动态行为分析环境管控技术

平台内的若干行为分析环境实例由真机构建的真实环境或虚拟机、沙箱等技术构建的模拟环境组成，基于行为分析环境管控技术，在调度程序接收到平台下发的应用动态检测任务后，实现分析环境中移动应用的自动化安装、运行与卸载，对应用执行自动化的行为分析。

（3）应用行为触发技术

在移动终端真机或模拟器构成的动态行为分析环境中完成移动应用的自动化安装后，进一步基于应用行为自动触发技术，自动运行待检测移动应用。通过动态获取待测应用的用户界面（UI）布局信息和控件信息，生成 UI 自动化触发与控件测试脚本文件，采用深度遍历算法完成应用界面按钮和事件遍历，模拟按钮触发、语音输入等真实操作和用户输入行为。同时模拟读取短信、接收短信、发送短信、拨打电话、系统开机等系统事件，对更深层的服务监听行为进行触发，达到自动运行应用程序，以全面触发和检测软件潜在风险行为的目的。

（4）自动化监控与分析技术

在应用行为自动触发的过程中，动态行为分析环境进一步对程序的运行时行为特征进行监测，并依照监测结果对程序做出安全性评估。动态行为监控与分析通过在移动终端或者终端模拟器安装程序行为检测工具来分析应用行为，分析过程包括恶意行为条件触发、敏感行为记录和恶意行为分析，具体过程如下。

1）恶意行为条件触发：通过改变测试过程中终端状态环境，以期触发恶意行为。由于大多数恶意行为都是恶意代码在特定的条件下才被触发执行的，所以需要在测试过程中改变测试终端状态条件，如对相应的系统时间、WiFi/蓝牙开关进行切换，以期触发恶意行为，提高应用恶意检测准确度。

2）敏感行为记录：记录应用在运行过程中的关键敏感行为，包括线程行为、进程行为、内存行为、网络行为、文件行为、系统行为、注册表行为、短信行为、硬件访问行为（SD 卡、蓝牙、摄像头、传声器）等。

3）恶意行为分析：在恶意规则库的支持下，对敏感行为进行分析与恶意性评估，并生成最终分析报告。

（5）内核监控技术

内核监控技术对应用运行过程中的内核底层的系统调用行为进行监控与记录。在动态行为分析环境中，应用被安装、启动后，分析环境会进一步启动内核层的隐私信息监控、通信网络监控及硬件资源监控，监控相应的终端应用行为，并将得到的监控信息通过内核层与用户层的通信接口，传递到用户层，然后通过动态行为分析环境传递到动态行为分析平台。

以读/写方法的调用为例，在用户空间中，应用框架层调用的读/写文件会通过 Java 本地接口（JNI）进入 Native c/c++ 层的 libdvm.so 中，再通过软件中断（SWI）在系统调用层的 sys_call_table 系统调用表中查询对应的系统调用 ID，最终调用对应的内核函数。动态行为分析环境可基于 LKM 等框架对运行时系统调用进行 HOOK，并通过在内核中植入监控模块，有效监视内核中所有系统调用情况并将调用信息存储，如图 7-5 所示。

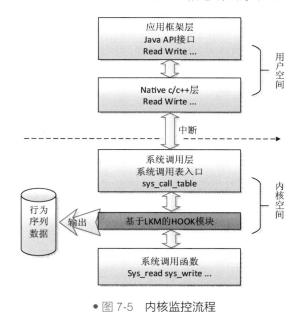

● 图 7-5　内核监控流程

（6）数据分析技术

数据分析技术是对应用行为监控及内核监控反馈的信息进行处理分析，与敏感行为规则进行匹配，得到最终检测结果。监控信息输入后，经过预处理过滤无用信息，按照匹配格式进行匹配报文的生成。匹配报文同恶意行为规则库中规则进行匹配，得到最后的检测结果进行记录。基于监控信息及数据分析技术，可对通信行为、隐私信息访问行为、硬件访问行为等进行有效的检测和分析，相关行为规则分类见表 7-2。

表 7-2　动态行为检测规则分类

分　　类	具　体　行　为
通信行为	短信、电话、电子邮件
隐私信息访问行为	相册、通信录、短信内容、用户信息设置、用户下载信息、多媒体文件
硬件访问行为	近距离无线通信（NFC）、相机、GPS、传声器、WiFi、蓝牙

7.3　移动应用可信运行与审计

本节将重点介绍移动应用的可信运行（包括移动应用可信交互与应用运行时可信路径防护技术）及应用安全事件调用可信审计技术。

7.3.1　移动应用可信交互防护

移动终端中运行的敏感应用往往存在一些需要和用户进行交互的敏感业务场景，如支付、账户登录等。此时，用户接口界面容易受到来自主系统内核的攻击，从而导致恶意代码劫持界面或者记录用户输入敏感数据（如密码、账号）。在敏感业务场景下，用户接口界面与用户通常存在以下两种交互过程。

1）确认过程：当应用需要用户对某项敏感内容（如支付金额）进行确认时，会通过 UI 界面显示该内容。用户通过触摸屏点击行为完成对敏感信息的确认。

2）输入过程：当应用需要用户完成某项敏感数据（如登录密码）输入时，会通过 UI 界面（通常在屏幕下半部分）弹出软键盘，用户通过触摸屏点击行为完成键值输入。

传统技术条件手段下，操作系统（如主系统）负责对上述两个过程进行保护。但是，当移动设备的操作系统不可信时，两个过程均面临着安全风险。在确认过程中，可能存在用户接口界面的敏感信息被操作系统截屏窃取，或者用户接口界面的显示内容被操作系统篡改，确认凭证被操作系统篡改的风险；在输入过程中，可能存在用户接口界面的敏感输入信息被操作系统截屏窃取，或者软键盘被操作系统监控，导致敏感输入被窃取的风险。

在敏感应用场景下，为了实现对用户接口确认和输入过程的保护，基于安全隔离防护的思想，为敏感应用中交互环节的确认与输入过程构建安全隔离执行环境，使其与主系统的漏洞及潜在攻击风险分离。具体技术方案如下。

首先，建立面向安全交互的安全隔离区域，即建立一个 TIE 环境，确保该区域无法被主系统内任何代码访问，并在 TIE 内构建高可信的用户交互组件，使其能够绘制 UI 界面并响应用户的点击交互行为。由于主系统无法访问该区域，可防范来自主系统的窃听与篡改风险，从而有效确保用户确认信息时"所见即所得"。

根据本书 2.2.2 小节所述的 HiTruST 架构虚拟化安全隔离原理，TIE 的 OS 和应用运行在一个独立的虚拟机中，虚拟机在虚拟机监视器启动时即由 TIE 构建模块创建，并先于主系统启动以提前占据好所需的硬件资源。虚拟机监视器提供的隔离机制可以保证主系统所在的虚拟机不会意外或故意访问 TIE 的内存及寄存器，防止信息篡改、泄漏等。

创建 TIE 虚拟机时，TIE 构建模块会在主系统上设置对 TIE 内存访问的拦截函数，以确保即使主系统也无法访问 TIE 的内存。当主系统试图访问这段物理内存时，TIE 模块设置在主系统上的访问拦截处理函数会根据实际访问发生的区域判断该次拦截是否针对 TIE 内存区。

其次，基于安全隔离区及安全交互组件的实现，进一步建立一条从安全 I/O 硬件到主系统内敏感应用之间的可信数据通路。如图 7-6 所示，通路由主系统安全交互接口、安全隔离区内的安全交互组件和安全驱动以及安全硬件构成，为敏感应用在特定场景下的敏感数据从产生、传输到最终达到敏感应用程序的内存地址的整个路径提供了安全保障。

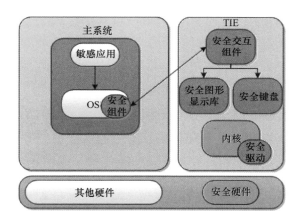

● 图 7-6　敏感数据可信路径

1. 安全交互通路构件

（1）主系统内安全构件

OS 安全组件：针对安全界面显示，该组件为普通世界软件系统与 TIE 环境内安全交互组件之间的安全调用接口，主要包括安全会话的创建、销毁，以及安全交互指令接口、安全数据传输接口等。

（2）TIE 安全隔离内安全构件

安全交互组件：该组件负责与普通域敏感应用进行安全交互，完成敏感场景中关键业务逻辑的主体功能，如敏感界面安全复用、敏感数据安全处理等。

安全驱动：为能够在安全域中处理底层硬件的中断与事件，该驱动（触摸屏驱动、显示屏驱动）提供了基于 TrustZone 的硬件隔离技术，用于处理用户点击事件和显示屏安全配置。

安全图形显示库：为安全域内安全交互组件绘制敏感图形界面提供 UI 显示支持，支持矩形、圆形、按钮、文本标签、文本框、图片等绘制工作。

安全键盘：在安全图形显示库支持下，安全交互组件需要绘制安全键盘供用户使用。该键盘的绘制及相关内存必须受到 TIE 安全隔离机制的保护，避免被可能的恶意代码篡改。

（3）安全硬件

安全触摸屏：当用户点击安全键盘进行输入时，通过 TrustZone 技术将触摸屏硬件设置为安全状态，为支付、账户登录等输入提供硬件基础。

安全显示屏：显示交互过程中的相关信息和图形，通过 TrustZone 技术将显示屏硬件设置为安全状态，防止显示信息篡改。

2. 交互可信路径

基于安全交互通路构件，可建立输入和输出可信路径。输入可信路径是用户敏感输入到安全交互组件再到敏感应用的数据可信通路。该通路的实现依靠 TIE 底层安全驱动（触摸屏、显示屏）从硬件层面直接获取用户的输入原始数据，如触摸屏坐标值、安全软键盘键入的敏感数据等，通过高安全的可信路径传递给敏感应用。为了便于用户的交互，安全交互组件需要绘制安全键盘供用户使用。该键盘的绘制及相关内存受到 TIE 安全隔离机制的保护，由于 TIE 直接面对硬件并从硬件寄存器中获取数据，不依赖主系统中的硬件驱动，可有效防止用户输入数据被窃取或者记录。进一步，安全交互组件通过 TIE 交互机制的安全数据共享将用户敏感输入传递给敏感应用。

输出可信路径是敏感应用数据经由安全交互组件再到安全显示屏的数据可信通路。敏感应用通过 TIE 交互机制的安全数据共享将敏感输出数据传递给安全交互组件，安全交互组件将输出数据存储在 TIE 内存，使用独立于普通世界主系统内核的代码进行 UI 界面的绘制，在安全屏幕上展示敏感输出数据，同时 TIE 的安全隔离机制禁止普通世界的代码直接访问该块敏感内存，使得传统恶意代码通过对主系统内核的入侵攻击行为无法奏效。

最终，输入可信路径与输出可信路径共同构成了用户到目标敏感应用之间的可信路径，为用户在敏感场景下提供可靠的输入输出环境提供保障。

3. 安全复用组件

为了使安全域能够有效介入敏感应用生命周期内各个敏感操作，OS 安全组件需要为敏感应用的各个场景提供基本的安全操作与服务。作为功能的实现代码，位于安全域内的安全交互组件需要能够响应与处理来自 OS 安全组件的请求。

OS 安全组件和安全交互组件的运行流程如图 7-7 所示。

1）敏感应用根据实际业务发起高安全敏感操作请求，如显示登录界面，支付界面等。

2）OS 安全组件接收相关请求和数据，并做出安全检查。

3）OS 安全组件对数据进行必要的封装，然后利用 SMC 指令跳转到安全域内执行。

4）内核接收请求并进行必要的安全检查，符合规范的请求将被转发给安全交互组件作进一步处理。

5）安全交互组件接收并解析相关请求，调用安全图形显示库进行安全界面的绘制工作，并进一步响应用户的具体输入。

● 图 7-7　OS 安全组件和安全交互组件的运行流程

4. 安全图形显示库

安全图形显示库主要为敏感应用在高安全等级的场景内绘制业务相关的图形界面。一个图像用户接口（GUI）场景中可能存在多个子场景。对象在子场景中的布局往往是固定的，而它在整个画面上的位置则随着子场景的位移而改变。安全图形显示库要求所有合法的基本对象需要存在于一个容器中，用于定义场景中不同基本对象的从属关系。通常情况下，相对静止的基本对象可以属于同一个容器。另外，容器本身可以属于另一个容器，因此，容器的层层包含可以形成一个基本对象和容器组成的树形结构，其中每一个内部节点都是一个容器，而子节点则是一个基本对象。一个基本对象可以是图片、基本图形及文字。

基本对象处理交互的方式相对简单，当产生外部输入时，框架获取输入事件并从尾部开始遍历整个渲染队列。当存在队列中的对象注册了对该事件的处理方法时，则调用这个处理方法，并检查事件是否应该至此被屏蔽，如果事件应该被屏蔽，那么对于输入事件的处理至此结束，否则检查下一个对象，直至输入事件最终被某一个渲染队列中的对象所捕获，或者传至队列的头部。

安全图形显示库支持矩形、圆形、按钮、文本标签、文本框、图片等绘制工作。控件（如按钮、文本框等）与基本对象并没有明显的界限。图形的绘制需要考虑事件传递的 UI 与受影响 UI 之间的关系，安全图形显示库在刷新界面时都会重新绘制受影响的图形区域。

7.3.2 应用运行时可信路径防护

如 7.3.1 节所述，敏感应用的交互过程可通过在安全可信通路中执行来防护其免受主系统恶意代码的攻击，然而如何保证其在主系统中执行的调用路径确实调用了 OS 安全组件进而触发 TIE 中的安全构件，则需要进一步运用到应用运行时可信路径防护解决方案协助保障。

应用运行时可信路径防护解决方案利用硬件隔离环境对敏感应用及其系统框架层的执行过程进行动态度量，动态度量特征集包括函数调用图和控制流图两个级别，保证程序按照顺序在可信路径上执行，在执行过程中确保程序不因漏洞而被篡改执行顺序、调用其他代码，其他代码不应使用本敏感应用中的代码。这样不仅扩大了动态度量范围，而且提高了动态度量的安全性、效率和精准度。

如图 7-8 所示，敏感应用可信路径防护方案总体架构包括四大模块，分别为可信路径特征集构建模块、动态路径采集模块、动态路径分离模块、可信实时计算路径匹配模块。

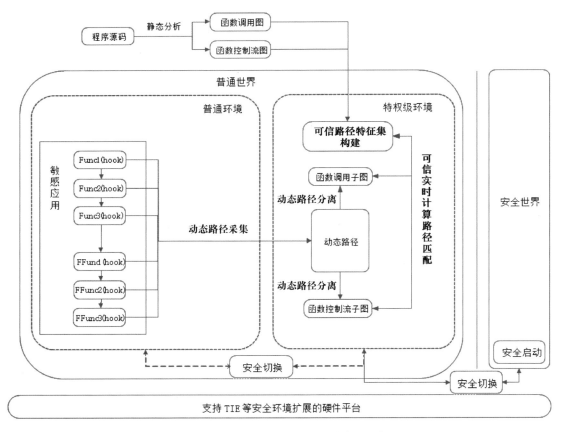

● 图 7-8　敏感应用可信路径防护方案总体架构

- 可信路径特征集构建模块：在敏感应用发布及使用之前，对敏感应用及系统框架层源代码进行静态分析，分别生成函数调用图和函数控制流图，它们共同构成了可信路径特征集，该特征集的安全性和完整性由 TIE 以及普通环境的特权级保证。该模块具体包括函数调用图生成、函数控制流图生成、函数调用图和函数控制流图静态度量。首先对敏感应用和系统框架层进行静态分析，分别生成敏感应用的函数调用图和系统框架层的函数调用图，再连接生成一个完整的函数调用图；然后对敏感应用和系统框架层进行静态分析，对每个函数生成函数控制流图；最后对函数调用图和函数控制流图进行哈希计算，在系统及敏感应用启动的时候，TIE 以及普通环境的特权级将利用该哈希值对路径特征集进行静态度量，从而保证其完整性和安全性，成为可信路径特征集。
- 动态路径采集模块：在敏感应用发布及使用之前，对敏感应用和系统框架层的源代码进行插桩预处理。在敏感应用运行过程中，根据插桩信息记录敏感应用内部及系统框架层函数的动态执行信息。该模块具体包括选择插桩点、设计桩函数并插桩、对敏感应用及系统框架层进行静态度量、动态路径采集。首先以源代码中的每个函数作为一个插桩单元，针对每个插桩单元，将函数的起始点、控制逻辑关键代码段、函数结束点作为插桩点；设计桩函数，并将桩函数插入到选择的插桩点中；然后对完成插桩的敏感应用和系统框架层计算哈希值并存储在 TIE 以及普通环境的特权级安全环境，在系统启动阶段对系统框架层进行静态度量，在敏感应用启动阶段对敏感应用进行静态度量；在系统和应用运行过程中，根据插桩点信息记录度量时间片内的动态路径。
- 动态路径分离模块：根据动态路径采集模块获取的动态路径中保存的桩函数信息，提取运行时的函数调用子图及函数控制流子图。函数控制流子图主要针对循环、递归和分支进行拆分。动态路径分离的具体实现过程在 TIE 以及普通环境的特权级中执行，以保证生成的函数调用子图和函数控制流子图的完整性和安全性。
- 可信实时计算路径匹配模块：可信路径特征集包括由静态分析获取的函数调用图和函数控制流图，动态路径采集模块和动态路径分离模块记录并分离了实际执行过程中敏感应用和系统框架层的执行顺序，生成了函数调用子图和函数控制流子图，在该模块利用上述信息进行动态路径匹配，判断实际函数执行路径是否为可信路径特征集的子集，主要包括函数调用图子图的匹配和函数控制流子图的匹配，如果匹配不成功，说明实际执行过程发生了异常调用。

1. 可信路径特征集

在敏感应用发布及使用之前，对敏感应用及系统框架层代码进行静态分析，分别生成函数调用图和函数控制流图，它们共同构成了可信路径特征集，该特征集的安全性和完整性由可信硬件保证。

下面结合图 7-9 具体分析可信路径特征集的构建过程。

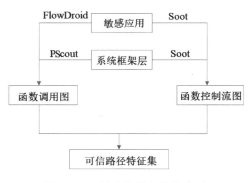

● 图 7-9　可信路径特征集构建过程

1）函数调用图生成：对于应用程序的安装包文件，使用静态分析工具（如 FlowDroid）生成应用程序的函数调用图，跟踪函数调用路径。对系统框架层，利用 PScout 分析系统框架层源码，同样需要模拟主方法跟踪函数调用路径。最后，将应用程序函数调用图和系统框架层调用图连接起来，连接依据为应用程序与系统框架层的函数调用及回调。

2）函数控制流图生成：对敏感应用及系统框架层进行静态分析，用静态分析工具 soot 对应用程序安装包文件和系统框架层源码中每个类的每个方法创建一个控制流图。

3）函数调用图和函数控制流图静态度量：对函数调用图和函数控制流图进行哈希计算，采用的哈希算法有 SHA-1、MD5。上述计算过程由 TIE 以及普通环境的特权级可信环境执行，哈希值也由 TIE 以及普通环境的特权级保存，在系统及敏感应用启动的时候，隔离环境将利用该哈希值对路径特征集进行静态度量，从而保证其完整性和安全性，成为可信路径特征集。

2. 动态路径采集

在敏感应用发布及使用之前，对敏感应用和系统框架层的源码插桩预处理；在敏感应用运行过程中，根据插桩信息记录敏感应用内部及系统框架层函数的动态执行信息。下面结合图 7-10 具体介绍动态路径采集的实现方式。

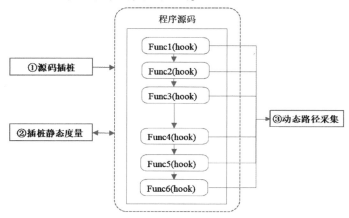

● 图 7-10　动态路径采集实现方式

1）选择插桩点、设计桩函数并插桩。以敏感应用和系统框架层程序源码所包括的每个函数作为基本单元，针对每个基本单元，将函数的起始点、控制逻辑关键代码段、函数结束点作为插桩点。将函数的起始点和结束点作为插桩点可以唯一地标识一个函数，也可以标识函数的当前状态。例如，在动态路径中记录了一个函数的入口点，但是接下来记录的不是该函数的出口点，却是另一个函数的入口点，则说明发生了函数之间的调用关系，但是函数本身并未结束。将控制逻辑关键字作为插桩点可以标识函数内部以何种顺序执行。例如，在动态路径里记录了函数 $f1$ 的入口点，然后是 if 关键字为真的插桩点，接下来是函数 $f2$ 的入口点，则说明函数 $f2$ 通过选择分支条件为真的情况被函数 $f1$ 调用。函数起始点和结束点出的桩函数与函数名是一一对应的，应该包含函数所属的类信息、函数返回值信息、函数名信息以及参数列表信息。控制逻辑关键代码处的桩函数与分支代码段一一对应，应该包含当前的控制逻辑信息，如循环控制、分支控制、控制为真、控制为假。最后，将设计好的桩函数插入所选择的插桩点，并对插桩后的敏感应用及系统框架层计算哈希值，上述过程由 TIE 以及普通环境的特权级可信环境执行。

2）对敏感应用及系统框架层进行静态度量。在系统框架层启动时，基于安全环境支持下的系统安全启动，利用 TIE 以及普通环境的特权级对系统框架层进行静态度量，确认当前系统框架层的插桩未被篡改；在敏感应用启动时，同样使用 TIE 以及普通环境的特权级对敏感应用进行静态度量，确保当前敏感应用的插桩未被篡改。

3）动态路径采集。敏感应用运行时，根据设置的度量点（指完整性动态度量行为发生的时机），记录上一度量点到该度量点之间（度量时间片）的动态路径。

3. 动态路径分离

动态路径分离的主要原理是根据第二部分动态路径中保存的桩函数信息，提取运行时的函数调用关系及函数内部的实际执行流程，函数内部的执行控制流主要针对循环、递归和分支进行拆分。下面具体介绍动态路径分离的实现方式，整个过程在 TIE 以及普通环境的特权级中执行，以保证生成的函数调用子图和函数控制流子图的完整性和安全性。

1）对于函数之间的调用关系，由于在起始点和结束点都存在插桩函数，我们利用栈先进后出的特性，记录函数的当前状态和信息。例如，某函数 $f1$ 调用了其他函数 $f2$，虽然 $f1$ 函数先于 $f2$ 函数执行，但是只有 $f2$ 函数执行结束以后，才能到达 $f1$ 函数的结束插桩点。最终生成的函数调用图中每条边表示一条函数调用关系，其中边的起点表示调用函数 $f1$，边的终点表示被调用函数 $f2$。

2）对于函数内部的控制流关系，由于控制逻辑代码段中的信息可以指明当前控制逻辑关键字及条件真假，可以从中提取如下控制流信息。

- 选择控制逻辑。如果遇到了选择关键字，在一次实际执行时，只有一条分支能执行，所以无需进行分离，可以直接处理下一个结构块。

- 循环控制逻辑。遇到循环关键字时，如果遇到真桩点（条件为真的插桩点），则将该真桩点与循环真桩点的栈顶元素进行比较。如果相同，说明是当前循环，在此过程中记录并对比每次循环时的路径；如果与已有路径相同，不重复添加该路径；如果出现不同路径，则将该路径添加到循环路径中；如果当前插桩点与栈顶元素不同，说明进入了下一个循环，递归调用循环模块函数。

- 递归控制逻辑。遇到函数真桩点时，将该插桩点与函数真桩点栈中的栈顶元素进行比较。如果相同，说明该函数发生了递归，在此过程中记录并对比每次递归时的路径；如果与已有路径相同，则不重复添加该路径；如果出现不同路径，则将该路径添加到循环路径中。

最终生成的函数控制流图中的每条边表示函数内部代码块之间的实际执行流程。

4. 可信实时计算路径匹配

第一部分生成了可信路径特征集，由静态分析获取的函数调用图和函数控制流图组成，第二和第三部分记录并分离了实际执行过程中敏感应用和系统框架层的函数调用，生成了函数调用子图和函数控制流子图，所以在这一部分可以利用上述信息进行动态路径匹配，判断实际函数执行路径是否是可信路径特征集的子集，如果不是，说明实际执行过程发生了异常调用。

下面结合图 7-11 具体介绍可信实时计算路径匹配的实现方式。

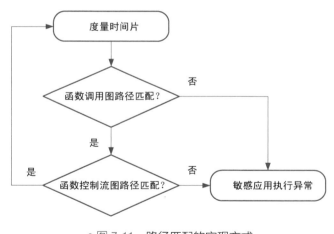

● 图 7-11　路径匹配的实现方式

1）在一个度量时间片内，首先利用安全环境内的代码判断当前函数调用子图是否包含于可信路径特征集中函数调用图，若匹配成功，进入步骤 2）；否则，说明敏感应用执行过程中可能存在异常函数调用，即程序被其他代码调用或调用了其他代码，此时应该报告异常情况，终止敏感应用，防止敏感信息的泄露。

2）在函数调用图匹配通过的情况下，继续进行函数控制流子图的匹配，利用安全环境内的代码判断上述调用图子图中被调用的每个函数的函数控制流图是否包含该函数的可信函数控制流图。若是，则继续执行下一度量时间片的度量；否则，说明敏感应用执行过程中可能存在函数内部执行异常。如被插入异常代码段或调用了异常代码段，此时同样应该报告异常情况，终止敏感应用，防止敏感信息的泄露。因此，采样上述动态度量方法可以在可信执行环境的支持下，以给定的度量时间片为单位，确保程序在可信路径上执行。

7.3.3　应用安全事件调用可信审计

移动终端应用程序执行过程中常常会产生许多对敏感资源进行访问的安全事件。例如，访问通信录、访问短信、访问照片和录音、拨打电话等。这些安全事件的传统防护技术主要通过访问控制权限列表来实现对敏感资源访问行为的控制，但传统防护技术往往没有进一步对访问控制权限列表进行保护，防止其被恶意篡改，使得攻击者可通过篡改权限列表达到非法获取权限的目的。此外，在安全事件执行过程中，没有对安全事件的调用进行保护，使得安全事件执行过程很容易被攻击者劫持，实现恶意监听、篡改攻击等目的。

基于硬件辅助的移动智能终端安全事件可信审计方案通过使用硬件隔离技术构建隔离执行环境 TIE，利用硬件辅助记录安全事件底层调用方法，可以实现移动终端内安全事件的鉴别与记录，加强对移动应用安全事件的防护。

基于硬件辅助的移动智能终端安全事件可信记录主要包括安全事件调用收集模块、安全事件调用验证模块、基于 TIE 安全隔离环境的安全事件调用鉴别模块，如图 7-12 所示。

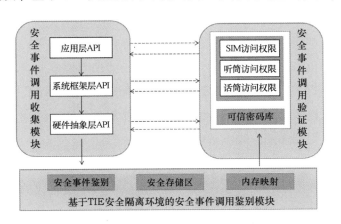

● 图 7-12　基于硬件辅助的安全事件可信记录的总体架构

- 安全事件调用收集模块用来收集安全事件的 API 调用过程。一般来说，移动终端的安全事件在执行时会自顶向下分别通过应用层、系统框架层、硬件抽象层调用相应层次的 API 接口，即使用相应层次的服务功能。同时，在同一层次关系中，也会调用同属于相同层次的 API 接口，即服务功能。这样，每当一个安全事件执行时，通过记录相应的 API 调用过程，就可以得到一个相应的调用关系图来描述该安全事件的执行过程。

- 安全事件调用验证模块负责对安全事件执行过程中所需要申请的访问权限进行权限验证。该模块基于隔离执行环境 TIE 支撑组成可信模块。其中，可信模块维护一个不可修改的可信列表，该列表中记录着各个服务的访问权限，并根据命名空间（namespace） ID 对服务或资源进行访问控制授权。只有通过该模块的访问权限验证，安全事件才可以访问相应的服务或资源。

- 安全事件调用鉴别模块用来判定安全事件的 API 调用是否发生了变化。通常来说，同一应用或同一安全事件的 API 调用过程应该是相同的。当安全事件被篡改或出现异常时，会导致安全事件的 API 调用过程发生改变。因此，通过记录安全事件的 API 调用过程可以发现该安全事件执行过程的变化或异常。

1. 终端系统安全事件可信记录

终端系统安全事件可信记录模块通过硬件辅助利用 TrustZone 和 MPU 等硬件隔离技术构建隔离执行环境 TIE，作为整个移动终端的信任根，为移动终端上嵌入可信模块，给各种可信机制和安全功能提供硬件保障。基于软硬件结合的终端系统安全事件可信记录包括以下三个模块。

（1） 安全事件调用收集模块

安全事件是指可能给用户带来潜在安全威胁的行为，这类行为可能由正常软件产生，也可能由恶意软件产生。目前大多数移动终端采用将系统服务托管在系统进程中的方法，安全事件的执行过程本质上是向系统服务发送请求并传递相关参数，系统服务进行操作后返回结果。因此，安全事件调用收集模块的主要功能就是通提取安全事件在执行过程中需要使用的系统服务（即底层 API）。负责对安全事件访问敏感硬件及敏感服务的权限进行验证，通过控制访问权限的方式保证敏感硬件及敏感服务不被非法访问。同时，利用安全隔离的方式，保证权限列表的内容不被恶意或非法篡改。

（2） 安全事件调用验证模块

该模块使用硬件辅助的方式，在移动终端可信模块内存储相应的可信列表。可信列表中保存着相应系统服务的访问控制权限，并使用类似 ARMV8-M 的 TrustZone 和 MPU 的硬件构建隔离技术隔离执行环境 TIE，将该可信列表与普通执行环境隔离起来，使得所有应用在访问该可信列表时只可以读取或执行，而无法对其进行修改。这样可以保证可信模块中的可信列表不会因为人为的误操作而修改或者被攻击者恶意破坏。

（3） 安全事件调用鉴别模块

负责对生成的安全事件调用关系图（如移动智能终端通话过程调用图） 进行安全存储

并生成安全事件鉴别模型。同时，还负责利用安全事件鉴别模型对安全事件的调用过程、调用参数进行鉴别，判断所述安全事件调用是否正常。负责对安全事件的敏感资源（如移动智能终端的话筒）访问权限进行验证，保证敏感资源不被非法访问。同时，利用安全隔离的方式，保证权限列表的内容不被恶意或非法篡改。该模块将每个安全事件的调用序列关系根据 namespace ID 生成有向无环调用图，并将其保存在安全存储区中。利用机器学习算法，生成安全事件调用关系分类模型，利用该模型判断后续新的安全事件的调用关系是否正常，以此来对安全事件进行鉴别。同时安全事件调用鉴别模块会将可疑敏感行为发送给用户进行判断，并将判断结果返回用于更新调用关系分类模型，用于提升鉴别的精确度。

2. 安全事件调用收集模块

图 7-13 所示为安全事件调用收集模块，以移动终端通话的 API 调用过程为例来说明安全事件调用收集过程，整个安全事件收集模块会通过执行移动终端通话逻辑过程来获得安全事件的调用关系，生成调用关系图，并存放到相应的存储空间中。

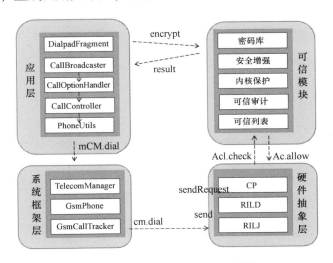

● 图 7-13 安全事件调用收集模块

1）在应用层 DialpadFragment 模块进行拨号盘初步处理，获取通话号码，并将其发送至密码库模块进行加密，将加密后的结果返回至 CallBroadcaster 模块进行处理。

2）在 CallBroadcaster 模块内部，对通话号码进行初步处理和判断。判断当前号码是否为紧急拨号，并重新构建 Intent。

3）调用 CallOptionHandler 模块接收 Intent 并对其进行解析，判断其属于互联网通话还是 IP 通话。

4）分别利用 CallController 和 PhoneUtils 模块对电话号码处理，同时得到拨号所需的 Phone、CM、context 等信息。

5）利用上述应用层解析得到的信息，向系统框架层内的 TelecomManager 发送拨号请求。

6）TelecomManager 利用 Base.dial 方法将通话请求发送给 GsmPhone。

7）GsmPhone 继续将指令传递给 GsmCallTracker。

8）GsmCallTracker 调用 RILJ，RILJ 将通话请求发送给 RILD。

9）RILD 接收到通话指令，发送给 CP。

10）CP 将通话消息发送给网络，通话状态转移至等待状态，同时调用 Acl.check 方法向可信列表申请权限调用听筒和传声器等硬件功能，如果可信列表中存在该安全事件的访问权限，则允许该访问请求，否则拒绝该访问请求。

3. 安全事件调用关系图生成

图 7-14 所示为安全事件调用关系图的生成过程，通过执行安全事件调用过程，对调用过程信息进行记录，得到安全事件调用关系。

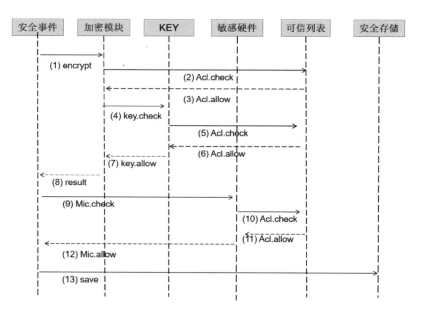

● 图 7-14 安全事件调用关系图的生成过程

其具体调用关系步骤如下。

1）安全事件需要使用硬件辅助隔离环境中的加密模块提供加密服务，此时调用 encrypt 方法访问加密模块。

2）调用 Acl.check 方法检查可信列表，验证该安全事件是否有权限访问加密模块。

3）如果可信列表中存在该安全事件的访问权限，则调用 Acl.allow 发放返回允许访问声明。否则拒绝该安全事件访问加密模块。

4）加密模块提供加密服务需要访问 KEY 模块查询密钥。

5）调用 Acl.check 方法检查可信列表，验证该安全事件是否有权限访问 KEY。

6）如果可信列表中存在该安全事件的访问权限，则调用 Acl.allow 发放返回允许访问声明。否则拒绝该安全事件访问 KEY 模块。

7）KEY 模块将密钥传递给加密模块，提供加密服务。

8）加密模块将加密好的信息返回给安全事件，该安全事件所需要提供的加密服务完成。中间部分的类似过程此处不再赘述。

9）安全事件需要访问敏感硬件提供服务，调用相应的 Mic.check 方法申请访问敏感硬件。

10）调用 Acl.check 方法检查可信列表，验证该安全事件是否有权限访问相应敏感硬件。

11）如果可信列表中存在该安全事件的访问权限，则调用 Acl.allow 发放返回允许访问声明。否则拒绝该安全事件访问敏感硬件。

12）允许安全事件访问敏感硬件，得到访问权限，使用 Mic.allow 方法调用敏感硬件提供服务。

4. 安全事件鉴别模型生成

图 7-15 所示为安全事件鉴别模块中的鉴别模型的生成过程。通过安全事件调用收集模块和安全事件调用验证模块之间的交互过程，将安全事件执行过程中的调用关系记录下来，形成安全事件调用关系图，保存到安全存储区中。一般来说，该安全事件调用图应该包括安全事件调用过程中传递的参数和安全事件调用逻辑关系。从安全事件调用图中，分别提取安全事件传递参数和安全事件调用逻辑关系，使用机器学习算法为其建立相应的分类模型，利用交叉验证的方式对模型进行修正评估，最后将该分类模型保存至安全存储区中。此外，当收到用户关于安全事件鉴别结果的判断修正时，对重新训练生成的模型进行修正，以提升模型的准确性。

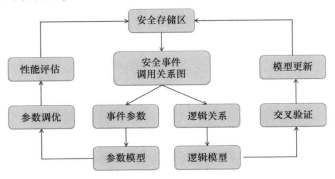

● 图 7-15　安全事件鉴别模块中鉴别模型的生成过程

7.4 基于控制流混淆的移动应用安全加固

移动应用安全加固是为了有效防止 App 被反编译，进而破译核心业务逻辑和算法，也防止移动应用被二次打包，插入病毒、木马、流氓广告等恶意代码。下面将首先概览软件安全加固技术，然后重点介绍基于控制流混淆的移动应用安全加固技术。

7.4.1 移动应用安全加固技术

典型的应用软件安全加固主要包含代码混淆、软件加壳、软件水印、完整性校验、防反汇编以及反动态调试等技术，介绍如下。

（1）代码混淆

代码混淆是指对软件进行外形或者数据的混淆，在不影响程序的原始功能的前提下，通过一种策略，将原有程序混淆变换成另一个程序，更难于被静态分析和逆向工程，即使被反编译以后得到的程序也难以被人阅读和理解。例如，将程序中的变量名、常量名、类名、方法名称等标识符的名称改名替换为毫无意义的名字，对程序加入伪装的判断语句，增加跳转分支来隐藏真实执行路径，以及对关键数据等进行混淆转换。

（2）软件加壳

加壳技术通常会改变程序执行的入口点，将程序执行的入口点指向壳程序，并且对原来的程序二进制数据进行加密压缩处理。加壳后的程序执行时，首先执行壳程序代码，通过壳程序对源程序进行解密、解压缩和动态加载。此外，壳程序还需要检测软件的运行环境，查看是否有常用的调试软件在对应用程序进行动态调试，若有则终止程序运行。软件加壳技术可以提升应用程序抵御攻击者对其的反编译能力，使得攻击者无法直接通过应用软件的二进制文件对应用软件的真正执行代码进行分析。

（3）软件水印

软件水印是一种有效的信息隐藏技术，通过该技术可以在软件中嵌入标识软件版权信息以防止非法复制和盗版。水印技术的主要数学基础依据是大数分解难理论，选取两个大素数，两者的乘积即为所有者的版权信息，将其嵌入到程序中，作为鉴别非法复制和盗用软件产品的依据。当盗版发生时，版权所有者提取嵌入的水印数据，并将其成功分解为两个大素数的乘积，由此证明软件的版权。根据使用目的分为阻止水印、断言水印、脆弱水印和确认水印，目前最广泛的是阻止水印技术。

（4）完整性校验

完整性校验是防止软件被篡改的重要手段，其通过利用密码学中的标准摘要算法（如MD5、SHA-256 等）对远程代码计算出一个校验值，然后将校验值存储在某一位置，程序运行时将再次对运行的程序算出校验值，与保存起来的原始校验值进行比对，如果相符则正确运行程序，如果程序遭到篡改，则无法通过完整性校验，由此实现对程序的保护。

（5）防反汇编技术

防反汇编技术是指通过在软件中嵌入特定汇编代码，干扰反汇编器的正常工作，导致其无法反汇编或反汇编的结果中有错误存在，常用的防反汇编方法包括在程序中写入花指令等。对于 Java 和 C# 等将代码编译成中间码然后再进行执行的编程语言，反编译器一般可以直接对其反编译，并且基本上可以做到 100% 将其反编译，把中间码还原为源代码。

（6）反动态调试

反动态调试指的是防止攻击破解者使用 Gdb 等动态调试器对运行的程序进行跟踪调试，从而达到对敏感信息和核心算法的保护。此类技术一般是针对调试器的特性或者程序的衰减时间来进行检测从而实现抵御，如检测程序进程中是否存在调试器，检测运行程序进出时间差或者检测程序中是否存在断电等，如果发现结果不是预期结果，就可以做出有效的反应，如抛出异常或者直接退出程序，从而实现对动态调试的抵挡。

代码混淆是移动应用领域目前较为常用的软件安全加固技术之一。下面详细介绍移动应用控制流代码混淆技术。

7.4.2 移动应用控制流混淆技术

在移动应用领域，常用的开源应用混淆工具主要有 ProGuard 和 DexGuard。ProGuard 和 DexGuard 主要采用数据和结构混淆技术，未对代码控制流进行混淆。但是，由于攻击者常基于分析出来的程序结构实施恶意代码添加或盗版，数据混淆与结构混淆并不能很好抵御这种攻击。而通过控制流混淆是应对这种攻击的有效技术手段，其具有以下优势：以多种方式构造不透明分支，额外开销小；与程序正常的分支结构类似，隐蔽性好；分支结构是程序唯一性的体现，修改分支结构而保持程序的语义是不容易的，故具有较强的鲁棒性。下面将重点介绍一种高安全移动应用控制流混淆技术。

1. 移动应用控制流混淆基本原理

控制流混淆技术的核心思想：首先，在插入多余控制流路径分支代码的基础上，对程序实际控制路径和多余路径进行进一步的压扁控制流处理；然后，通过构造访问控制策略对不透明谓词进行强化，破坏程序原有的控制流图，使攻击者难以区分实际的执行路径；最后，构建访问控制策略，对不透明谓词进行强化，大幅增加分析程序的难度。

控制流混淆系统模型如图 7-16 所示，包括输入、输出、混淆前的程序分析以及控制流混淆四部分。其中，控制流混淆核心组件包括插入分支路径、压扁控制流、不透明谓词强化三部分，下面章节将具体阐述三部分的详细技术方案。特别指出，为了控制性能开销，插入的分支路径实际上并不执行，压扁的结构中的语句包括实际路径和不执行的分支路径，而不透明谓词采用建立访问控制策略的形式的强化。

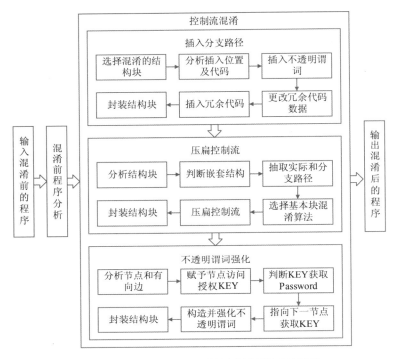

● 图 7-16　移动应用软件控制流混淆系统模型

2. 多余分支路径插入技术

多余分支路径插入技术方案如图 7-17 所示，其核心技术流程如下。

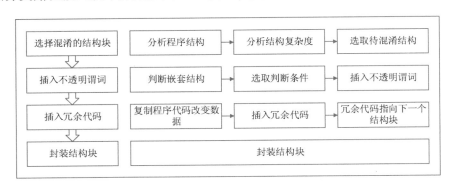

● 图 7-17　多余分支路径插入技术

1）在分析完程序控制流结构的基础上，选取程序中完整的结构块。具体而言：在进行程序结构分析时，先从最外层的结构开始，一层一层地分析程序嵌套结构和并列结构，直至最简单的基本块结构。通过程序分析，可以基本了解程序的整体结构和结构复杂度。以此为基础选取复杂度较高的结构块进行插入多余分支路径的控制流混淆。为了控制因插入分支路径带来的程序大小的增长，仅对嵌套结构复杂度高的结构块进行混淆处理。

2）选取要进行混淆的结构块后，需要进一步判断不透明谓词以及冗余代码的插入位置。为了控制插入的冗余代码量以及将插入的分支路径进行压扁控制流处理，插入不透明谓词的结构块中需要包含嵌套结构，其结构复杂度较高。同时，由于不透明谓词是判断条件，在嵌套结构中的第一个判断条件或循环条件前插入，可以插入一段不执行的嵌套结构，使得后续的压扁控制流后的结构看起来更加复杂。

3）在结构块中的嵌套结构前插入一个一定为真的不透明谓词，不透明谓词为假的边中插入与嵌套结构块结构相同但数据按条件随机生成的代码，作为不执行的冗余结构块。冗余结构块最后的有向边指向代码中的下一个结构块。

4）将原结构块与插入的不透明谓词以及冗余代码封装成一个结构块，以进行压扁控制流处理。

3. 控制流压扁技术

由于压扁控制流需要不断更新变量 Next 的值，会给程序运行带来一定开销。为了解决这一问题，本技术方案仅对内部有嵌套结构且封装好的结构块进行压扁控制流处理，减少嵌套层数，破坏其控制流结构。控制流压扁技术方案如图 7-18 所示。

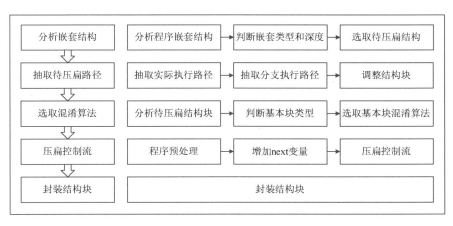

● 图 7-18　控制流压扁技术

压扁前需要通过分析程序嵌套结构和条件基本块的类型确定压扁执行的次数以及调用基本块压扁控制流算法的类型。压扁控制流相关算法包括压扁控制流算法、条件基本块压扁控制流算法。其中条件基本块压扁控制流算法包括 if 语句、while 语句、for 语句、switch

语句、do-while 语句等基本块压扁控制流算法等子算法。进行压扁处理时，通过压扁控制流算法调用个条件基本块的压扁控制流算法。

压扁控制流算法的功能主要包括分析结构块嵌套深度，判断条件基本块类型以调用相关基本块压扁控制流算法，以及根据嵌套深度控制压扁次数。压扁控制流算法流程如图 7-19 所示，由于结构块在上一步流程中插入的多余分支路径与原路径属于并行结构，在对程序进行嵌套结构分析时仅需分析原结构的嵌套深度即可。

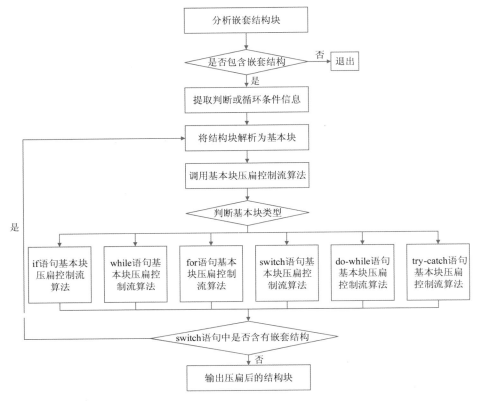

● 图 7-19　压扁控制流算法流程

4. 不透明谓词强化技术

对程序进行控制流混淆的最后一步是强化插入的不透明谓词。通过构建访问控制策略来强化不透明谓词，将整个程序中对不透明谓词的判断转化为图遍历问题。

如图 7-20 所示，将程序中各个封装好的结构块作为图中的节点，结构块之间的执行顺序（即节点之间的跳转）作为一条边，每个节点的访问都需要该节点的 KEY，以及通往下一个节点的边的口令（Password），程序的执行过程可以看作迷宫的访问，通过整合 KEY、口令以及访问路径可以构建程序访问控制策略。

每个节点的 KEY 为插入的不透明谓词的判断条件，即不透明谓词的构建可以通过构

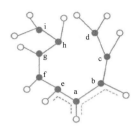

● 图 7-20　程序访问控制图

造一个单点函数（该函数只有在某个特殊的点上才会为真，其他情况全部为假），在计算判断结果的过程中，只有当输入正确的信息后，布尔值才会为真。如果判断条件有多个输入，可以把有限多个单点函数组合在一起，构成多点函数，即只在一个给定的情况集合下为真，其他情况下均为假的函数。

同时，不透明谓词的判断条件可以利用散列函数（Hash）来进行保护。构建访问控制策略时，需要将 KEY 值事前保存在程序中的其他位置，在判断是否能访问节点时，将不透明谓词的条件的散列函数值与相应的 KEY 值进行匹配分析。散列函数在密码学中已经被广泛研究并应用了，用它对数据进行保护是有效的。散列函数作为一种轻量级的加密算法，不仅有效地保护了不透明谓词，还能够在开销上进行控制。

在加强不透明谓词的基础上，程序执行路径的隐藏可以通过执行访问控制策略来实现。

 **第8章** 移动终端管控

随着移动办公的兴起，移动终端（如智能手机、平板计算机）已逐渐成为政府机关、企事业单位重要的办公工具。但是，用户使用移动终端远程访问或使用工作相关敏感数据使内部网络与外部网络间边界模糊化，导致近年来由移动终端引发的失泄密事件频发。移动终端管控技术是业界公认的、解决这一安全问题的重要技术手段。本章将详细介绍移动终端管控技术，具体内容安排如下。

首先，8.1 节将介绍移动终端管控的概念、内涵、模式、能力与应用场景；然后，8.2 节介绍管控系统模型、相关协议以及业界典型商用管控系统，8.3 节和 8.4 节分别介绍基于通信阻断的管控技术以及基于移动应用与虚拟机自省的管控技术；最后，8.5 节在介绍经典的管控策略实施验证技术的基础上，针对如何有效应对系统内核级绕过、欺骗和劫持等管控对抗行为，重点介绍基于移动终端 HiTruST 架构的策略可信实施技术。

8.1 移动终端管控的内涵与模型

超过 50% 的移动智能终端相关的失泄密事件是由于"主动"或"被动"违规使用移动终端摄像、录音、通信等功能记录和传播敏感信息（见图 8-1）导致的[54]。为了有效防

a) 摄像头、录音记录涉密信息　　　　b) 定位功能泄露位置信息

c) 通信功能传播敏感信息　　　　d) 恶意软件造成"被动"泄密

● 图 8-1　主动、被动移动终端违规使用示例

范移动终端相关失泄密事件的发生，应根据应用场景特点与安全需求综合运用多维管控能力对移动终端实施全方位管控。

为了便于读者理解移动终端管控技术，下面首先阐明移动终端管控的概念、内涵、模型、能力与应用场景。

8.1.1　基本概念与管控模式

移动终端管控通常指按照管控策略对智能手机、平板计算机以及其他终端设备进行管理与控制，包含移动设备管理、移动应用管理与移动内容管理等多维度能力。如图 8-2 所示，移动终端管控系统主要由管理服务平台、管控代理（即管控移动应用）以及分布式管控设备组成。其中，管控服务平台（简称为"管控平台"）可部署于企业数据中心、私有云或公有云；管控代理部署于移动终端等管控对象；分布式管控设备（如通信干扰设备、场景信标等）部署于需要实施移动终端管控的敏感区域。

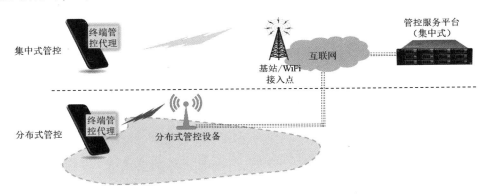

● 图 8-2　移动终端管控系统基本组成与部署示意图

移动终端管控系统通常以基于管控平台的集中式管控为基础，并根据应用场景需求在目标区域部署专用管控设备实现分布式管控。由于分布式管控是集中式管控在某些特殊应用场景中的实施方式，并且分布式管控设备通常也需要由管控平台集中管理，因此，分布式管控也可以看作是集中式管控的子集。为了便于理解，本书将终端管控分为集中式管控模式与分布式管控模式，并对二者的典型技术进行介绍。

1. 集中式管控模式

在该管控模式下，管控策略通过管控服务平台向目标移动终端或移动终端群组下发，实现对移动设备、移动应用，以及移动数据的远程管控。集中式移动终端管控技术最早于 20 世纪 90 年代应用于黑莓终端，当时终端主要以邮件的方式接收管控平台下发的管控策略并执行。随着终端管控需求的快速增长，2002 年，开放移动联盟（Open Mobile

Alliance，OMA）推出了设备管理（DM）相关标准，随后 IBM、Citrix、戴尔、谷歌、华为、三星等公司相继推出了自己的商用产品。本部分内容将在 8.2 节详细介绍。

2. 分布式管控模式

这种管控模式是通过在目标管控区域部署专用终端管控设备，以终端"自主感知方式"或"无感知方式"实现对进入目标管控区域终端的管控。

（1）自主感知分布式管控方式

自主感知分布式管控技术的典型代表为基于信标的分布式管控，该技术的基本原理：在敏感区域部署场景信标设备，信标设备以蓝牙或 WiFi 等无线通信方式持续广播包含特殊设计的场景或安全等级编码信息，终端侧的管控代理接收、识别场景标识或安全等级编码信息，并执行相对应的管控策略。其中，管控策略是由管控服务平台预先下发并安全存储于移动终端。

如何对进入管控区域的移动终端实施准确的管控是自主感知分布式管控技术的关键挑战之一。针对这一问题，学术界与产业界已开展了大量有益的探索，其中典型代表为全域信标与边界信标协同的精准管控技术方案。在该技术方案中，全域信标被放置在管控区域的中间区域，发射功率较大，信号覆盖整个管控区域，其功能是发射场景安全需求编码，同时以自身信号强度作为入区识别参数。边界信标被放置在管控区域的边界上，并严格按照区域形状间隔放置，通过调整发射功率保证相邻边界信标的覆盖区域不出现空白而相邻边界信标的交叠区域尽量小，其功能是在自身覆盖区域内广播全域信标的信号强度值，作为入区识别的门限。具体而言，全域信标的广播信号到达边界，被边界信标接收，边界信标即可获得全域信标的信号在自身位置的实时信号强度，并将此信号强度值广播出去。这个信号强度值即是边界信标的信号所覆盖区域的入区门限。终端在靠近并进入管控区域的过程中，必然先进入边界信标的广播区域，从边界信标的广播中获得附近的入区门限。之后终端将接收到的全域信标的信号强度与该门限对比，如果大于该门限，则认为已经进入管控区域，即可实施管控。

（2）无感知分布式管控方式

无感知分布式管控技术的典型代表为近场移动终端通信阻断，其通过在敏感区域部署通信干扰设备切断进入敏感区域的移动终端的无线通信链路。早期的通信阻断技术通常是利用大功率的噪声对终端信号进行压制，由于技术方案简单，在移动终端管控技术发展初期被广泛使用。但是，随着这种技术方案功效比差、覆盖范围有限以及管控边界不清等问题的不断暴露，业界逐渐放弃该技术方案，并转向基于协议的通信阻断技术，即根据通信协议特征，构造并发射符合标准协议的信号或数据包，使移动终端失同步、去附着，从而达到阻断通信的目的。具体说明如下。

无线局域网通信阻断主要包括通信协议阻断和信号干扰，其中，通信协议阻断主要包括基于物理层协议的通信阻断与基于媒体访问控制（MAC）层协议的通信阻断两种方式。信号干扰通过发射单频扫频信号、白噪声信号或宽带调制信号，降低接收信号的信噪比，从而阻断通信。为了实现更精准的信号干扰，可以从时域上和频域上降低发射信号的比例，从而降低发射信号的平均功率。例如，针对正交频分复用（OFDM）调制信号，可仅对特定时间、特定子载波进行干扰。基于 MAC 层协议的通信阻断有多种实现方式，如通过伪造终端 MAC 地址发送认证帧的身份认证协议阻断技术。物理层协议阻断方式主要是通过设置物理层相关参数并发送无线局域网通信信号来占用被阻断设备的通信信道。信号干扰技术较为简单，成本低，但在相同干扰效果下干扰信号强度较高；而基于协议的通信阻断技术较为复杂，但在相同干扰效果下所需的干扰信号强度低。

对于移动通信系统，接收端与发送端间的同步是进行正常通信的基础。移动终端成功接入到移动网络首先需要完成初始同步，并且需要在通信过程中保持与基站间的同步。基于上述前提，同步再造式干扰技术已成为目前最有效的移动通信阻断技术之一，其通过仿冒移动终端进行频率或相位同步跟踪的下行信号，精确干扰移动终端，使其与基站之间失同步，从而破坏移动终端正常通信。由于干扰信号能量集中，并且不影响上行链路与基站信号的接收，因此，可以有效降低对于通信管控区域外正常通信的影响。本部分内容将在8.3 节详细介绍。

8.1.2 终端管控模型与工作机制

终端管控模型核心组件包括管控代理（终端侧）、分布式管控设备，以及管控平台（服务侧），如图 8-3 所示。

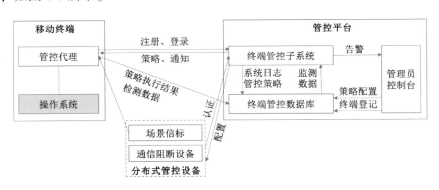

● 图 8-3 终端管控模型与工作机制

- 管控代理运行于移动终端，负责终端注册、登录、管控策略执行、场景感知、管控信息上报，以及安全事件上报等。
- 分布式管控设备的功能取决于具体设备类型。例如，场景信标设备可以为管控代理提供必要的场景标识信息；通信干扰设备则可以直接阻断一定范围内移动终端的通信。

- 管控平台是管控系统的"大脑"，其主要功能包括存储终端相关信息、管控策略；根据收集的终端监测数据与日志数据识别并发现终端异常行为；为管理员提供安全统一的管理员控制台，支持移动终端与用户注册、登记，以及管控策略集配置、更新等。

1. 管控代理与管控平台的基本协同工作机制

（1）注册

1）管控代理采集移动终端的软件与硬件信息，并上报给管控平台。其中，所采集的终端信息主要包括终端厂商、终端品牌、终端型号、终端标识［如国际移动设备识别码（IMEI）、移动设备识别码（MEID）等］、CPU型号、内存容量、外部存储容量、操作系统版本、组件版本、SIM卡标识［如集成电路卡标识符（ICCID）］、终端密码模块编号（如安全TF卡硬件编号）、数字证书序列号等。

2）管控平台验证终端的合法性：若验证通过，则返回授权信息；若验证失败，则向管控代理返回失败原因，管控代理将终端恢复至注册开始前的状态。

（2）登录

1）管控代理采集登录信息，并上报给管控平台。其中，登录信息可包括但不限于终端唯一标识（IMEI或MEID列表）、终端密码模块编号、数字证书用户标识、SIM卡标识（如ICCID）。

2）终端管控平台校验登录信息，并返回登录结果。

（3）策略初始化与更新

管控平台对于未下发管控策略终端，初始化配置相应管控策略；对于已配置管控策略的终端，管控平台可以以全量或增量方式更新管控策略。管控代理接收到管控平台下发的管控策略后，首先应对管控策略的完整性进行检验。

（4）策略解析及执行

管控代理按照预先定义的数据结构解析管控策略，并调用移动操作系统提供的管控接口实施管控操作。

（5）执行结果反馈与记录

管控代理收集管控策略的执行相关数据，并将数据上报给管控平台；管控平台则根据管控数据判断管控策略执行结果，并将管控结果记录到终端安全管控数据库，同时将异常管控结果告知管理员。

2. 分布式管控设备与管控平台的基本协同工作机制

（1）注册

管理员在管控平台注册分布式管控设备，注册信息主要包括管控设备厂商、管控设备品牌、管控设备型号、管控设备标识等。

（2）认证

管控平台对分布式管控设备的身份合法性进行验证，并返回认证结果。

（3）配置与策略下发或更新

管控平台对通过身份认证的分布式管控设备配置参数并初始化或更新管控策略；分布式管控设备接收到管控平台下发的配置参数或管控策略后，对其完整性进行检验。

（4）管控执行

分布式管控设备按照设定的参数与管控策略，执行相应的通信干扰与信标广播等操作。

8.1.3　终端管控能力及应用场景

管控能力是衡量终端管控系统的重要指标，通常包括移动设备管控、移动应用管控，以及移动数据管控三类。

（1）移动设备管控

移动设备管理能力主要包括：

- 设备资产管理：为管理员提供统一的资产管理界面，使管理员可以在单一页面查看所有移动终端设备相关的信息，即终端厂商、终端品牌、终端型号、终端标识［如国际移动设备识别码（IMEI）、移动设备识别码（MEID）等］、CPU 型号、内存容量、外部存储容量、操作系统版本、SIM 卡标识、终端密码模块编号（如安全 TF 卡硬件编号）、数字证书序列号、使用人员信息等，并可以根据需求生成多种报告为管理者提供决策支持。
- 终端外设管控：启动/禁用摄像头、传声器、WiFi、移动通信、蓝牙、红外、生物特征识别、定位服务、通用串行总线（USB）、扩展存储等移动终端外设的功能，防止通过移动终端违规获取、外传、泄露敏感数据。
- 基本功能管控：启用/禁用通话、短信、截屏、网络共享、恢复出厂设置、开发联调模式、系统自动升级等移动终端基本功能。
- 安全违规检测：基于监测数据检测移动终端设备是否被"越狱"或被恶意获取最高管理员权限、离线是否超过指定时间、是否未安装安全软件、是否已卸载管控代理、流量是否使用异常，以及使用位置和时间是否超出规定范围等。
- 数据采集：采集终端软硬件信息，移动应用使用流量、运行时长，以及硬件加装、根权限（Root）状态、耗电量等数据。
- 远程控制与配置：对终端锁定或解锁终端、关机或重启进行控制，并且支持远程配置 WiFi、虚拟专用网（VPN）、接入点名（APN）、单点登录（SSO）相关参数。

- 应急管控：当移动终端丢失、被盗或需要注销时，能够远程强制启动锁屏、擦除数据、恢复出厂设置等功能。

（2）移动应用管控

移动应用管控能力主要包括：

- 移动应用安装控制：禁止安装应用黑名单中的应用；自动下载并强制安装专用移动应用。
- 移动应用安全加固：在分发前，对专用移动应用进行病毒木马扫描与必要的安全加固处理。
- 移动应用更新管理：将移动应用更新补丁、更新通知或更新链接自动推送到移动终端上。
- 移动应用使用管理：对终端已安装的移动应用清单进行审计，强制卸载移动应用黑名单中的应用。
- 移动应用权限管控：对移动应用的终端信息获取、通信录访问、网络与电话功能、定位功能以及录音和摄像等多媒体功能的权限进行统一控制。

（3）移动数据管控

移动数据管理能力主要包括：

- 数据存储加密管理：对移动终端存储的敏感数据的加密强度及存储区域进行管理，确保移动终端数据安全。
- 数据查阅方式管理：对于特别敏感的数据或文件查阅方式进行管理，提供阅后即焚功能，有效掌握文件控制权，从源头上保证文件资料不被泄露。
- 数据擦除管控：对移动终端数据提供强制擦除，恢复出厂设置功能，并且提供选择性擦除部分数据（如敏感数据）功能。

基于上述管控能力以及两种管控模式的组合可以实现对移动终端全场景、多维度的管控。为了便于理解，下面给出了三种移动终端管控的典型应用场景示例。

- **出差移动办公**。用户因公务出差向管理员提交开通出差期间在出差目的地使用移动办公服务的申请，管理员根据申请将地理围栏（出差目的地）与时间围栏（出差期间）管控策略推送给用户移动终端。
- **进入敏感区域**。用户携带移动终端进入会议室、内部机房等敏感区域时，部署的无线通信干扰仪器将阻断终端通信。同时，终端接收到敏感区域已部署的信标信息后，将执行相应管控策略以禁用摄像头、传声器等外设。
- **手机遗失或被盗**。针对用户移动终端丢失或被盗等事件，管理员可以对终端实施应急管控，具体措施可包括但不限于：清除终端工作相关敏感数据、恢复出厂设置、下发新的锁屏密码、锁定设备等。

8.2 集中式移动终端管控协议、技术与系统

本节将重点介绍开放移动联盟（OMA）终端设备管理（DM）协议、技术与代表性的商用终端管控系统。

8.2.1 OMA DM 协议

OMA DM 是一种基于 OMA SyncML 协议[55] 衍生出的、专门用于移动终端管理的协议[56]-[58]。如图 8-4 所示，该协议设计基于客户端/服务器体系结构（C/S），其中，终端管理服务器（即 8.1 节所述的管控平台）是控制方，终端管理客户端（即管控代理）是被控制方；服务器和客户端之间以消息（message）为单位进行交互，客户端负责接收由服务器发送的指令并执行。通过 OMA DM 协议，终端管理服务器可以对终端设备进行固件更新、参数配置、数据采集等各种管理功能。

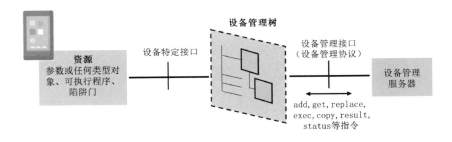

• 图 8-4　OMA 终端设备管理模型

1. OMA DM 管理对象与管理树

OMA DM 协议定义终端设备的任意组件为 OMA 终端设备管理对象，并明确给出了表 8-1 所示的三种强制管理对象，要求所有终端设备和管理服务器必须支持。

表 8-1　OMA 终端设备强制管理对象

管理对象	终端支持	管理服务器支持	说　明
DMAcc	必须支持	必须支持	配置 OMA 终端设备管理对象账户、添加新账户或管理现有账户
DevInfo	必须支持	必须支持	终端设备信息，由终端发给服务器
DevDetail	必须支持	必须支持	详细的通用终端设备信息，无需在每个进程中发送

除了上述三种强制管理对象外，移动终端还具有大量其他管理对象。例如，用户应用程序、中间件组件、服务设置，以及固件镜像等，并且随着新功能的加入，会产生更多的管理对象。为了便于对管理对象进行管理，OMA 终端设备管理协议将终端侧的所有管理对象以树形结构组织，构成管理树，并采用一个 XML/wbXML⊖格式文件表示。管理树中每个节点表示一个管理对象的实例，节点路径通过统一资源标识（URI）来唯一标识（如./DevDetail）。另外，每个节点具有访问控制列表（ACL），用以表示管理服务器可对节点发起的管控操作。例如，支持固件更新的终端对应的管理树中将挂接一个固件更新管理对象（FUMO）节点，并且该节点中包含更新包描述符地址⊖、固件更新包下载地址、固件更新包下载后的操作（如只下载或下载后立即更新）等更新信息。

终端管理服务器可以通过使用 GET 命令获取终端管理树的结构。如果所访问的节点是内部节点，则返回所有子节点名称的列表。如果内部节点没有子节点，则返回子节点名称的空列表。如果节点是叶节点，它必须有一个值，该值可为 null。终端管理服务器可以在管理树中维护关于其当前位置的信息。

为了便于理解，图 8-5 给出了一个管理树示例：管理树从设备根开始

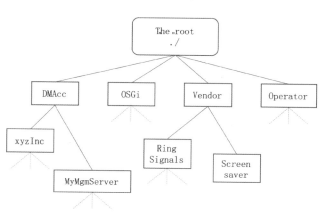

● 图 8-5　管理树示例

构建，管理树 xyzInc 节点的 URI 地址可表示为./DMAcc/xyzInc 或者 DMAcc/xyzInc，管理服务器可以使用该 URI 实施管控。

2. OMA DM 协议管理命令与工作流程

类似于简单网络管理协议（SNMP）操作，OMA DM 命令主要包括获取（Get）、替换（Replace）、添加（Add）、删除（Delete）、执行（Exec）等，见表 8-2。服务器通过 Get 命令从客户端检索管理对象内容或管理对象列表；服务器可以通过 Add 命令添加一个新的管理对象。此外，服务器还可以通过 Replace 或 Delete 命令进行替换或删除。客户端可以通过 Alert 命令通知管理会话，而服务器可以通过 Exec 命令通知客户端执行相应管理操作。按需组合这些命令可以构成一个完整的终端管理会话。

⊖　wbXML 为一种二进制 XML 格式。
⊖　OMA DM 协议规定下载实体前必须先下载实体的描述信息，供终端判断自身是否具有下载该实体的能力，例如，资源是否够用。

表 8-2 OMA DM 命令集

特 征	描 述	OMA 设备管理指令
读取管控对象内容或管控对象列表	服务器从管控客户端或管理树中的管控对象列表残留恢复内容	Get
添加管控对象内容	插入一个新的动态管控对象	Add
更新管控对象内容	用新内容替换一个已有管控对象的内容	Replace
删除管控对象	从管理树删除一个或多个管控对象	Delete
启动管理会话	通过设备管控会话向管控设备发送通知	Alert
执行进程	调用一个新的进程并返回状态码或结果	Exec

OMA DM 命令以 XML 格式表示，图 8-6 给出了 Alert 命令的具体格式。

OMA DM 协议工作过程由管控建立阶段和管控操作阶段组成。其中，管控建立阶段包含认证和设备信息交换操作；管控操作阶段则包含对终端管理对象的具体操作。图 8-7 描述了两个阶段的工作流程。

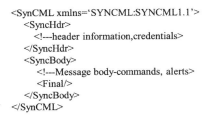

```
<SyncML xmlns='SYNCML:SYNCML1.1'>
  <SyncHdr>
    <!---header information,credentials>
  </SyncHdr>
  <SyncBody>
    <!---Message body-commands, alerts>
    <Final/>
  </SyncBody>
</SyncML>
```

● 图 8-6 OMA DM 命令 XML 格式示例

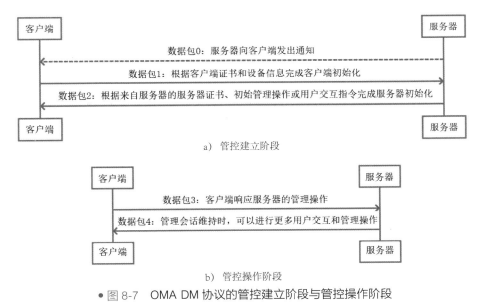

a) 管控建立阶段

b) 管控操作阶段

● 图 8-7 OMA DM 协议的管控建立阶段与管控操作阶段

（1）管控建立阶段

1）管理服务器向客户端发出管控初始请求通知数据包 0（Package 0）。

2）客户端接收到请求后，通过数据包 1（Package 1）将终端信息（如制造商、型号）及证书发送至管理服务器。

3）管理服务器对客户端身份进行认证，并通过数据包 2（Package 2）向客户端发送管控操作指令。

（2）管控操作阶段

1）客户端执行管控指令，并将执行结果发送给管理服务器。

2）管理服务器，如果无管理指令，则发送数据包4（Package 4）关闭管理会话；如果服务器发送管控指令，则发送数据包3（Package 3）。

8.2.2 代表性商用终端管控系统

华为、IBM、Citrix、戴尔、谷歌、三星等公司均推出了移动终端管控商用系统。这些系统均具备移动设备管理（MDM）、移动应用管理（MAM），以及移动内容管理（MCM）等基本功能，它们也有各自的功能特色，具体分析见表8-3。

表8-3 代表性的终端管控系统简介

厂 商	平台名称	基本管控功能	特 点
Citrix	XenMobile[1]	支持移动设备管理（MDM）支持移动应用管理（MAM）支持移动内容管理（MCM）	• 个人域与办公域逻辑隔离：基于 Citrix MDX 技术，能够在移动终端区隔离出专用容器（Container），用于专用 App 安装与敏感数据存储 • 针对办公域的精细管控策略：支持对专用容器设定精细管控策略（如禁用手机照相功能，以及禁止复制、粘贴、打印等操作），从而有效保护办公数据安全
华为	华为终端管控系统[2]		• 管控能力与多维信息安全能力融合：融合 AnyOffice 移动办公客户端、SVN2000/5000 系列的 SSL/IPsec 一体化 VPN 硬件网关设备、安全准入控制网关（SACG）、兼具防火墙和 UTM 功能的 USG220015100/5500 设备、统一策略管理服务器以及移动企业应用平台
戴尔	DELL EMM[3]		• 安全远程访问网关（SonicWALL/SRA） • 支持 iOS 和安卓智能手机，Windows、安卓和 iOS 平板计算机，Linux、Mac 和 Windows 笔记本和台式机以及瘦客户端和零客户端
IBM	MaaS360[4]		• MaaS360 作为一个强大的集成云平台，能够快速实现部署应用，并且简化了移动设备管理（MDM）流程，增强了移动设备、应用程序和文档管理的可见性
三星	SDS EMM[5]		• 基于三星 Knox Workspace 实现个人域与办公域逻辑隔离，并提供专用管控应用支持

[1] https://docs.citrix.com/en-us/xenmobile/server.html
[2] https://www.huaweicloud.com/theme/465337-1-Z
[3] https://www.dell.com/en-ie/dt/services/managed-services/
[4] https://www.ibm.com/security/mobile
[5] https://www.samsungsds.com/en/wemm/wearable-emm.html

8.3 基于通信阻断的分布式移动终端管控技术

移动通信阻断技术是通过发射特定的阻断信号，阻断移动终端与移动公网基站间的正常通信，从而阻止移动终端导致的信息泄露事件的发生。本节将以目前广泛使用的 2G GSM 与 4G LTE 为例介绍基于通信阻断的分布式移动终端管控技术。

8.3.1 移动终端 GSM 通信阻断

在移动通信系统应用中，移动终端只有与基站保持时隙和频率上的同步，才能够正确与基站正确交互信令与信息。GSM 系统的同步包括时间同步与频率同步。显然，可以采用干扰或破坏移动终端与 GSM 基站间的同步，并使移动终端无法通过小区搜索过程再次建立与基站间的同步，实现对移动终端的通信阻断。

显然，通信阻断是建立在同步技术基础上的。因此，下面首先介绍 GSM 同步建立的基本原理与方法。

GSM 移动终端通过小区搜索完成与基站的同步，涉及的信道包括频率校正信道（FCCH）、同步信道（SCH），以及广播控制信道（BCCH），它们的组成及在同步中的作用介绍如下。

- FCCH 承载的频率校正突发（Frequency Burst，FB）脉冲的发射的信号通常不携带信息，其承载的是 148 位全 0 数据，频率为 1625/24kHz，用于移动终端与基站侧的频率同步。
- SCH 承载的同步突发（Synchronization Burst，SB）脉冲包含一个长训练序列，携带了基站识别码（Base Station Identity Code，BSIC）与帧信息，用于移动终端与基站侧的时间同步。
- BCCH 负责向移动终端广播系统信息。

GSM 移动终端与基站间的同步通过搜索上述信道相关的序列进行时间与频率同步。

首先，如图 8-8 所示，在小区搜索过程中，移动终端搜索到一个小区，并检测其所发射的 FCCH，建立下行频率同步，而后检测其所发射的 SCH，建立下行时间同步（即时隙同步），获得小区的系统帧号。

在小区搜索过程中，FCCH 检测的目的是初步判断 GSM 信号是否存在、频偏估计与粗

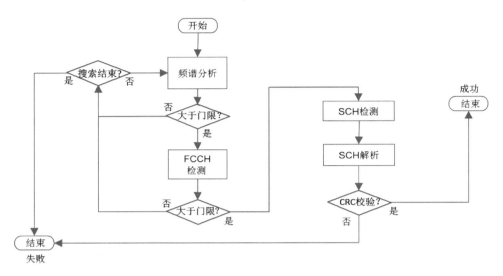

● 图 8-8　GSM 小区搜索流程

粒度时间估计。FCCH 中数据比特与尾比特全部为 0，并且调制方式采用滚降系数为 0.3 的高斯最小频移键控（GMSK），FCCH 相当于调制在主载波频率 1625/24KHz 上。判断是否存在 FCCH，可采用计算相邻样值相位变化的方向，并统计连续正向相位变化出现次数。若次数大于设定的门限，则存在 FCCH；反之，不存在。

移动终端利用 SCH 中的训练序列进行精准时间同步，建立下行同步。通常是通过匹配滤波器与接收到的 SCH 中的训练序列进行匹配实现的。若匹配滤波器的输出值大于设定的门限，则 SCH 存在；反之，则不存在。

在 SCH 解码阶段，移动终端读取搜索到小区的 SCH 上承载的信息，根据循环冗余码校验（CRC）的结果决定小区搜索是否成功。信道估计是基于 SCH 中的长度为 64 位的训练序列，通过时域相关来计算初始信道响应，进而对噪声进行抑制，从而得到最终的信道响应。信道均衡一般采用时域滤波方法实现，信道译码采用维特比（Viterbi）算法来对卷积码进行译码，如图 8-9 所示。

移动终端完成小区搜索之后，建立下行同步，获得系统帧号，为保证处于连接状态，需要保持同步跟踪，GSM 同步跟踪的处理流程如图 8-10 所示。

针对移动终端干扰信号的生成就是根据检测得到的 FCCH、SCH，以及 BCCH 的相关参数，构造这些物理信道，并加以调频、调相等处理后通过空口发射来扰乱或破坏移动终端与基站间的同步，达到阻断移动终端 GSM 通信的目的。

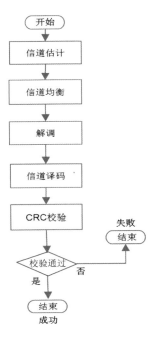

● 图 8-9   SCH 解码流程

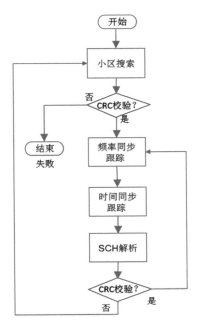

● 图 8-10   同步跟踪流程

8.3.2   移动终端 4G LTE 通信阻断

4G LTE 完全基于分组交换，是真正面向数据业务的全新一代移动通信标准。LTE 移动终端开机后首先与基站进行时间与频率同步。然后，获取无线环境中多个小区的广播信息，读取物理广播信道（PBCH）中的关键信息，判断该小区是否可以驻留。终端成功驻留小区后，进行无线资源控制（RRC）连接建立。在上述过程中会采用随机接入，网络侧获知终端的接入请求后会提供一些临时的资源。

LTE 初始同步中涉及的物理信号/信道有主同步信号（PSS）、辅同步信号（SSS）、小区特定参考信号（CRS）、物理广播信道（PBCH），可通过破坏空口的同步算法输入，即对上述几种物理信号/信道进行相干污染，使移动终端频率失步，用以阻断通信。此外，控制信道中也提供了移动终端入网的关键信息，破坏控制信道的解调与解码过程，也会干扰移动终端的通信。例如，干扰物理控制格式指示信道（PCFICH）。

鉴于上述分析，为了阻断 LTE 移动终端的通信，可以选择干扰 LTE 主同步信号（PSS）、辅同步信号（SSS）、小区特定参考信号（CRS）、物理广播信道（PBCH）及物理控制格式指示信道（PCFICH）。下面介绍这些信号或信道的结构。

（1）主同步信号（PSS）

主同步信号用于移动终端的下行同步过程。主同步信号序列有 3 种，分别由 3 个 62 位的 Zadoff-Chu 序列产生，该序列携带物理小区标识（PCI）。

PSS 的频域映射在中心频点两侧的 72 个子载波上［不包含直流（DC）子载波］，时域映射取决于帧结构：帧结构 1［频分双工（FDD）帧结构］，映射到时隙 0 和时隙 10 的最后一个 OFDM 符号；帧结构 2［时分双工（TDD）帧结构］，映射到子帧 1 和子帧 6 的第三个 OFDM 符号。

（2）辅同步信号（SSS）

辅同步信号 SSS 同样用于移动终端的下行同步过程。SSS 由两个长度为 31 的二进制序列交织级联产生，使用扰码序列进行加扰，并携带了物理小区标识（PCI）的部分信息。

SSS 的频域映射在中心频点两侧 72 个子载波上（不包含 DC 子载波），其时域映射取决于帧结构：帧结构 1，映射到时隙 0 和时隙 10 的倒数第二个正交频分复用（OFDM）符号；帧结构 2，映射到时隙 1 和时隙 11 的最后一个 OFDM 符号。

（3）物理广播信道（PBCH）

为了能够正常接入小区，移动终端在完成扫频后，还需要继续读取小区的系统信息。为了使任何时间开机的移动终端都能及时获取系统信息，移动网络对系统信息进行重复广播。系统信息具体包括：

- 小区下行系统带宽、物理混合自动重传指示信道 PHICH 配置。
- 小区特定的天线端口的数目（1、2 或 4）。
- 层 1 与层 2 控制信号（包括 PCFICH、PHICH、PDCCH）的传输分集模式信息。

PBCH 的时域位置在子帧 0 的 PSS、SSS 信号之后，并被映射到中心频点两侧的 72 个子载波上（不包含 DC 子载波）。

（4）小区特定参考信号（CRS）

CRS 并不承载用户数据，而是提供一种技术手段，使得终端可以通过对 CRS 信号的测量，实现对所有下行传输的相关解调，得到下行信道质量指示（CQI）、预编码矩阵指示 PMI、秩 RI 等信息。

小区特定参考信号（CRS）存在于每个下行子帧，并在频率域上每个资源块进行传输，因而跨越整个下行小区带宽。

一个 CRS 包含了插入到每个时隙中第一个和倒数第三个 OFDM 符号的参考符号，带有 6 个子载波的频域间隔。此外，在倒数第三个 OFDM 符号内的参考信号与第一个 OFDM 符号内的参考信号之间存在 3 个子载波间隔。在每个资源块对内每 1ms 的子帧包含了 12 个子载波，共有 8 个参考符号。图 8-11 所示为常规循环前缀（CP）下的小区特定参考信号

（CRS）图样。

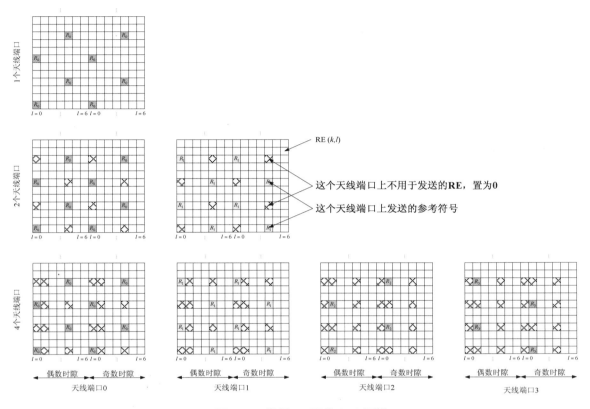

● 图 8-11　常规 CP 下的 CRS 图样

（5）物理控制格式指示信道（PCFICH）

PCFICH 承载的控制格式标识符（CFI）信息，标识当前子帧中控制区域或 PDCCH 占用的 OFDM 符号个数。对于 LTE 终端来说，正确解码 PCFICH 是非常重要的，如果解码错误，终端无法处理控制信道，从而无法得知数据区域的起始符号，也就无法与网络建立连接。

针对上述目标干扰信号/信道，4G LTE 管控技术主要包括小区搜索、同步跟踪、干扰信号生成与发送三个部分。

首先，小区搜索包括扫频、精同步、PBCH 解码，通过小区搜索确定环境中存在的基站信息。如图 8-12 所示，PBCH 解码流程较为复杂，通过帧间软合并方法解码 PBCH。若成功解码 PBCH 信息，则进入同步跟踪状态；否则，重新进入扫频流程，检测下一个频点。

其次，同步跟踪是为了实现精同步过程，如图 8-13 所示，若失步，则进入小区搜索状态，重新进行同步。

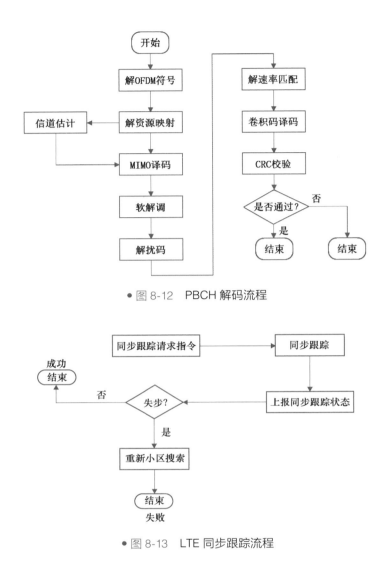

● 图 8-12　PBCH 解码流程

● 图 8-13　LTE 同步跟踪流程

最后，根据上述过程取得的系统参数，同步再造这些物理信道后进行调频、调相等处理，并发送到空口，干扰移动终端与基站间的正常同步，阻断移动终端与基站间的正常通信。

8.4　基于移动应用与虚拟机自省的移动终端管控监测技术

只有保证管控策略可信执行才能有效发挥终端管控的作用。业界通常通过持续监测移动终端的管控策略实施行为来判断管控策略是否有效执行。本节将介绍两种典型的管控行为监测技术：基于移动操作系统与移动应用的管控行为监测技术，以及基于 Xen 虚拟机自省的管控行为监测技术，并分析这两种经典技术方案"先天"存在的管控对抗威胁。

8.4.1　基于移动操作系统与移动应用的管控行为监测技术及其管控对抗行为分析

基于移动操作系统与移动应用的管控行为监测是业界最常用的技术方案之一[59]。图 8-14a 给出了该技术方案的主要工作流程：首先，管控平台将管控策略发送至移动终端，移动终端主系统管控应用（或管控代理）执行管控策略的同时，将策略执行响应结果反馈给管控平台；然后，管控平台根据反馈的数据判断管控行为是否有效执行。

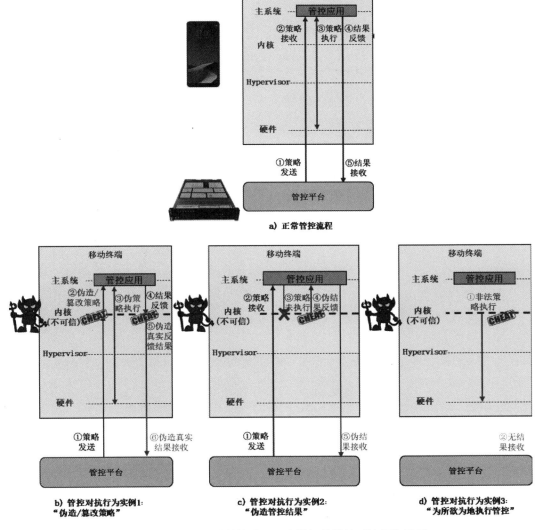

● 图 8-14　经典终端管控流程及内核级的管控对抗行为示例

在该技术方案中，由于管控应用（或管控代理）对于管控行为的监测通常基于移动操作系统的能力，并运行于普通世界，未能构建高可信的管控策略实施闭环，缺少对管控策略、策略执行结果在传输过程中的完整性保护，并且无法保证策略执行结果的真实性，因此，这种技术方案无法有效应对图 8-14b~d 所示的内核级的绕过、欺骗和劫持等管控对抗行为[60]。具体说明如下。

在图 8-14b 中，恶意系统内核篡改了管控应用接收到的管控策略，并伪造了真实的策略执行响应或结果，导致管控平台与管控应用全然不知真实的管控策略未被执行；在图 8-14c 中，恶意系统内核拒绝执行管控策略，并伪造真实管控执行响应反馈管控应用，同样，导致管控平台与管控应用全然不知管控策略未被执行；在图 8-14d 中，恶意系统内核可以直接绕过管控平台与管控应用"为所欲为"地调用终端资源或改变当前管控状态。

8.4.2　基于虚拟机自省的管控行为监测技术及其管控对抗行为分析

第 4 章 4.2.3 节介绍了 Xen 虚拟化的技术原理，下面以 Xen 虚拟化架构为例介绍一种基于虚拟机自省的管控行为监测技术[60]。Xen 虚拟化架构主要包含以下三部分。

- Xen Hypervisor：直接运行于硬件上的是 Xen 客户操作系统与硬件资源之间的访问接口。通过将客户操作系统与硬件进行分类，Xen 管理系统可以允许客户操作系统安全并独立地运行在相同硬件环境之上。
- Domain 0（以下简记为 Dom 0）：运行在 Xen 管理程序上，具有直接访问硬件和管理其他客户操作系统的特权的客户操作系统。
- Domain U：运行在 Xen 管理程序上的普通客户操作系统或业务操作系统，不能直接访问硬件资源（如内存，硬盘等），但可以独立并行的存在多个（在图 8-15 中，Domain U 只有 1 个主系统，以下简记为 Dom 1）。

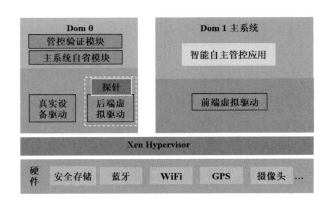

● 图 8-15　基于 Xen 架构的管控行为监测系统

下面以基于蓝牙信标的分布式管控为例详细介绍基于 Xen 虚拟机自省的管控行为监测技术。

1. 功能模块

在 Xen 虚拟化架构基础上引入以下功能模块。

（1）主系统自省模块

该模块运行在 Dom 0 用户态，其功能包括：

- 与后端虚拟驱动中部署的探针进行信息交互，所交互的信息包括场景信标广播的场景信息和执行管控策略时的硬件操作事件信息。
- 与管控验证模块进行信息交互，所交互的信息包括当前场景对应的管控策略信息，以及硬件操作事件信息。
- 根据场景信标广播的场景信息从安全存储中读取相应的管控策略信息。

（2）探针模块

探针模块运行在 Dom 0 内核态，包含以下两种探针。

- 场景信息捕获探针：部署在 Dom 0 蓝牙后端虚拟驱动中，能够根据特殊前导序列捕获场景信标（蓝牙）发送的场景信息并报告给主系统自省模块。该探针伪代码实现示例如图 8-16 所示。

```
#蓝牙设备后端虚拟驱动源码-发送数据函数
#输入参数dom_id为接收方的域id
#输入参数data为需要传输的数据
function bluetooth_tx_data(dom_id, data):
    ……
    #获取主系统自省模块进程号
    im_process = get_im_process();
    #判断接收方是否为主系统，数据是否包含前导序列
    if dom_id == DomU1 and data.has_seq() {
        #通过进程间通信向主系统自省模块发送数据;
        share_data(im_process, data);
    }
    ……
```

● 图 8-16　场景信息捕获探针实现示例

- 硬件操作事件捕获探针：该探针应部署在 Dom 0 的一个后端虚拟驱动中（部署在 Xen 网卡的探针如图 8-17 所示，部署位置位于 xen_nic.c 文件），能够捕获相应的硬件操作事件及其上下文，并报告给主系统自省模块。

```
static int net_free(struct XenDevice *xendev)
{
    struct XenNetDev *netdev = container_of(xendev, struct XenNetDev, xendev);
    /* 探针逻辑
        ...
    */
    //释放网卡
    if (netdev->nic) {
        qemu_del_nic(netdev->nic);
        netdev->nic = NULL;
    }
    //清除所记录的MAC地址信息
    g_free(netdev->mac);
    netdev->mac = NULL;
    return 0;
}
```

● 图 8-17　硬件操作事件捕获探针实现示例

（3）管控验证模块

该模块运行在 Dom 0，其功能包括：

- 与主系统自省模块通信，所交互的信息包括当前场景对应的管控策略信息以及硬件操作事件信息。
- 验证管控策略是否正确实施。
- 检查是否有违规管控操作。

（4）管控代理

该模块运行在 Dom 1（主系统）用户态。功能包括：

- 接收来自场景信标的场景信息。
- 根据收到的场景信息完成相应的管控操作（如开/关某外设等）。

（5）场景信标

在管控区域部署一系列互不干扰的蓝牙场景信标，各信标能够向覆盖区域内的移动终端广播含有特定前导序列的场景信息。

2. 工作机制

基于 Xen 虚拟机自省的管控行为监测具体工作机制包含以下三个阶段。

（1）管控场景标识提取与对应策略上报阶段

在该阶段，Dom 0 中的蓝牙设备后端虚拟驱动中部署探针，捕获场景信标广播的场景信息，上报给主系统自省模块，然后发送给管控验证模块。

具体工作机制如图 8-18 所示，包含以下步骤。

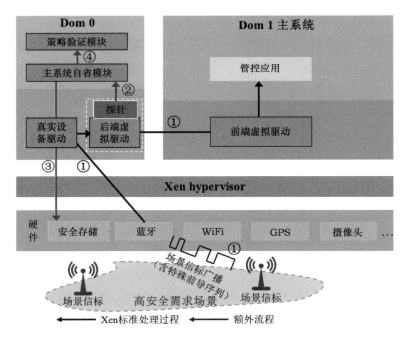

● 图 8-18　管控场景标识提取与对应策略上报阶段工作机制

1）场景信标广播经由 Xen 标准 I/O 处理过程发送至管控应用。

2）部署在蓝牙后端虚拟驱动中的探针根据特殊的前导序列识别出场景信息，并将其镜像至主系统自省模块。

3）主系统自省模块从安全存储中读取对应的管控策略信息。

4）主系统自省模块将场景信息发送至管控验证模块。

（2）自主管控策略真实硬件操作事件捕获阶段

在该阶段，Dom 0 中后端虚拟驱动中部署的探针捕获并过滤真实硬件操作事件（如启/禁用外设等），并将硬件操作事件报告给管控验证模块。

具体工作机制如图 8-19 所示，包含以下步骤。

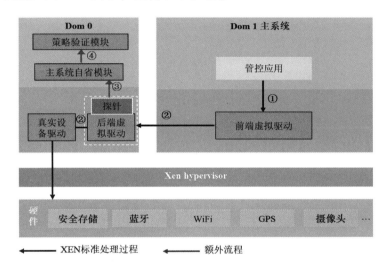

● 图 8-19　自主管控策略真实硬件操作事件捕获工作机制

1）管控代理开始执行硬件管控策略，向前端虚拟驱动发送硬件操作请求。

2）硬件操作请求经由 Xen 前/后端虚拟驱动通信机制发往 Dom 0，并由 Dom 0 真实设备驱动完成对硬件的操作。

3）部署在 Dom 0 后端虚拟驱动中的探针捕获真实硬件操作事件，并汇报给 Dom 0 主系统自省模块。

4）主系统自省模块对真实硬件操作事件进行过滤，并将结果发送至管控验证模块。

（3）自主管控策略执行一致性验证

策略验证 TA 校验真实硬件操作是否与管控策略匹配，若不匹配，则触发内核受损检测模块告警。验证管控策略实施验证与违规管控操作验证示例分别如图 8-20 和图 8-21 所示。

从上述技术方案可以看出，为了实现在线管控实施监测必须在 Dom 0 中额外引入复杂

```
strategy_cur; //当前管控策略, 从主系统自省模块获得
dev_ops_all; //所有的真实硬件操作事件, 从Dom 0探针捕获
/*过滤出智能自主管控应用触发的硬件操作事件*/
dev_ops_actual=filter(domain_id_U1, process_id);
/*执行当前管控策略预期的硬件操作序列*/
dev_ops_ideal = translate(strategy_cur);
if (compare(dev_ops_actual, dev_ops_ideal)){
    return 0; //验证通过
}
else{
    alarm(); //验证不通过, 触发内核受损检测模块告警
}
```

● 图 8-20   管控策略实施验证模块实现示例

```
strategy_cur; //当前管控策略, 从主系统自省模块获得
dev_ops_all; //所有的真实硬件操作事件, 从Dom 0探针捕获
/*过滤出智能自主管控应用触发的硬件操作事件*/
dev_ops_actual=filter(domain_id_U1, process_id);
/*执行当前管控策略预期的硬件操作序列*/
dev_ops_ideal = translate(strategy_cur);
if (compare(dev_ops_actual, dev_ops_ideal)){
    return 0; //验证通过
}
else{
    alarm(); //验证不通过, 触发内核受损检测模块告警
}
```

● 图 8-21   违规管控操作验证实现示例

的识别与分析探针，导致监测分析消耗大量存储与计算资源，降低终端性能，影响用户体验。另外，由于技术方案依托 Dom 0 实现，无法真正有效地抵御操作系统内核级的绕过、欺骗和劫持等管控对抗行为。

8.5   基于 HiTruST 架构的移动终端可信管控监测技术

为了有效抵御操作系统内核级的绕过、欺骗和劫持等管控对抗行为，下面将基于 HiTruST 架构详细介绍一种新型管控策略可信实施技术[59]，该技术的核心思想：首先，在高可信虚拟机监视器中内置管控对象（如终端外设）状态信息监测功能模块，并直接向可信执行环境（TIE）开放能力接口。从而利用高可信虚拟机监视器的安全性、不可绕过性保证 TIE 有效获取管控对象的实时状态信息；然后，基于 TIE 的高安全性保障以及其与普通世界间较强的交互能力，将终端侧管控策略验证能力内置于 TIE 中，采用轻量级数字签名与验签机制，对管控平台下发的管控策略，以及向管控平台上报的管控对象实时状态信息提供完整性验证。

管控策略可信实施技术支持集中式管控与分布式管控两种管控模式。下面分别介绍针对两种管控方式所设计的管控策略可信实施技术方案。

8.5.1　集中式管控模式下管控策略可信实施技术

作为管控可信实施的前提，利用公开密钥基础设施（PKI）体系中的证书管理协议（CMP）对终端的策略验证代理和终端管控平台之间进行身份认证。认证中心（CA）分别为策略验证代理和终端管控平台注册它们的公钥，对其公钥加上数字签名并生成标准的数字证书。双方获得 CA 下发的对方的证书后，分别利用证书中 CA 分配的公钥对证书中数字签名进行验证，若验签成功则获得合法公钥，从而在预先双方拥有彼此合法匹配的公钥的情况下互相进行签名和验签过程。

集中式管控工作流程如图 8-22 所示，可分为管控指令下发阶段（包含第 1~6 步）及管控执行与响应阶段（包含第 7~15 步）。图 8-22 中各步骤工作原理介绍如下。

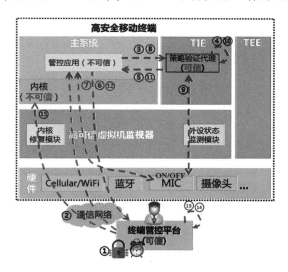

● 图 8-22　集中式管控可信实施工作流程

1）终端管控平台通过其签名/验签模块利用预存的私钥对管控指令（如关闭传声器）进行带时间戳的签名，并启动管控响应计时，若超时则执行第 14 步。

2）终端管控平台将签名后的管控指令通过管控策略下发模块及通信模块经 WiFi 或蜂窝网络发送到终端。

3）终端管控应用的管控指令接收模块接收到带签名的管控指令后，通过管控响应上报模块将其上报给 TIE 中的策略验证代理。

4）策略验证代理通过签名/验签模块，用预存的公钥对管控指令进行验签。若验签失败，则执行第 5 步与第 6 步；若验签通过，则从第 7 步开始执行。

5）若验签失败，策略验证代理通过签名/验签模块利用预存的私钥对第 4 步中涉及的

"验签失败消息"进行签名，并发送给管控应用。

6）管控应用将策略验证代理生成的验签失败消息及签名通过管控响应上报模块及通信模块上报终端管控平台，管控平台执行第15步。

7）若验签成功，管控应用通过管控策略执行模块执行相应的系统调用，使得管控对象/终端外设实施管控策略（如关闭传声器）。

8）管控应用执行管控策略后，通知策略验证代理对所执行的操作进行验证。

9）策略验证代理调用高可信虚拟机监视器外设状态监测模块，使其持续监测管控对象/终端外设的状态值。

10）策略验证代理周期性地从高可信虚拟机监视器外设状态监测模块读取管控对象/终端外设的状态值信息，通过签名/验签模块利用预存的私钥对管控对象/终端外设的状态值信息进行带时间戳的签名。

11）策略验证代理周期性地将签名的管控对象/终端外设状态值信息反馈给管控应用。

12）管控应用周期性地将管控对象/终端外设的状态值信息与签名通过管控响应上报模块及通信模块发送至终端管控平台。

13）终端管控平台通过签名/验签模块中预存的公钥对签名验签。通过管控策略检测模块根据管控对象/终端外设状态值信息对管控指令实施进行持续地检测，若验签失败或检测到管控异常则执行第15步。

14）若管控响应超时，终端管控平台会告警，并执行第15步。

15）终端管控平台利用管控异常处置模块分析异常信息后，通过通信模块通知高可信虚拟机监视器调用内核修复模块修复内核级漏洞。

8.5.2 分布式管控模式下管控策略可信实施技术

首先，利用PKI体系中的证书管理协议（CMP）对终端的策略验证代理和场景信标之间进行身份认证。认证中心（CA）分别为策略验证代理和场景信标注册它们的公钥，对它们的公钥加上数字签名并生成基于X.509标准的数字证书。双方获得CA下发的对方的证书后，分别利用证书中CA分配的公钥对证书中数字签名进行验证，若验签成功则获得合法公钥，从而在双方预先拥有彼此合法匹配的公钥情况下互相进行签名和验签过程。其次，管控平台需预先将管控策略及对应场景信标值下发至终端，由终端安全保存。当终端进入由场景信标所标定的"电子围栏"区域后，将收到场景信标广播的场景信标值，从而触发对应自管控策略的实施。

自管控可信实施验证工作流程如图8-23所示，可分为管控指令下发阶段（包含第1~6步）和管控状态响应阶段（包含第7~14步）。图8-23中各步骤工作原理介绍如下。

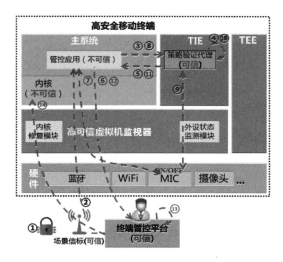

● 图 8-23　自管控可信实施验证工作流程

1）终端管控平台通过其签名/验签模块利用预存的私钥对场景信标值（如关闭传声器）进行带时间戳的签名。

2）终端管控平台通过场景信标将签名后的场景信标值通过蓝牙广播给终端。

3）终端管控应用的管控指令接收模块接收到签名后的场景信标值后，通过管控响应上报模块将其上报给 TIE 中的策略验证代理。

4）策略验证代理通过签名/验签模块，用预存的公钥对场景信标值进行验签。若验签失败，则执行第 5 步与第 6 步；若验签通过，则从第 7 步开始执行。

5）若验签失败，策略验证代理通过签名/验签模块利用预存的私钥对第 4 步中涉及的"验签失败消息"签名后通知管控应用。

6）管控应用将策略验证代理生成的验签失败消息及签名通过管控响应上报模块及通信模块上报终端管控平台，终端管控平台执行第 14 步。

7）若验签成功，管控应用通过管控策略执行模块，根据场景信标值读取对应的管控策略，通过执行相应的系统调用，对管控对象/终端外设实施管控策略（如关闭传声器）。

8）管控应用执行管控策略后，通知策略验证代理对所执行的操作进行验证。

9）策略验证代理调用高可信虚拟机监视器外设状态监测模块，使其持续监测管控对象/终端外设的状态值。

10）策略验证代理周期性地从高可信虚拟机监视器外设状态监测模块读取管控对象/终端外设的状态值信息，并通过签名/验签模块利用预存的私钥对管控对象/终端外设的状态值信息进行带时间戳的签名。

11）策略验证代理周期性地将签名的管控对象/终端外设状态值信息反馈给管控应用。

12）管控应用周期性地将管控对象/终端外设状态值信息与签名通过管控响应上报模

块及通信模块发送至管控平台。

13）终端管控平台通过签名/验签模块中预存的公钥对签名验签。管控策略检测模块根据管控对象/终端外设状态值对管控指令实施进行持续地检测，若验签失败或检测到管控异常则执行第14步。

14）终端管控平台利用管控异常处置模块分析异常信息后，通过通信模块通知高可信虚拟机监视器调用内核修复模块来修复内核级漏洞。

8.5.3 基于 HiTruST 架构的策略可信实施系统

移动终端管控可信实施系统主要是确保管控平台在下发管控策略之后能够基于移动终端反馈的真实管控监测数据验证移动终端是否正确实施了管控策略，架构如图8-24所示，主要由高安全移动终端（以下简称为"高安全终端"或"终端"）和终端管控平台组成，其中高安全移动终端一方面需有效验证管控策略的正确性，另一方面需有效监测管控策略执行过程中的相关状态并真实反馈给终端管控平台；终端管控平台负责向移动终端下发管控策略，并验证确保终端管控策略可信实施。为此，在高安全移动终端和终端管控平台中分别引入了多个保证管控策略可信实施的功能模块，双方可通过蜂窝网络、WiFi、蓝牙等多种通信方式交互，其交互数据（如管控指令与管控响应等）均采用基于数字签名的双向认证和完整性保护机制，以抵御包括重放攻击在内的各种管控对抗行为。

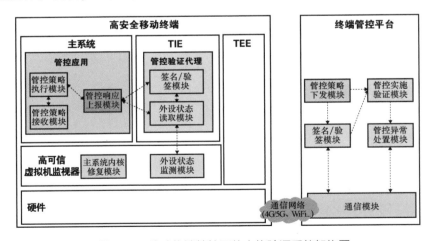

● 图8-24　移动终端管控可信实施验证系统架构图

1. 相关功能模块

（1）高安全移动终端部署功能模块

高安全移动终端部署功能模块主要包括在主系统中引入管控策略接收模块、管控策略执行模块、管控响应上报模块，均实现于专用的管控应用中；在 TIE 中引入了签名/验签模块和外设状态读取模块，均实现于管控验证代理中；在高可信虚拟机监视器中引入了主系统内核修复模块和外设状态监测模块。基于 TIE 的高安全性和对主系统的隔离性，在 TIE 中部署的管控验证代理负责关键的签名与验签操作，同时还能够不受主系统干扰地调用高可信虚拟机监视器获取管控对象/终端外设状态值，以确保所读取的管控对象/终端外设状态值真实可信。相应地，基于虚拟机监视器的不可绕过性，在高可信虚拟机监视器部署的外设状态监测模块，在监测管控策略执行过程中管控外设相关状态的同时，还为管控验证代理获取真实的管控对象/终端外设状态值提供可信的接口。在管控策略实施过程中，管控验证代理使用外设状态读取模块周期性地调用高可信虚拟机监视器读取管控对象/终端外设真实状态值，并持续将最新的管控对象/终端外设真实状态值上报至管控平台检测，通过这一机制，能够确保管控过程中发生的任何管控异常都在管控平台被及时发现。

1）管控应用/代理。包含管控策略接收模块、管控策略执行模块和管控响应上报模块，其中管控策略接收模块负责接收管控平台下发的管控策略或场景信标广播；管控策略执行模块负责根据管控策略，对管控对象（即终端外设）执行管控操作（如开启或关闭）；管控响应上报模块负责与 TIE 中的管控验证代理交互，通知管控验证代理所执行的管控动作及需验证的外设状态，接收并发送管控验证代理签名的管控行为验证报告至管控平台。

2）管控验证代理。包含外设状态读取模块和签名/验签模块，其中签名/验签模块负责验证来自管控策略的签名，接收外设状态读取模块读取值，基于接收值生成管控验证报告，利用国密算法对报告签名后发送给管控应用中的管控响应上报模块；外设状态读取模块负责调用高可信虚拟机监视器中外设状态监测模块提供的接口，读取管控外设的状态值，并将读取内容发送给终端侧签名/验签模块。

3）主系统内核修复模块。支持根据管控平台的管控异常处置指令修复主系统内核，即在管控策略没有可信实施的情况下，认为遭受了主系统内核级攻击，可触发对主系统内核的修复，参照第 5.2.2 节与 5.4.3 节，基于虚拟机监视器支持、备系统配合完成对主系统内核漏洞检测与修复。

4）外设状态监测模块。支持对终端外设特定操作行为与终端外设开关状态的监测及记录，该记录通过虚拟机监视器提供的可信接口传送给管控验证代理的外设状态读取模块，从而作为验证移动终端管控策略可信实施的支撑依据。

（2）终端管控平台部署功能模块

终端管控平台部署功能模块主要包括管控策略下发、签名/验签、管控实施验证和管控异常处置四个模块。

1）管控策略下发模块。根据管理员配置生成移动终端管控策略，并将其分别发送至签名/验签模块和管控实施验证模块。

2）签名/验签模块。对终端管控平台（通过管控策略下发模块）下发的策略进行签名。对所接收的管控响应进行验签，将验签结果和管控响应报告发送至管控异常处置模块。

3）管控实施验证模块。在管控策略下发模块后启动计时，若在管理员所设定的计时阈值范围内未收到验签结果和高安全终端的管控响应报告，则视为管控异常，进而通知管控异常处置模块进行处置；若未超时，则根据验签结果和高安全终端的管控响应报告，判断管控策略是否可信实施，若管控策略未实施或验签失败，则通知管控异常处置模块进行处置。

4）管控异常处置模块。接收到处置管控响应超时、管控策略未实施、验签失败等异常管控响应通知时，向终端发送内核修复指令。

2. 基于虚拟机监视器的管控对象状态监测及相关数据提取

当主系统受到攻击时，攻击者可能会偷偷打开传声器、摄像头等外设获取移动终端敏感信息，而且即使在正常使用的情况下，移动终端外设也可能在敏感环境中被用于偷偷记录敏感信息。为此，对移动终端实施管控大都涉及对传声器、摄像头等外设资源的管控，如 5.2.3 节所述虚拟机监视器对外设状态的监控，外设的使用直观上体现在外设电源状态的不同，虚拟机监视器通过监控外设电源状态可实时获取外设状态变化，从而知晓管控策略的执行情况，通过对外设这些状态进行记录并提供给管控平台，可作为管控平台判定移动终端管控策略是否可信实施的凭证支撑。

对于外设等管控对象，在默认不使用时其相关电源为关闭状态，一旦执行开启操作，需先通过相应硬件驱动通知电源和时钟模块恢复其供电和时钟，然后再对硬件进行初始化和访问操作。为此，虚拟机监视器直接拦截外设电源和时钟操作，并记录其操作状态和时间，即可掌握外设使用情况。如传声器开启/关闭涉及声音编解码器打开/关闭，虚拟机监视器实时拦截开启和关闭声音编解码器的指令，并根据具体写入的值区分开启和关闭操作；摄像头开启/关闭涉及通用输入输出 GPIO 引脚操作，虚拟机监视器实时拦截所有 GPIO 操作，根据访问的地址区分被操作的 GPIO 引脚（即对应的摄像头），通过具体写入的值区分开启和关闭操作。虚拟机监视器在准确识别并记录传声器、摄像头等外设的硬件开关状态之后，这些外设的状态值都将通过虚拟机监视器向可信隔离环境 TIE 提供的可信接口传送出去，用于支持验证策略可信实施。

基于虚拟机监视器提供的可信接口，可信隔离环境 TIE 获取的相关管控监测数据主要涉及两类：一类是硬件外设状态，另一类是硬件外设操作日志。其中，第一类是通过虚拟机监视器实时读取硬件相关寄存器来获取的，其向 TIE 提供的调用接口即外设状态安全读取接口；第二类是虚拟机监视器日常监控硬件外设状态，并记录保存在其安全内存的外设操控日志，其向 TIE 提供的调用接口即日志安全读取接口。在可信隔离环境 TIE 通过这两类接口读取管控监测数据的整个过程中，都不涉及主系统的操作，无需主系统参与，因此不受主系统安全影响。

（1）外设状态安全读取接口

由于虚拟机监视器直接面对硬件并从硬件寄存器中获取数据，向 TIE 提供相关调用接口可用于直接读取指定硬件外设的当前状态。该方法不依赖主系统中的硬件驱动，可以不受主系统安全影响，真实反映当前硬件的状态信息。

虚拟机监视器将上述外设状态安全输入功能通过外设安全读取接口提供给 TIE 的可信应用使用，确保其可信应用能够与外设进行必要的安全交互，且不被主系统劫持或者破坏。

（2）日志安全读取接口

虚拟机监视器对硬件外设的状态变化进行监控，并能将最近的若干条记录保存在虚拟机监视器内存中，对记录的分析和使用需依赖上层应用进行。虚拟机监视器通过向 TIE 的操作系统及应用提供接口，使得 TIE 可以直接访问其内存中记录的数据。由于该访问不通过主系统，且结果直接保存在安全内存中，系统可保证记录从产生到使用都是安全的。

具体而言，TIE 中的可信应用会分配一段内存用于存放从虚拟机监视器处获取的访问记录。可信应用通过 TIE 规定的通用获取属性接口，以特定的属性名来获取访问记录。TIE 内核在识别该属性名后将缓冲区的虚拟地址转换为物理地址，通过虚拟机监视器直接将访问记录复制到指定的物理内存中。访问记录包含最近数次访问的目标外设、访问时间及访问内容。

3. 基于可信隔离环境的管控监测数据反馈

可信隔离环境 TIE 中的可信应用管控验证代理通过虚拟机监视器提供的可信接口获取相关管控监测数据后，需要对其进行密码学处理再通过主系统的管控应用反馈给管控平台。TIE 内提供了密码服务以可信共享库的形式运行在 TIE 地址空间，可供其运行的应用请求调用。而主系统与 TIE 处于相互隔离的区域，主系统的代码无权访问 TIE 内任何数据及代码，需要建立跨隔离区的安全交互机制以支持两者之间的数据传送。

位于 TIE 的可信应用通过 TIE 内部提供的密码组件接口调用相关密码服务功能。TIE 内部的密码服务将密码学原语通过面向对象技术进行重新组织，划分出密钥与算法两大类容器，允许可信应用通过参数配置进行密钥初始化、算法（如 AES、SM2 等）初始化，并统一对称非对称密码原语对象的操作方式。同时针对各类算法具体参数的差异化特点，设置统一的属性管理机制，可通过算法容器的属性进行统一设置并允许后期调整，为可信应用的调用提供便利。对于密码相关数据的处理与传输使用零复制技术进行直接地址映射，即将密钥容器、密码算法容器的内存空间直接映射至可信应用地址空间，使得可信应用能够高效处理相关密码数据。

跨隔离区的安全交互发生时，主系统会发出 SMC 指令请求切换到 TIE，同时虚拟机监视器会进行拦截，在拦截之后会对跨隔离区的安全交互传入参数进行相关安全语法分析。如果判定主系统传入的参数正确，则在虚拟机监视器与 TIE 完成上下文环境切换处理之后，安全交互相关参数直接被复制到 TIE 可信应用的内存空间中，由可信应用进行相关响应服务处理。而当可信应用处理完相关服务请求，需要将数据返回主系统时，虚拟机监视器同样将检查可信应用传入参数是否正确，如果检查通过则在虚拟机监视器与 TIE 完成上下文环境切换处理之后，可信应用返回的数据直接被复制到主系统的地址空间，使得其相关应用可以进行后续处理。

基于 TIE 内部的密码服务以及跨隔离区的安全交互机制，主系统的管控应用与 TIE 的管控验证代理交互获取管控监测数据流程如图 8-25 所示。

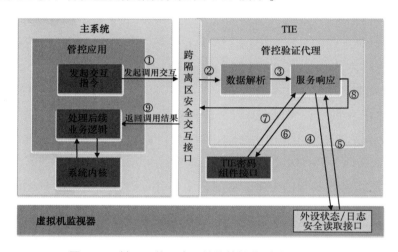

● 图 8-25　基于可信隔离环境的管控监测数据反馈流程

1）位于主系统的管控应用基于跨隔离区安全交互接口，请求 TIE 的管控验证代理完成管控监测反馈操作。

2）跨隔离区的安全交互接口根据相关安全规范进行数据复制，并将指令发送给被请求的管控验证代理。

3）管控验证代理在完成数据解析后，进入服务响应业务流程，即从虚拟机监视器获取相关管控监测数据并进行签名处理后再返回。

4）管控验证代理调用虚拟机监视器提供的外设状态/日志安全读取接口，以读取管控外设的状态及其历史操作日志。

5）外设状态/日志安全读取接口直接从相应外设的寄存器获取外设状态数据，同时从虚拟机监视器记录的日志获取相应外设的日志数据，一并返回给管控验证代理。

6）管控验证代理调用 TIE 密码组件接口，请求 TIE 底层对从虚拟机监视器获取的管控监测数据进行签名处理。

7）TIE 密码组件根据相关调用参数进行签名处理响应并返回相应的签名值。

8）管控验证代理基于跨隔离区的安全交互接口，请求将签名的管控监测数据返回给主系统的管控应用。

9）跨隔离区的安全交互接口根据相关安全规范进行数据复制，将相关数据返回给被请求的管控应用。

4. 基于管控平台的管控策略可信实施验证

主系统的管控应用将从管控验证代理获取的签名管控监测数据发送给管控平台，管控平台在验证其真实性之后，可基于该管控监测数据对其管控策略的实施效果进行验证。管控平台从管控监测数据中解析出管控外设的当前状态，然后与其发出的管控策略进行比对，如果当前状态与策略要求的一致则认为管控策略在移动终端得到了可信实施，否则认为移动终端内核可能存在异常致使管控失效，在分析异常原因之后可以通知移动终端基于虚拟机监视器的内核修复模块进行修复。此外，管控平台还可以从管控监测数据中解析出管控外设的日志数据，即外设历史操作状态，通过与其发出的历史管控策略进行比对，可进一步分析出移动终端是否曾经遭受了攻击，以及是否已可能造成敏感数据泄露。

参 考 文 献

［1］徐震. 全新安全架构让移动终端更安全［J］. 科普时报, 2021, 2（1）: pp. 86-87.

［2］李宏佳, 徐震, 等. 5G 安全: 通信与计算融合演进中的需求分析与架构设计［J］. 信息安全学报, 2018, 3（5）: 1-14.

［3］刘光毅, 黄宇红, 崔春风, 等. 6G 重塑世界［M］. 北京: 人民邮电出版社, 2021.

［4］LI H J, YANG C, et al. A Cooperative Defense Framework Against Application-Level DDoS Attacks on Mobile Edge Computing Services［J］. IEEE Transactions on Mobile Computing, 2021, 20（1）: 1-16.

［5］RICKERT P, KRENIK W. Cell phone integration: SiP, SoC, and PoP［J］. IEEE Design & Test of Computers, 2006, 23（3）: 188-195.

［6］Google Designing AI Processors［EB/OL］. EETimes, 2016［2022-01-02］. https: //www. eetimes. com/google-designing-ai-processors/.

［7］PEDDIE J. GPU History: Hitachi ARTC HD63484. The second graphics processor［EB/OL］. 2019［2022-03-02］. https: //www. computer. org/publications/tech-news/chasing-pixels/gpu-history-hitachi-artc-hd63484/.

［8］Wikipedia. ARM architecture［EB/OL］. 2018［2022-03-10］. https: //en. wikipedia. org/wiki/ARM_architecture.

［9］吴再龙, 王利明, 徐震, 等. GPU 虚拟化技术及其安全问题综述［J］. 信息安全学报, 2022, 7（02）: 30-58.

［10］Android and iOS Squeeze the Competition, Swelling to 96. 3% of the Smartphone Operating System Market for Both 4Q14 and CY14, according to IDC［EB/OL］. IDC. com, 2015［2021-12-22］. http: //www. idc. com/getdoc. jsp? containerId = prUS25450615.

［11］GoogleApp Annie. 2019 年度移动发展情况报告［EB/OL］. 2019［2022-04-02］. https: //www. data. ai/cn/insights/market-data/a-successful-finale-to-the-decade-mobile-highlights-of-2019/.

［12］刘学谦, 刘蓓. 基于宽带移动通信的高安全移动办公系统框架研究［J］. 信息安全研究, 2020, 6（04）: 327-337.

［13］中国信通院. 移动应用（App）数据安全与个人信息保护白皮书［EB/OL］. 2019［2022-01-10］. http: //www. caict. ac. cn/kxyj/qwfb/bps/201912/P020191230332039577332. pdf.

［14］ROSSTAMI M, KOUSHANFAR F, KARRI R. A Primer on Hardware Security: Models, Methods, and Metrics［J］. Proceedings of the IEEE, 2014, 102（8）: 1283-1295.

［15］MUKHOPADHYAY D, CHAKRABORTY R S. Hardware Security: Design, Threats, and Safeguards［M］. Landon: CRC Press, 2014.

［16］于泽汉, 王琴, 谷大武, 等. 5G USIM 卡的侧信道安全分析技术研究［J］. 微电子学与计算机, 2021, 38（8）: 1-7.

［17］ZHOU Y Y, YU Y, STANDAERT F X, et al. On the need of physical security for small embedded devices: A case study with COMP128-1 implementations in SIM cards［C］. Financial Cryptography and Data Security,

2013: 230-238.

[18] LIU J, YU Y, STANDAERT F X, et al. Small tweaks do not help: differential power analysis of MILENAGE implementations in 3G/4G USIM cards [C]. Computer Security-ESORICS 2015: 468-480.

[19] MARQUARDT P, VERMA A, CARTER H, et al. iPhone: Decoding vibrations from nearby keyboards using mobile phone accelerometers [C]. CCS 2011, ACM, 2011: 551-562.

[20] WANG H, LAI T, CHOUDHURY R R. MoLe: Motion leaks through smartwatch sensors [C]. MobiCom 2015, ACM, 2015: 155-166.

[21] LI M Y, MENG Y, LIU J Y, et al. When CSI meets public WiFi: Inferring your mobile phone password via WiFi signals [C]. CCS 2016, ACM, 2016: 1068-1079.

[22] HOJJATI A, ADHIKARI A, STRUCKMANN K, et al. Leave your phone at the door: Side channels that reveal factory floor secrets [C]. CCS 2016, ACM, 2016: 883-894.

[23] CLAVIER C, CORON J S, and DABBOUS N. Differential power analysis in the presence of hardware counter-measures, Cryptographic Hardware and Embedded Systems [C]. Lecture Notes in Computer Science. Springer, 2000: 252-263.

[24] CHAKRABORTY R, PAUL S, BHUNIA S. On-demand transparency for improving hardware Trojan detectability [C]. The 2008 IEEE International Workshop on Hardware-Oriented Security and Trust (HOST). 2008: 48-50.

[25] XIAO K, FORTE D, TEHRANIPOOR M. A novel built-in self-authentication technique to prevent inserting hardware Trojans [J]. IEEE Transactions on Computer-Aided Design of Integrated Circuits and Systems, 2014, 33 (12): 1778-1791.

[26] LI M, DAVOODI A, TEHRANIPOOR M. A sensor-assisted self-authentication framework for hardware Trojan detection [C]. Design, Automation & Test in Europe Conference & Exhibition. 2012: 1331-1336.

[27] SALMANI H, TEHRANIPOOR M, PLUSQUELLIC J. A novel technique for improving hardware trojan detection and reducing Trojan activation time [C]. The 2009 IEEE International Workshop on Hardware-Oriented Security and Trust (HOST' 2009), IEEE Computer Society. 2009: 112-125.

[28] JIN Y, KUPP N. DFTT: design for Trojan test [C]. 2010 IEEE International Conference on Electronics Circuits and Systems (ICECS' 2010) . 2010: 1166-1171.

[29] ZOU Y, ZHU J, WANG X and HANZO L. A Survey on Wireless Security: Technical Challenges, Recent Advances, and Future Trends [C]. Proceedings of the IEEE, 104 (9): 1727-1765, Sept. 2016.

[30] BARR K, Bungale P, Deasy S, et al. The VMware Mobile Virtualization Platform: is that a hypervisor in your pocket? [J]. ACM Sigops Operating Systems Review, 2010, 44 (4): 124-135.

[31] WALDSPURGER C A. Memory resource management in VMware ESX server [J]. Acm Sigops Operating Systems Review, 2002, 36 (SI): 181-194.

[32] DALL C, Nieh J. KVM/ARM: the design and implementation of the linux ARM hypervisor [J]. Acm Sigplan Notices, 2014, 49 (4): 333-348.

[33] HWANG J Y, Suh S B, Heo S K, et al. Xen on ARM: System Virtualization Using Xen Hypervisor for ARM-

Based Secure Mobile Phones［C］. Consumer Communications & Networking Conference. Washington：IEEE Computer Society, 2008：257-261.

［34］ IQBAL A, Sadeque N, Mutia R I. An Overview of Microkernel, Hypervisor and Microvisor Virtualization Approaches for Embedded Systems ［J］. Department of Electrical and Information Technology, Lund University. Sweden：2009, 2110：15.

［35］ ANDRUS J, Dall C, Hof A V, et al. Cells：A Virtual Mobile Smartphone Architecture ［C］. Proceedings of the Twenty-Third ACM Symposium on Operating Systems Principles, Cascais, October 23-26, 2011. New York：ACM, 2011：173-187.

［36］ 汪丹, 徐震, 吴秋新. 可信计算技术应用概论［M］. 1 版. 北京：电子工业出版社, 2014.

［37］ 顾佳男, 郑蓓蕾, 翁楚良. 面向云平台非可信 Hypervisor 的保护机制综述［J］. 计算机科学与探索, 2020, 14（2）：200-214.

［38］ MOON H, LEE H, HEO I, et al. Detecting and preventing kernel rootkit attacks with bus snooping［J］. IEEE Transactions on Dependable and Secure Computing, 2017, 14（2）：145-157.

［39］ DENG L, LIU P, XU J, et al. Dancing with wolves：towards practical event- driven VMM monitoring［C］. Proceedings of the 13th ACM SIGPLAN/SIGOPS International Conference on Virtual Execution Environments, Xi an, Apr 8-9, 2017. New York：ACM, 2017：83-96.

［40］ WANG Z, JIANG X. Hypersafe：a lightweight approach to provide lifetime hypervisor control- flow integrity ［C］. Proceedings of the 31st IEEE Symposium on Security and Privacy, Berleley, May 16-19, 2010. Washington：IEEE Computer Society, 2010：380-395.

［41］ 移动应用安全形势分析报告（2020 年）［EB/OL］. 2020, ［2022-1-25］. https：//www. isc. org. cn/.

［42］ CESARE S, XIANG Y, ZHOU WL. Control flow-based malware variant detection［J］. IEEE Trans. on Dependable and Secure Computing, 2014, 11（4）：307-317.

［43］ TAN X R, LI H J, WANG L M and XU Z. End-Edge Coordinated Inference for Real-Time BYOD Malware Detection using Deep Learning ［C］. 2020 IEEE Wireless Communications and Networking Conference（WCNC）, 2020：1-6.

［44］ LIM H, PARK H, CHOI S, HAN T. A method for detecting the theft of Java programs through analysis of the control flow information［J］. Information and Software Technology, 2009, 51（9）：1338-1350.

［45］ I. Burguera, U. Zurutuza, and S. Nadjm-Tehrani. Crowdroid：behavior-based malware detection system for android ［C］. In Proc. of ACM Worksgop on Security and Privacy in Smartphones and Mobile Devices（SPSM）, 2011：15-26.

［46］ Wu D J, Mao C H, Wei T E, et al. Droidmat：Android malware detection through manifest and api calls tracing［C］. 2012 Seventh Asia Joint Conference on Information Security. IEEE, 2012：62-69.

［47］ Y. Aafer, W. Du, and H. Yin. DroidAPIMiner：Min- ing API-level features for robust malware detection in android ［C］. In Proc. of International Conference on Security and Privacy in Communication Networks（SecureComm）, 2013.

［48］ Shabtai A, Kanonov U, Elovici Y, et al. Andromaly：A Behavioral Malware Detection Framework for Android

Devices［J］. Journal of Intelligent Information Systems，2012，38（1）：161-190.

［49］ Kwong Lok，Yin Heng. DroidScope：Seamlessly Reconstructing the OS and Dalvik Semantic Views for Dynamic Android Malware Analysis［C］. Security ' 12. Proceedings of the 21st USENIX Security Symposium. 6-7th August 2012. Bellevue，WA，USA. 2012：29.

［50］ Burguera I，Zurutuza U，Nadjm-Tehrani S. Crowdroid：Behavior-Based Malware Detection System for Android ［C］. ACM. Proceedings of the 1st ACM Workshop Security and Privacy in Smartphones and Mobile Devices，Colocated with CCS 2011，October 17，2011，Chicago，USA. New York：ACM，2011：15-26.

［51］ Enck W，Gilbert P，et al. TaintDroid：An Information Flow Tracking System for Realtime Privacy Monitoring on Smartphones［J］. ACM Transactions on Computer Systems（TOCS），2014（5）：1-5.

［52］ Andriatsimandefitra R，Tong V V T. Capturing Android Malware Behaviour Using System Flow Graph［C］. NetworkandSystemSecurity. NSS2015. LectureNotesinComputerScience. 3-5thNovember 2015. New York，USA. vol 8792（534-541）. Springer，Cham.

［53］ Doargajudhur M S and Dell P.，Impact of BYOD on organizational commitment：an empirical investigation ［J］. Information Technology & People，32（2），2019：246-268.

［54］ MDM working group，Mobile Device Management［EB/OL］. 2020［2022-02-05］. https：//www. gsa. gov.

［55］ OMA. OMA Device Management Overview［EB/OL］. https：//technical. openmobilealliance. org/Overviews/ dm_overview. html.

［56］ OMA，OMA Architecture Principles，Version 1. 2，Open Mobile Alliance，OMA-ArchitecturePrinciples-V1_2 ［EB/OL］. http：//www. openmobilealliance. org/.

［57］ OMA，Device Management Requirements，Open Mobile Alliance，OMA-RD-DM-V2_0［EB/OL］. http：// www. openmobilealliance. org/.

［58］ 公安部计算机与信息处理标准化技术委员会. 智能手机型移动警务终端 第 2 部分：安全监控组件技术规范：GA/T 1466. 2-2018［S］. 北京：中国标准出版社，2018.

［59］ 徐震，王利明，李宏佳，等. 一种移动终端高可信管控方法与系统：［P］. 202110411848，2021-07-20.

［60］ 王利明，徐震，李宏佳，等. 移动终端管控策略的实施方法及装置：［P］. CN201810924747，2018-08-14.